高职高专“十二五”规划教材

普通机床加工技术与实践

主编　陈　春　孙广奇
主审　蒋祖信

北　京
冶 金 工 业 出 版 社
2015

内容提要

本书按项目化教学要求，分8个情境编写，内容涉及车削、铣削、磨削、钻削、镗削、刨削、插削、拉削、齿轮加工等普通切削加工，同时覆盖普通金属切削机床和数控机床两大类设备。通过学习学生可以具备加工方法的确定、加工设备选择、刀具选择等专业应用能力。

本书可作为高职高专、高级技师学院的机械制造类专业教学用书，也可供相关专业工程技术人员参考。

图书在版编目(CIP)数据

普通机床加工技术与实践/陈春，孙广奇主编. —北京：冶金工业出版社，2015.8

高职高专“十二五”规划教材

ISBN 978-7-5024-7016-6

Ⅰ.①普… Ⅱ.①陈… ②孙… Ⅲ.①金属切削—工艺学—高等职业教育—教材 Ⅳ.①TG506

中国版本图书馆CIP数据核字（2015）第158200号

出版人 谭学余

地 址 北京市东城区嵩祝院北巷39号 邮编 100009 电话 (010)64027926

网 址 www.cnmip.com.cn 电子信箱 yjcbs@cnmip.com.cn

责任编辑 俞跃春 杨盈园 美术编辑 杨 帆 版式设计 葛新霞

责任校对 卿文春 责任印制 牛晓波

ISBN 978-7-5024-7016-6

冶金工业出版社出版发行；各地新华书店经销；三河市双峰印刷装订有限公司印刷

2015年8月第1版，2015年8月第1次印刷

787mm×1092mm 1/16；14.25印张；341千字；218页

39.00元

冶金工业出版社 投稿电话 (010)64027932 投稿信箱 tougao@cnmip.com.cn

冶金工业出版社营销中心 电话 (010)64044283 传真 (010)64027893

冶金书店 地址 北京市东四西大街46号(100010) 电话 (010)65289081(兼传真)

冶金工业出版社天猫旗舰店 yjgycbs.tmall.com

（本书如有印装质量问题，本社营销中心负责退换）

前言

本书是根据高等职业教育对应用型高技能人才培养的需求，本着精简理论课时，知识够用为度的原则编写的。在内容的组织上，从传统的“机械制造工艺学”、“金属切削机床”、“金属切削原理与刀具”等课程内容中选取适合培养目标需要的知识点，按项目化教学要求进行了有机的融合；以机械加工方法为主线，并覆盖普通金属切削机床和数控机床两大类设备，便于学生学习相关知识，掌握加工方法的确定、加工设备选择、刀具选择等，具备专业应用能力。

本书内容覆盖面广，涉及车削、铣削、磨削、钻削、镗削、刨削、插削、拉削、齿轮加工等普通切削加工。通过理论实践一体化学习，学生可掌握每一种切削加工方法所涉及的加工工艺范围、机床设备、机床附件、刀具等相关知识，初步具备机床操作能力、零件表面的加工工艺分析能力，从而满足机械制造专业学生工艺分析能力的培养要求。

本书适合高职高专、高级技师学院的机械制造类专业教学使用，也可供相关专业技术人员参考。

四川机电职业技术学院的陈春、孙广奇担任本书主编并负责统稿，并编写了学习情境1、学习情境8；梁钱华编写学习情境2；孙广奇编写学习情境3；谷敬宇编写学习情境4、学习情境5；罗大连编写学习情境6；陈雪春编写学习情境7；蒋祖信担任主审。在本书编写过程中，得到了广大同行的支持和帮助，特别是得到了四川鸿舰重型机械制造有限公司的高级工程师马毅、陈宗伟等人的指导和帮助，他们为本书提供了大量企业案例，并提出了非常中肯的意见，在此表示衷心的感谢。

由于水平有限，加之时间仓促，书中若有不妥之处，恳请广大读者批评指正。

编　者

2015年6月

目录

学习情境1　机械加工方法基本知识

【学习目标】

（一）知识目标

（1）了解机械制造过程和机械加工方法概念。

（2）掌握机床运动及切削用量知识。

（3）了解金属切削机床分类及型号编制。

（4）掌握刀具材料的种类及选用。

（5）掌握刀具几何参数的概念和正确选择。

（6）了解切屑的类型、切削力、切削热等的基本概念。

（7）掌握切削液的作用、种类及选择。

（8）了解刀具磨钝标准；掌握刀具耐用度的概念。

（二）技能目标

能根据生产条件和工艺要求，合理选择刀具切削部分的材料、刀具几何参数、切削液，对切屑控制提出合理的措施。能解决生产加工中的实际问题。

学习任务1.1　机械制造与切削

【学习任务】

机械产品是如何制造的？什么是机械加工？机械加工方法有哪些？刀具的材料和形状有何要求？

【相关知识】

1.1.1　机械制造过程

社会生产的各行各业，诸如交通、动力、矿山、冶金、航空、航天、电力、电子、石化、轻纺、建筑、医疗、军事、科研乃至人民的日常生活中，都使用着各种各样的机器、机械、仪器和工具。它们的品种、数量和性能极大地影响着这些行业的生产能力、质量水平及经济效益等。这些机器、机械、仪器和工具统称为机械装备，它们的大部分构件都是一些具有一定形状和尺寸的金属零件。能够生产这些零件并将其装配成机械装备的工业，称之为机械制造工业。显然，机械制造工业的主要任务，就是向国民经济的各行各业提供先进的机械装备。因此，机械制造工业是国民经济发展的重要基础和有力支柱，其规模和水平是反映国家经济实力和科学技术水平的重要标志。

1.1.1.1　生产过程

生产过程是指从原材料进厂到产品出厂的全过程。对机械制造而言，生产过程包括以下内容：

（1）生产与技术准备工作，如产品开发与设计、工艺规程设计、专用工艺装备（专用夹具、刀具、量具）设计、专用设备的设计与制造等。

（2）毛坯制造，包括铸造、锻造、焊接、冲压、粉末冶金等。

（3）机械加工、热处理及其他表面处理等。

（4）部件或产品的装配、调试、检验、油漆及包装等。

产品的生产过程是很复杂的，为提高产品质量，提高劳动生产率，降低成本，现代化的机械制造工业趋向组织专业化生产，即一个产品的若干零件可以组织多个专业化生产厂，发动机厂就是把由曲轴连杆厂、油泵喷油嘴厂等专业厂生产发动机的部件或零件，进行装配而成。而对某一个具体厂家而言，它们的原材料、半成品或成品又有不同。

1.1.1.2　工艺过程

工艺过程指的是在生产过程中，直接改变生产对象的形状、尺寸、相对位置和性质（力学性质、物理性能、化学性能），使其成为成品（或半成品）的过程。机械制造工艺过程又可分为：毛坯制造工艺过程、机械加工工艺过程、热处理工艺过程、机械装配工艺过程。如图1-1所示。

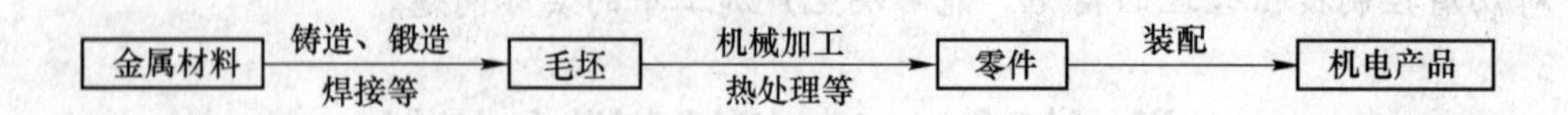

图1-1　零件的机械制造工艺过程

机械制造工艺涉及的行业有百余种，产品品种成千上万。但是，研究的工艺问题可归纳为质量、生产率和经济性三类。

第一类问题是保证和提高产品的质量。

产品质量除了零件的加工精度和加工表面质量外，还包括整台机械的装配精度、使用性能、使用寿命和可靠性。由于宇航、精密机械、电子工业等的需要，对零件的精度和表面质量的要求越来越高，相继出现了各种新工艺和新技术，其加工精度已进入纳米级（0.001μm），表面粗糙度已成功地小于0.0005μm。

第二类问题是提高劳动生产率。

一是提高切削用量，采用高速切削、高速磨削和重磨削。近年来出现的聚晶金刚石和聚晶立方氮化硼新型刀具材料，其切削速度可达900m/min，磨削速度达200m/s。重磨削是高效磨削的发展方向，包括大进给，深切深缓进给的强力切削，荒磨和切断磨削。

二是改进工艺方法、创造新工艺。例如利用锻压设备实现少无切削加工，对高强度高硬度难切削材料采用特种加工等。

三是提高自动化程度，实现高度自动化。例如采用数控机床、加工中心、柔性制造系统（FMS）、成组技术等。

第三类问题是经济性即降低成本。

要节省和合理选择原材料，研究新材料，合理使用和改进现有设备、工装，研制新的高效设备。

上述三类问题要辩证地全面地进行分析。要在满足质量要求的前提下，采用先进的工艺不断提高劳动生产率，降低成本。

1.1.1.3　机械加工过程

机械加工过程是指在机械制造过程中，直接用刀具在毛坯上切除多余金属层，使之获得符合图纸要求的尺寸精度、形状和相互位置精度、表面质量等技术要求的零件的过程。

这是零件制造过程中最重要的过程。大多数组成机电产品的零件都是要通过机械加工的方法得到。

1.1.2　机床与切削运动

机械产品，因其功能不同，其组成零件的结构复杂程度和技术要求也不同，从而需要多种加工方法。而这些加工方法是通过机械加工设备也就是人们常说的金属切削机床来实施的。

金属切削机床通常被简称为机床，它是利用刀具对金属毛坯进行切削加工的一种加工设备，是制造机器的机器，又称为“工作母机”。机械加工方法通常是通过切削运动来实现的。机床在切削加工过程中，刀具和工件按一定的规律做相对运动，由刀具的切削刃切除毛坯上多余的金属，从而得到具有一定形状、尺寸精度和表面质量的工件，因此，机械加工过程也是工件表面的成形过程。

1.1.2.1　零件表面形状及成形方法

A　零件的表面形状

机械零件的形状虽然千变万化，但大都由几种常见的表面组合而成，这些表面元素包括平面、圆柱面、圆锥面、球面、圆环面、螺旋面及成形曲面等，如图1-2所示。

B　零件表面成形方法

任何一个表面都可以看做是一条线（母线）沿着另一条线（导线）运动的轨迹，母线和导线均可以是曲线，也可是直线。根据表面成形的原理，其成形方法有轨迹法、成形法、相切法、展成法四种，如图1-3所示。

轨迹法：指刀具切削刃与工件表面之间为点接触，通过刀具与工件之间的相对运动，由刀具刀尖的运动轨迹来实现表面的成形。如图1-3（a）所示。

成形法：指刀具切削刃与工件表面之间为线接触，切削刃的形状与形成工件表面的一条发生线完全相同，另一条发生线由刀具与工件的相对运动来实现。如图1-3（b）所示。

相切法：是利用刀具边旋转边做轨迹运动来对工件进行加工的方法。如图1-3（c）所示。

展成法（范成法）：指对各种齿形表面进行加工时，刀具的切削刃与工件表面之间为线接触，刀具与工件之间做展成运动（或称啮合运动），齿形表面的母线是切削刃各瞬时位置的包络线。如图1-3（d）所示。

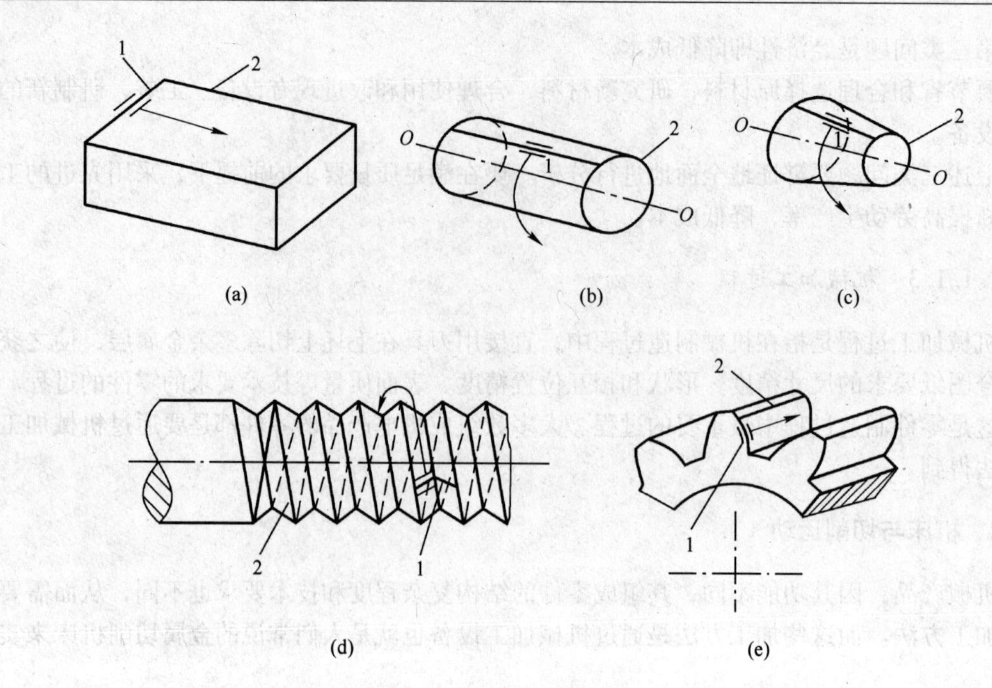

图 1-2　常见零件表面类型

（a）平面；（b）圆柱面；（c）圆锥面；（d）螺旋面；（e）成形曲面

1—母线；2—导线

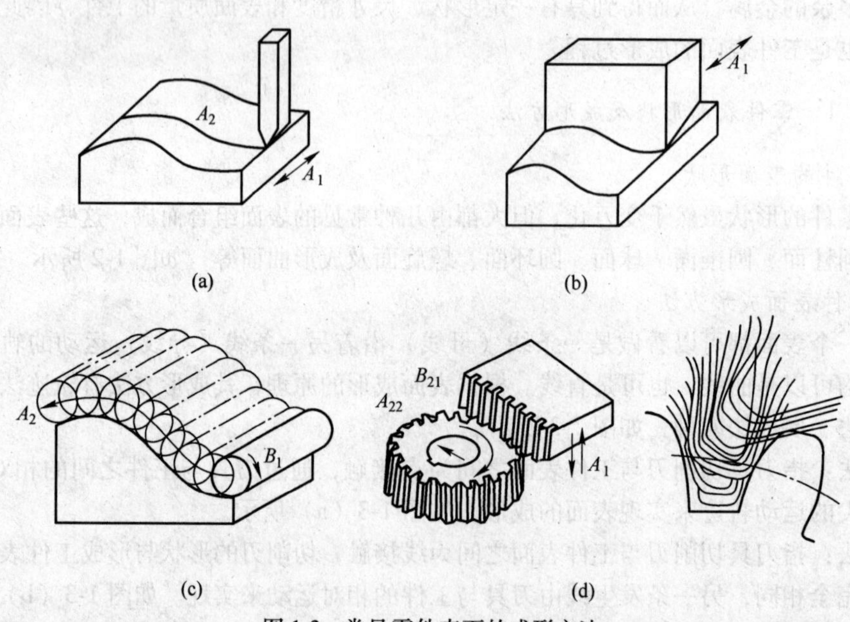

图 1-3　常见零件表面的成形方法

（a）轨迹法；（b）成形法；（c）相切法；（d）展成法

1.1.2.2　机床的运动

各类机床，为了从毛坯上将多余的金属切除，以获得所需的几何形状、一定的精度和表面质量的零件，必须使刀具和工件完成一系列的相对运动。由于加工方法和使用的刀具切削刃的形状不同，机床上所需要的运动形式和数量也不相同。

机床在加工过程中所需的运动，可按其功用不同而分为表面成形运动和辅助运动两大类。

A　*成形运动*

为了获得所需要的零件表面形状，必须使刀具和工件之间为形成发生线而做的相对运动，称为表面成形运动，简称成形运动。成形运动是保证得到零件要求的表面形状的运动，因而是机床上最基本的运动，通常称为机床的切削运动。

成形运动主要包括主运动和进给运动两类。

a　主运动

主运动是切除工件上的被切削层，使之变为切屑的主要运动，是使工件与刀具产生相对运动以进行切削的最基本运动。主运动的速度最高，消耗的功率最大。在切削运动中，主运动只有一个。它可以由工件完成，也可以由刀具完成。可以是旋转运动，也可以是直线运动。

b　进给运动

进给运动是不断地把被切削层投入切削，逐渐加工出整个工件表面的运动。

进给运动的速度较低，消耗的功率也较小。进给运动可能是一个，也可能没有或多于一个。可以是连续的，也可以是间断的。

如图 1-4 所示是常见几种加工方式的主运动和进给运动示意图。

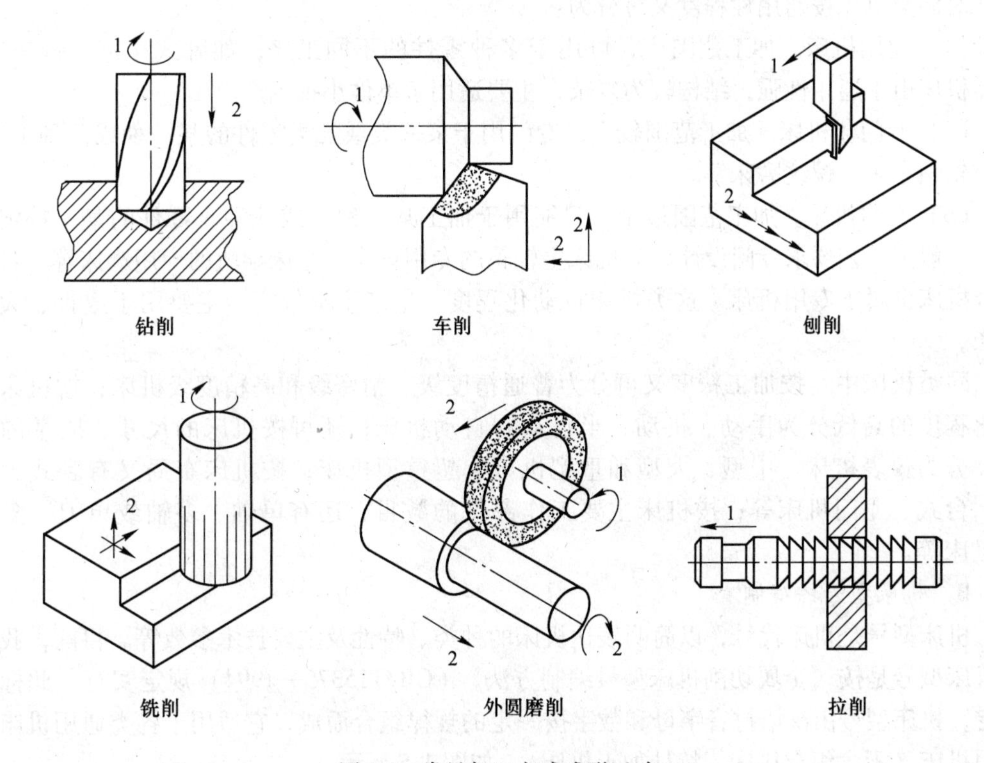

图 1-4　常见加工方式成形运动

1—主运动；2—进给运动

B　辅助运动

在机床上除成形运动外，还必须具备其他辅助运动。根据机床加工对象不同，辅助运动的数量也不同，主要有切入运动、分度运动、切出运动、快进快退运动、校正运动、控制运动等等。总之，机床上除表面成形运动之外的所有运动，均是辅助运动。

1.1.2.3　金属切削机床分类与型号编制

机床是完成制造工艺的主要载体，为成功地将机床集成到制造系统中以完成特定的制造任务，机床应满足一系列的要求。现代制造中，最重要的要求是质量。机床质量一般指机床的制造精度及其在交变力和热负载状态下的几何精度和可靠性。此外，机床在满足性能要求的基础上，其自动化程度、生产率高低、使用保养及维修的方便、成本的高低亦很关键，而安全性和环保性也逐步成为人们对机床的要求。

A　机床分类

随着制造技术的不断发展，金属切削机床的品种也在不断增加，其功用、规格、结构及精度各不相同，为便于机床的区别、使用和管理，必须对机床进行分类。

机床分类主要按加工性质和所用刀具进行区分，据国家标准 GB/T 15375—1994，机床按工作原理可有 11 大类：车床、钻床、镗床、磨床、齿轮加工机床、螺纹加工机床、铣床、刨插床、拉床、锯床及其他机床。在每类机床中，又按工艺范围、布局形式和结构等，分为若干组，每组又细分为若干系。

除按上述方法分类外，还可按其他特征进行进一步分类。

对同类机床按通用性程度又可分为：

（1）通用机床。加工范围广，可用于多种零件的不同工序，如卧式车床、铣床等。这类机床由于通用性强，结构较为复杂，主要适用于单件小批生产。

（2）专门化机床。加工范围较窄，专门用于某一类或几类零件的某一种或几种工序，如凸轮轴车床、螺纹磨床等。

（3）专用机床。加工范围最窄，只能用于加工某一种（或几种）零件的某一特定工序，一般按工艺要求专门设计。如机床主轴箱的专用镗床、车床导轨的专用磨床等。各种组合机床也属于专用机床。这类机床自动化程度、生产率都较高，主要用于成批、大量生产。

同类机床中，按加工精度又可分为普通精度级、精密级和高精度级机床；按机床自动化程度的高低分为手动、机动、半自动和自动机床；还可按机床的尺寸、质量的不同，分为仪表机床、中型、大型和重型机床、超重型机床；按机床布局又有卧式、立式、台式、龙门机床等；按机床主要工作部件的数目，还有单轴、多轴或单刀、多刀的机床等。

B　机床型号的编制

机床型号是机床代号，以简明表达机床的种类、特性及主要技术参数等。目前，我国的机床型号是按《金属切削机床型号编制方法》（GB/T15375—1994）规定实行。此标准规定，机床型号由汉语拼音字母和数字按一定的规律组合而成，它适用于各类通用机床和专用机床（不含组合机床、特种加工机床），如图 1-5 所示。

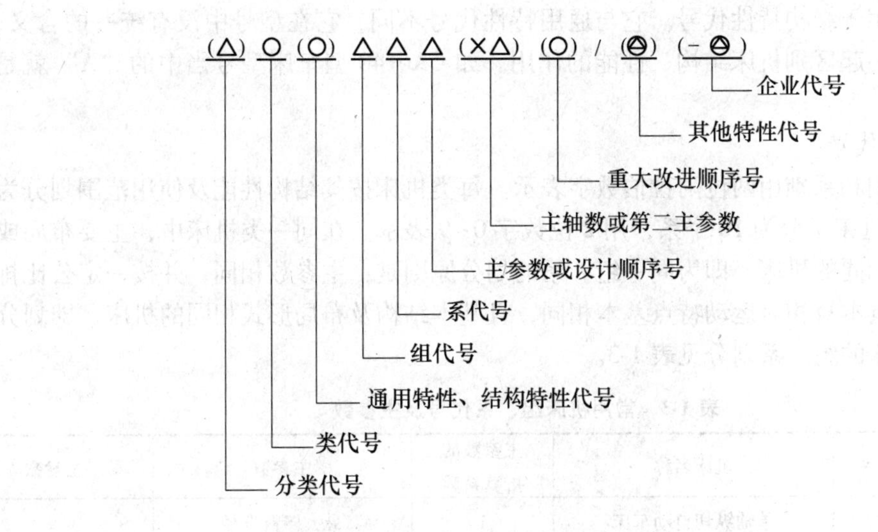

图 1-5　机床型号表示方法

注：1.（　）的代号或数字，当无内容时则不表示，若有内容则不带括号；
2. ○为大写的汉语拼音字母；
3. △为阿拉伯数字；
4. ◎为大写的汉语拼音字母，或阿拉伯数字，或两者兼有之。

a　类代号

在《金属切削机床型号编制方法》（GB/T15375—1994）中，把机床按工作原理划分为 11 大类，用大写的汉语拼音字母表示。如“C”表示车床，“X”表示铣床等。必要时，还可细分，分类代号用阿拉伯数字表示，位于类代号之前，但第一分类号不予表示，如磨床还细分了 3 类，分别用 M、2M、3M 表示。机床的类代号见表 1-1。

表 1-1　通用机床的类代号和分类代号

类别	车床	钻床	镗床	磨　床			齿轮加工机床	螺纹加工机床	铣床	刨插床	拉床	锯床	其他机床
代号	C	Z	T	M	2M	3M	Y	S	X	B	L	G	Q
读音	车	钻	镗	磨	2 磨	3 磨	牙	丝	铣	刨	拉	割	其

b　通用特性、结构特性代号

如机床具有某种通用特性见表 1-2，则可在类别代号后加上相应的通用特性代号，如“CK＊＊”表示数控车床，“CM＊＊”表示精密车床等。

表 1-2　机床通用特性代号

通用特性	高精度	精密	自动	半自动	数控	加工中心（自动换刀）	仿形	轻型	加重型	简式	柔性加工单元	数显	高速
代号	G	M	Z	B	K	H	F	Q	C	J	R	X	S
读音	高	密	自	半	控	换	仿	轻	重	简	柔	显	速

结构特性代号是指为了区别主要参数相同而结构不同的机床，在型号中用结构特性代号予以表示。用大写字母表示并写在通用特性代号之后。通用代号用过的字母以及 I、O

两个字母不能用于结构特性代号。它与通用特性代号不同，它在型号中没有统一的含义，只在同类机床中起区别机床结构、性能的作用。如 CA6140 型车床型号当中的“A”就是结构特性代号。

c　组、系代号

机床的组别和系别用两位阿拉伯数字表示。每类机床按其结构性能及使用范围划分为10个组，每组机床又分为10个系，用2位数字0~9表示。在同一类机床中，主要布局或使用范围基本相同的机床，即为同一组。系的划分原则是：主参数相同，并按一定公比排列，工件和刀具本身相对运动特点基本相同，且基本结构及布局形式相同的机床，即划分为同一系。机床的组、系划分见表1-3。

表1-3　常用机床组、系代号及主参数

类	组	系	机床名称	主参数的折算系数	主参数	第二主参数
车床	1	1	单轴纵切自动车床	1	最大棒料直径	
	1	2	单轴横切自动车床	1	最大棒料直径	
	1	3	单轴转塔自动车床	1	最大棒料直径	
	2	1	多轴棒料自动车床	1	最大棒料直径	轴数
	2	2	多轴卡盘自动车床	1/10	卡盘直径	轴数
	2	6	立式多轴半自动车床	1/10	最大车削直径	轴数
	3	0	回轮车床	1	最大棒料直径	
	3	1	滑鞍转塔车床	1/10	最大车削直径	
	3	3	滑枕转塔车床	1/10	最大车削直径	
	4	1	万能曲轴车床	1/10	最大工件回转直径	最大工件长度
	4	6	万能凸轮轴车床	1/10	最大工件回转直径	最大工件长度
	5	1	单柱立式车床	1/100	最大车削直径	最大工件长度
	5	2	双柱立式车床	1/100	最大车削直径	最大工件长度
	6	0	落地车床	1/100	最大工件回转直径	最大工件长度
	6	1	卧式车床	1/10	床身上最大回转直径	最大工件长度
	6	2	马鞍车床	1/10	床身上最大回转直径	最大工件长度
	6	4	卡盘车床	1/10	床身上最大回转直径	最大工件长度
	6	5	球面车床	1/10	刀架上最大回转直径	最大工件长度
	7	1	仿形车床	1/10	刀架上最大回转直径	最大工件长度
	7	5	多刀车床	1/10	刀架上最大回转直径	最大工件长度
	7	6	卡盘多刀车床	1/10	刀架上最大回转直径	
	8	4	轧辊车床	1/10	最大工件直径	最大工件长度
	8	9	铲齿车床	1/10	最大工件直径	最大模数
	9	1	多用车床	1/10	刀架上最大回转直径	最大工件长度

续表 1-3

类	组	系	机床名称	主参数的折算系数	主参数	第二主参数
钻床	1	3	立式坐标钻床	1/10	工作台面宽度	工作台面长度
	2	1	深孔钻床	1/10	最大钻孔直径	最大钻孔深度
	3	0	摇臂钻床	1	最大钻孔直径	最大跨距
	3	1	万向摇臂钻床	1	最大钻孔直径	最大跨距
	4	0	台式钻床	1	最大钻孔直径	
	5	0	圆柱立式钻床	1	最大钻孔直径	
	5	1	方柱立式钻床	1	最大钻孔直径	
	5	2	可调多轴立式钻床	1	最大钻孔直径	轴数
	8	1	中心孔钻床	1/10	最大工件直径	最大工件长度
	8	2	平端面中心孔钻床	1/10	最大工件直径	最大工件长度
镗床	4	1	单柱坐标镗床	1/10	工作台面宽度	工作台面长度
	4	2	双柱坐标镗床	1/10	工作台面宽度	工作台面长度
	4	5	卧式坐标镗床	1/10	工作台面宽度	工作台面长度
	6	1	卧式铣镗床	1/10	镗轴直径	
	6	2	落地镗床	1/10	镗轴直径	
	6	9	落地铣镗床	1/10	镗轴直径	铣轴直径
	7	0	单面卧式精镗床	1/10	工作台面宽度	工作台面长度
	7	1	双面卧式精镗床	1/10	工作台面宽度	工作台面长度
	7	2	立式精镗床	1/10	最大镗孔直径	
磨床	0	4	抛光机			
	0	6	刀具磨床			
	1	0	无心外圆磨床	1	最大磨削直径	
	1	3	外圆磨床	1/10	最大磨削直径	最大磨削长度
	1	4	万能外圆磨床	1/10	最大磨削直径	最大磨削长度
	1	5	宽砂轮外圆磨床	1/10	最大磨削直径	最大磨削长度
	1	6	端面外圆磨床	1/10	最大回转直径	最大工件长度
	2	1	内圆磨床	1/10	最大磨削孔径	最大磨削深度
	2	5	立式行星内圆磨床	1/10	最大磨削孔径	最大磨削深度
	2	9	坐标磨床	1/10	工作台面宽度	工作台面长度
	3	0	落地砂轮机	1/10	最大砂轮直径	
	5	0	落地导轨磨床	1/100	最大磨削宽度	最大磨削长度
	5	2	龙门导轨磨床	1/100	最大磨削宽度	最大磨削长度
	6	0	万能工具磨床	1/10	最大回转直径	最大工件长度

续表 1-3

类	组	系	机床名称	主参数的折算系数	主参数	第二主参数
磨床	6	3	钻头刃磨床	1	最大刃磨钻头直径	
	7	1	卧轴矩台平面磨床	1/10	工作台面宽度	工作台面长度
	7	3	卧轴圆台平面磨床	1/10	工作台面直径	
	7	4	立轴圆台平面磨床	1/10	工作台面直径	
	8	2	曲轴磨床	1/10	最大回转直径	最大工件长度
	8	3	凸轮轴磨床	1/10	最大回转直径	最大工件长度
	8	6	花键轴磨床	1/10	最大磨削直径	最大磨削长度
	9	0	工具曲线磨床	1/10	最大磨削长度	
齿轮加工机床	2	0	弧齿锥齿轮磨齿机	1/10	最大工件直径	最大模数
	2	2	弧齿锥齿轮铣齿机	1/10	最大工件直径	最大模数
	2	3	弧齿锥齿轮刨齿机	1/10	最大工件直径	最大模数
	3	1	滚齿机	1/10	最大工件直径	最大模数
	3	6	卧式滚齿机	1/10	最大工件直径	最大模数或最大工件长度
	4	2	剃齿机	1/10	最大工件直径	最大模数
	4	6	珩齿机	1/10	最大工件直径	最大模数
	5	1	插齿机	1/10	最大工件直径	最大模数
	6	0	花键轴铣床	1/10	最大铣削直径	最大铣削长度
	7	0	碟形砂轮磨齿机	1/10	最大工件直径	最大模数
	7	1	锥形砂轮磨齿机	1/10	最大工件直径	最大模数
	7	2	蜗杆砂轮磨齿机	1/10	最大工件直径	最大模数
	8	0	车齿机	1/10	最大工件直径	最大模数
	9	3	齿轮倒角机	1/10	最大工件直径	最大模数
	9	9	齿轮噪声检查机	1/10	最大工件直径	
螺纹加工机床	3	0	套螺纹机	1/10	最大套螺纹直径	
	4	8	卧式攻螺纹机	1/10	最大攻螺纹直径	轴数
	6	0	丝杠铣床	1/10	最大铣削直径	最大铣削长度
	6	2	短螺纹铣床	1/10	最大铣削直径	最大铣削长度
	7	4	丝杠磨床	1/10	最大工件直径	最大工件长度
	7	5	万能螺纹磨床	1/10	最大工件直径	最大工件长度
	8	6	丝杠车床	1/10	最大工件直径	最大工件长度
	8	9	短螺纹车床	1/10	最大工件直径	最大工件长度
铣床	2	0	龙门铣床	1/100	工作台面宽度	工作台面长度
	3	0	圆台铣床	1/10	工作台面直径	
	4	3	平面仿形铣床	1/10	最大铣削宽度	最大铣削长度
	4	4	立体仿形铣床	1/10	最大铣削宽度	最大铣削长度

续表 1-3

类	组	系	机床名称	主参数的折算系数	主参数	第二主参数
铣床	5	0	立式升降台铣床	1/10	工作台面宽度	工作台面长度
	6	0	卧式升降台铣床	1/10	工作台面宽度	工作台面长度
	6	1	万能升降台铣床	1/10	工作台面宽度	工作台面长度
	7	1	床身铣床	1/100	工作台面宽度	工作台面长度
	8	1	万能工具铣床	1/10	工作台面宽度	工作台面长度
	9	2	键槽铣床	1	最大键槽宽度	
刨插床	1	0	悬臂刨床	1/100	最大刨削宽度	最大刨削长度
	2	0	龙门刨床	1/100	最大刨削宽度	最大刨削长度
	2	2	龙门铣磨刨床	1/100	最大刨削宽度	最大刨削长度
	5	0	插床	1/10	最大插削长度	
	6	0	牛头刨床	1/10	最大刨削长度	
	8	8	模具刨床	1/10	最大刨削长度	
拉床	3	1	卧式外拉床	1/10	额定拉力	最大行程
	4	3	连续拉床	1/10	额定拉力	
	5	1	立式内拉床	1/10	额定拉力	最大行程
	6	1	卧式内拉床	1/10	额定拉力	最大行程
	7	1	立式外拉床	1/10	额定拉力	最大行程
	9	1	气缸体平面拉床	1/10	额定拉力	最大行程
锯床	5	1	立式带锯床	1/10	最大工件高度	
	6	0	卧式圆锯床	1/100	最大圆锯片直径	
	7	1	卧式弓锯床	1/10	最大锯削直径	
其他机床	1	6	管接头车螺纹机	1/10	最大加工直径	
	2	1	木螺钉螺纹加工机	1	最大工件直径	最大工件长度
	4	0	圆刻线机	1/100	最大加工直径	
	4	1	长刻线机	1/100	最大加工长度	

d 主参数或设计顺序号

机床的主参数代表机床规格的大小，反映机床的加工能力。机床的主参数位于系代号之后，用折算值表示，即实际主参数乘折算系数，不同机床有不同的折算系统。详见表1-3。

机床主参数的计量单位是：若主参数是尺寸，其计量单位是毫米（mm）；若主参数为拉力，其计量单位是千牛（kN）；若主参数为扭矩，其计量单位是牛·米（N·m）。

当某些通用机床无法用主参数表示时，则在型号中主参数位置用设计顺序号表示。设计顺序号由01开始。

e 主轴数和第二主参数

为了更完整地表示机床的加工能力和加工范围，可选择进行第二主参数表示；对于多轴机床而言，也可把实际主轴数标于主参数后面。主轴数和第二主参数一般以“×”与第一主参数分开，读作“乘”。

f 机床重大改进顺序号

当对机床的结构、性能有更高的要求，并需按新产品重新设计、制造和鉴定时，才按改进的先后顺序按 A、B、C……等字母顺序（I、O 两个字母不得选用），加在型号基本部分的尾部，以区别原机床型号。

g 其他特性代号

用以反映各类机床的特性。加在重大改进顺序号之后，用字母或数字表示，并用“/”分开，读作“之”。如可反映数控机床的不同控制系统、加工中心自动交换工作台等。

h 企业代号

用以表示机床生产厂或研究单位，用“-”与前面的代号分开，读作“至”。

C 机床型号举例

CA6140：C—车床（类代号）。
A—结构特性代号。
6—组代号（落地及卧式车床）。
1—系代号（普通落地及卧式车床）。
40—主参数（最大加工件回转直径 400mm）。

XKA5032A：X—铣床（类代号）。
K—数控（通用特性代号）。
A—（结构特性代号）。
50—立式升降台铣床（组系代号）。
32—工作台面宽度 320mm（主参数）。
A—第一次重大改进（重大改进序号）。

MGB1432：M—磨床（类代号）。
G—高精度（通用特性代号）。
B—半自动（通用特性代号）。
14—万能外圆磨床（组系代号）。
32—最大磨削外径 320mm（主参数）。

C2150×6：C—车床（类代号）。
21—多轴棒料自动车床（组系代号）。
50—最大棒料直径 50mm（主参数）。
6—轴数为 6（第二主参数）。

D 机床的组成

金属切削机床一般由 4 个部分组成：

（1）机床框架结构。连接机床上各部件，定位并支撑刀具和工件，并使刀具与工件保持正确的静态位置关系。

（2）运动部分。为加工过程提供所需的刀具与工件的相对运动，保证形成合格加工表面应有的刀具与工件间正确的动态位置关系。

（3）动力部分。为加工过程及辅助过程提供必要的动力。

（4）控制部分。操纵和控制机床的各个动作。

E 机床的技术性能

机床的技术性能指机床的加工范围、使用质量和经济效益等技术参数，为了正确选择、合理使用机床，必须了解机床的技术性能。

（1）工艺范围。指机床适应不同生产的能力，即可完成的工序种类、加工的零件类型、毛坯和材料种类、适应的生产规模等。

（2）技术规格。反映机床尺寸大小和工作性能的各种技术数据。一般指影响机床工作性能的尺寸参数、运动参数、动力参数等。

（3）加工精度和表面粗糙度。指机床在正常工作条件下所获得的加工精度及表面粗糙度。

（4）生产率。指机床在单位时间内能完成的零件数量。

（5）自动化程度。不仅影响机床生产率，还影响工人的劳动强度和工件的加工质量。

（6）效率。效率指机床消耗于切削的功率与电机输出功率之比。

（7）其他。机床的技术性能除上述方面外，还包括噪声大小、操作维修的方便、安全等方面。

1.1.3 切削用量

1.1.3.1 工件表面

切削加工中，实质上是在切削运动作用下，工件表面上一层金属不断地被切下来变成切屑，从而加工出所需要的新表面，在新表面的形成过程中，工件上有三个依次变化着的表面，它们分别是待加工表面、已加工表面和过渡表面，如图 1-6 所示。

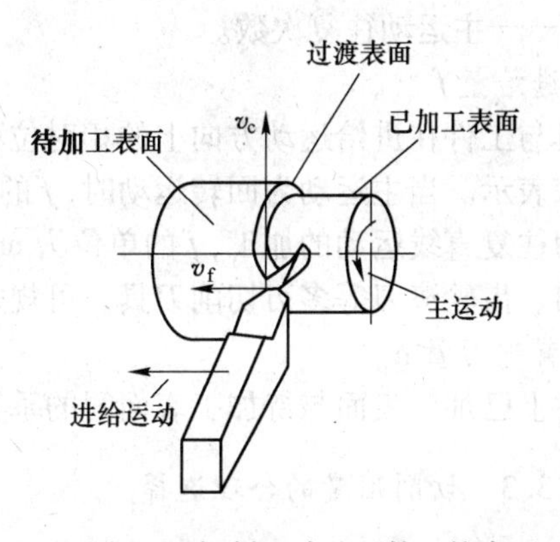

图 1-6 切削运动及工件上的表面

A 已加工表面

工件上经刀具切除金属层后所形成的新表面。

B 待加工表面

工件上等待切除的那部分金属层的表面。

C 过渡表面

切削刃正在切削的表面，是已加工表面与待加工表面间的过渡表面。又称为切削表面或正加工表面。

1.1.3.2 切削用量三要素

在切削加工中，合理选择切削用量，可以保证加工质量，提高加工效率，降低成本。如图 1-7 所示为切削用量。

A　切削速度 v_c

一般用主运动的线速度来表示，即过切削刃选定点，相对于工件在主运动方向上的线速度。

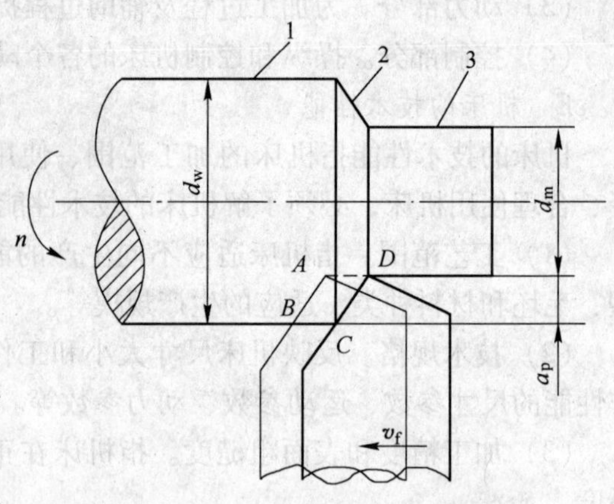

图 1-7　切削用量

1—待加工表面；2—过渡表面；3—已加工表面

当主运动为回转运动时：

$$v_c = \frac{\pi dn}{1000}$$

式中 v_c——切削速度，m/s 或 m/min；

d——工件或刀具上某一点的回转直径，mm；

n——工件或刀具的转速，r/s 或 r/min。

在转速 n 一定时，切削刃上各点处的切削速度不同，在计算时，取最大的切削速度。

当主运动为往复直线运动时，切削速度由下式确定：

$$v_c = \frac{2Ln}{1000}$$

式中 L——主运动往复行程，mm；

n——主运动往复次数。

B　进给量 f

刀具与工件在进给运动方向上的相对位移量，可用刀具或工件的每转位移量或每行程位移量来表示。当主运动为回转运动时，f 的单位为 mm/r（毫米/转）；对于刨削、插削等主运动为往复直线运动的加工，f 的单位为 mm/（d · str）（毫米/双行程）；对于铣刀、铰刀、拉刀、齿轮滚刀等多刃切削刀具，可规定每齿进给量，单位是 mm/Z（毫米/齿）。

C　背吃刀量 α_p

工件上已加工表面与待加工表面间的垂直距离，称为背吃刀量。

1.1.3.3　切削用量的合理选择

在机床、刀具及工件、夹具确定的情况下，合理选择切削用量，直接影响加工质量、生产率和成本。

A　粗加工

粗加工时，以金属切除为主要目的，对加工质量要求不高，应充分发挥机床、刀具的性能，提高金属切除的效率。从切削用量三要素对切削温度的影响上看，切削速度对切削温度影响最大，其次是进给量。切削温度过高，会造成刀具磨损加快，使刀具可用于正常切削的时间缩短，影响加工效率。由此可见，为保证金属切除效率，切削用量的选择应是：首先选择尽可能大的背吃刀量，再选择较大的进给量，最后选择合适的切削速度。

B　精加工

精加工主要目的是保证加工质量，即获得工件要求的加工精度和表面质量。此时，应尽量避免某些物理现象对加工质量造成不利影响。切削用量的选择应是：较小的背吃刀量和进给量，较高的切削速度（适用硬质合金刀具）或较低的切削速度（适用高速钢刀具）。

学习任务 1.2　刀具材料及切削影响因素

1.2.1　刀具材料

在金属切削过程中，刀具承担着直接切除金属材料余量和形成已加工表面的任务。刀具切削部分的材料性能、几何形状和结构决定了刀具的性能，它们对刀具的耐用度、切削效率、加工质量和加工成本影响极大。

1.2.1.1　刀具材料的性能

在切削过程中，刀具切削部分在与切屑、工件相互接触中，表面承受着很大的压力和剧烈的摩擦，刀具切削部位温度较高，在加工余量不均匀的工作或断续加工时，刀具还承受强烈的冲击和振动，因此刀具材料应具备以下基本性能：

(1) 高的硬度和耐磨性。刀具材料比工件材料硬度高，且有高的抵抗磨损的能力，一般情况下，刀具材料应比工件材料的硬度高 1.3~1.5 倍，常温硬度大于 HRC60。

(2) 足够的强度和韧性。用以承受切削过程中的切削力、冲击和振动。一般情况下，刀具材料的硬度越高，其韧性越低。因此在选用时应综合考虑。

(3) 良好的红硬性。所谓红硬性，即刀具材料在高温下保持较高的耐磨性、硬度、强度和韧性的能力。

(4) 良好的工艺性。即刀具材料在加工制造时所表现出来的性能。如锻造性能、热处理性能、切削加工性能、焊接性能等，以便于刀具的制造。

(5) 经济性好。即刀具的价格低，性价比高。

1.2.1.2　常用刀具材料

刀具材料的种类很多，常用的有碳素工具钢、合金工具钢、高速钢、硬质合金、陶瓷、金刚石和立方氮化硼等。碳素工具钢（如 T10A、T12A）和合金工具钢（如 9CrSi、CrWMn），因其耐热性较差，仅用于手工工具及切削速度较低的刀具。陶瓷、金刚石和立方氮化硼则由于其性能脆、工艺性能差等原因，目前只是在较小的范围内使用。目前用得最多的刀具材料是高速钢和硬质合金。

A　高速钢

高速钢是加入了钨、钼、铬、钒等合金元素的高合金工具钢。它有较高的热稳定性，切削温度达到 500~650℃时仍然能进行切削；有较高的硬度、耐磨性、强度和韧性，适合于各类刀具的要求。其制造工艺简单，容易磨成锋利的切削刃，可锻造，这对于一些形状复杂的刀具如钻头、成形刀具、拉刀、齿轮刀具等尤其重要，是制造这类刀具的主要材料。

按其化学成分的不同，高速钢可分为钨系和钨钼系；按切削性能的不同，高速钢可分为普通高速钢和高性能高速钢；按制造方法的不同，高速钢可分为熔炼高速钢和粉末冶金高速钢。

a　普通高速钢

普通高速钢的特点是工艺性好，切削性能可满足一般工程材料的常规加工，常用的材料有：

(1) W18Cr4V 属钨系高速钢，其综合性能可磨削性好，可用以制造各类刀具。

(2) W6Mo5Cr4V2 属钨钼系高速钢，其碳化物分布的均匀性、韧性和高温塑性均超过W18Cr4V，但是，可磨削性比W18Cr4V要稍差些，切削性能大致相同。国外由于资源的原因，已经淘汰了W18Cr4V，用W6Mo5Cr4V2代替。这一钢种目前我国主要用于热轧刀具（如麻花钻），也可以用于大尺寸刀具。

b 高性能高速钢

调整普通高速钢的基本化学成分和添加其他合金元素，使其机械性能和切削性能有显著提高，这就是高性能高速钢。高性能高速钢的常温硬度可达到HRC67~70，高温硬度也相应提高，可用于高强度钢、高温合金、钛合金等难加工材料的切削加工。典型牌号有高钒高速钢W6Mo5Cr4V3、钴高速钢W6Mo5Cr4V2Co5、超硬高速钢W2Mo9Cr4VCo8等。

c 粉末冶金高速钢

粉末冶金高速钢是用高压氩气或纯氮气雾化熔融的高速钢钢水，直接得到细小的高速钢粉末，然后将这种粉末在高温高压下制成致密的钢坯，最后将钢坯锻轧成钢材或刀具形状的一种高速钢。

粉末冶金高速钢与熔炼高速钢相比，具有许多的优点：韧性与硬度较高、可磨削性能显著改善、材质均匀、热处理变形小、质量稳定可靠，故刀具的耐用度较高。粉末冶金高速钢可以切削各种难加工材料，特别适合制造各种精密刀具和形状复杂的刀具。

B 硬质合金

硬质合金是高硬度、难熔的金属化合物（主要是WC、TiC等，又称高温化合物）微米级的粉末，用钴或镍等金属作黏接剂烧结而成的粉末冶金制品。由于含有大量的高熔点、高硬度、化学稳定性好、热稳定性好的金属碳化物，其硬度、耐磨性和耐热性都很高。常用的硬质合金的硬度为HRA89~93，在800~1000℃的环境仍然能够承担切削任务，刀具的耐用度比高速钢高几倍到几十倍，当耐用度相同时，其切削速度可以提高4~10倍。但是，硬质合金比高速钢的抗弯强度低、冲击韧性差，因此，在切削时不能承受大的振动和冲击负荷。硬质合金中碳化物含量较高时，硬度高，但抗弯强度低；黏接剂含量较高时，其抗弯强度高，但硬度低。硬质合金由于其切削性能优良被广泛用作刀具材料。如大多数的车刀、端铣刀、深孔钻、绞刀、拉刀和齿轮滚刀等。

国际标准化组织ISO将切削用的硬质合金分为K类，P类和M类。

a K类（相当于我国的YG类）

K类，即WC-Co类硬质合金。此类硬质合金有较高的抗弯强度和冲击韧性，磨削性、导热性较好，该材料的刀具适于加工生产崩碎切屑、有冲击性切削力作用在刃口附近的脆性材料，如铸铁、有色金属及其合金，并适合加工导热系数低的不锈钢等难加工材料。

b P类（相当于我国的YT类）

P类，即WC-TiC-Co类硬质合金。此类硬质合金有较高的硬度和耐磨性、特别时具有高的耐热性，抗黏结扩散能力和抗氧化能力也很好；但抗弯强度、磨削性和导热性低，低温脆性大、韧性差，该材料的刀具适用于高速切削钢料。

c M类（相当于我国的YW类）

M类，即WC-TiC-TaC（NbC）-Co类硬质合金。在YT类中加入TaC（NbC）可以提

高其抗弯强度、疲劳强度、冲击韧性、高温硬度和强度、抗氧化能力、耐磨性等。该材料的刀具既可以用于加工铸铁及有色金属，也可以用于加工钢。

各种硬质合金的牌号及应用范围见表 1-4。

表 1-4 各种硬质合金的牌号及应用范围

类 别	牌号	应 用 范 围
K 类（YG 类）	YG3X	铸铁、有色金属及其合金的精加工、半精加工，不能承受冲击载荷
	YG3	铸铁、有色金属及其合金的精加工、半精加工，不能承受冲击载荷
	YG6X	普通铸铁、冷硬铸铁及高温合金的精加工、半精加工
	YG6	铸铁、有色金属及其合金的半精加工和粗加工
	YG8	铸铁、有色金属及其合金、非金属材料的粗加工，也可用于断续切削
	YG6A	冷硬铸铁、有色金属及其合金的半精加工，也可用于高锰钢、淬火钢及合金钢的半精加工、精加工
P 类（YT 类）	YT30	碳素钢、合金钢及淬硬钢的精加工
	YT15	碳素钢、合金钢在连续切削时的粗加工、半精加工，也可用于连续切削时的精加工
	YT14	同 YT15
	YT5	碳素钢、合金钢的精加工，也可用于连续切削
M 类（YW 类）	YW1	高温合金、高锰钢、不锈钢等难加工材料及普通钢材、铸铁、有色金属及其合金的粗加工及半精加工
	YW2	高温合金、高锰钢、不锈钢等难加工材料及普通钢材、铸铁、有色金属及其合金的粗加工及精加工

C 其他刀具材料

a 陶瓷

陶瓷的主要成分是 Al_2O_3，加入少量添加剂，压制高温烧结而成，其硬度、耐磨性和热硬性都比硬质合金要好，适用于加工高硬度的材料。硬度为 HRA93~94，在 1200℃的高温仍然能够进行切削。陶瓷与金属的亲和力小，切削时不易黏刀，不易产生积屑瘤，加工表面光洁。但是陶瓷刀片的脆性大，抗弯强度和抗冲击韧性低，一般用于切削钢、铸铁以及高硬度材料（如淬硬钢）的半精加工和精加工。

为了提高陶瓷刀片的强度和韧性，可以在矿物陶瓷中添加高熔点，高硬度的碳化物（TiC）和一些其他金属（如镍、钼）以构成复合陶瓷。

我国陶瓷刀片的牌号有：AM、AMF、AT6、SG4、LT35、LT55 等。

b 金刚石

金刚石分天然和人造两种，是碳的同素异形体。金刚石是目前已知最硬的一种材料，其硬度为 HV10000，精车有色金属时，加工精度可以达到 IT5 级精度，表面粗糙度 *Ra* 可达 0. 012 微米。耐磨性好，在切削耐磨材料时，刀具的耐磨度通常是硬质合金的 10~100 倍。

金刚石的耐热性较差，一般低于 800℃，而且由于金刚石是碳的同素异形体，在高温条件下，与铁原子发生反应，刀具易产生黏结磨损，因此，金刚石刀具不适于加工钢铁材料。它适用于硬质合金、陶瓷、高硅铝合金等耐磨材料的加工，以及有色金属和玻璃强化塑料等的加工。用金刚石粉制成砂轮磨削硬质合金，磨削能力大大超过碳化硅砂轮。

c　立方氮化硼（CBN）

立方氮化硼是六方氮化硼的同素异形体，是人类已知的硬度仅次于金刚石的物质。立方氮化硼的热稳定性和化学惰性大大优于金刚石。工作温度可达 1300～1500℃，且 CBN 不与铁原子起作用，因此，该种材料的刀具适于加工不能用金刚石加工的铁基合金，如高速钢、淬火钢、冷硬铸铁。此外，该种材料的刀具还适于切削钛合金和高硅合金。用于加工高温合金等难加工的材料时，可以大大提高生产率。

虽然 CBN 价格高昂，但随着难加工材料的应用日益广泛，它是一种大有前途的刀具材料。

1.2.2　刀具切削部分的几何参数

金属切削刀具的形状、种类很多，但切削部分具有共性，即以外圆车刀的切削部分为基本形态。因此，外圆车刀切削部分的几何参数也可用于其他刀具。

1.2.2.1　刀具切削部分的组成

刀具切削部分如图 1-8 所示。

（1）前刀面 A_{γ}。切屑流出时经过的刀具表面。

（2）主后刀面 A_{α}。与工件上加工表面相对的刀具表面。

（3）副后刀面 A'_{α}。与工件上已加工表面相对的刀具表面。

（4）主切削刃 S。前刀面与主后刀面的交线称为主切削刃，承担主要的切削任务。

（5）副切削刃 S'。前刀面与副后刀面的交线称为副切削刃。

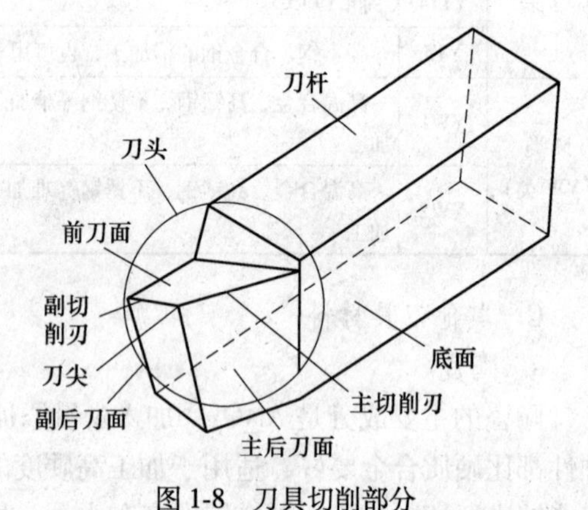

图 1-8　刀具切削部分

（6）刀尖。刀尖可以是主、副切削刃的实际交点，也可是将主、副切削刃连接起来的一小段直线或圆弧刃。将主、副切削刃连接起来的这一小段切削刃又称为过渡刃。

1.2.2.2　刀具的正交平面静态参考系

为便于设计、制造、测量和刃磨刀具而建立的空间坐标参考系，称为静态参考系。在静态参考系中确定的刀具角度，称为刀具的标注角度。静态参考系应以刀具在使用中的正确安装和运动为基准所假定的条件来建立。

A　假定条件

a　假定安装条件

假定车刀安装位置正确，即刀尖与工件回转中心等高，车刀刀杆对称面与进给运动方向垂直，刀杆底平面水平。

b　假定运动条件

首先给出假定主运动方向和假定进给运动方向，再假定合成切削运动速度与主运动速度方向一致，不考虑进给运动的影响。

刀具标注角度所依据参考系主要有正交平面参考系、法平面参考系、假定工作平面参考系和背平面参考系。本书只介绍正交平面参考系。

B　正交平面参考系

在上述假定条件下，可用与假定主运动方向相垂直或平行的平面构成坐标平面，即刀具标注角度参考系。刀具标注角度参考系可有多种，在此仅介绍常用的正交平面参考系，如图 1-9 所示，其坐标平面定义如下：

（1）基面 p_r。通过切削刃选定点垂直于假定主运动方向的平面称为基面。

（2）切削平面 p_s。通过切削刃选定点与主切削刃相切并垂直于基面的平面称为切削平面。

（3）正交平面 p_0。通过切削刃选定点同时与基面和切削平面相垂直的平面称为正交平面。

正交平面参考系就是由基面、切削平面和正交平面这三个相互垂直的坐标平面组成。

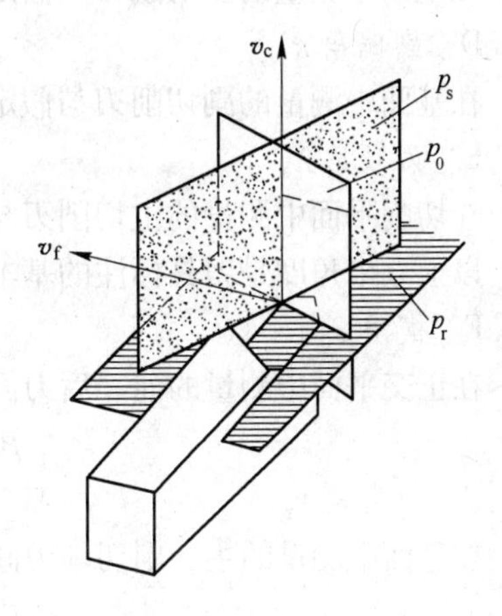

图 1-9　正交平面参考系

1.2.2.3　刀具的标注角度

在正交平面参考系中，可标注如下角度，如图 1-10 所示。

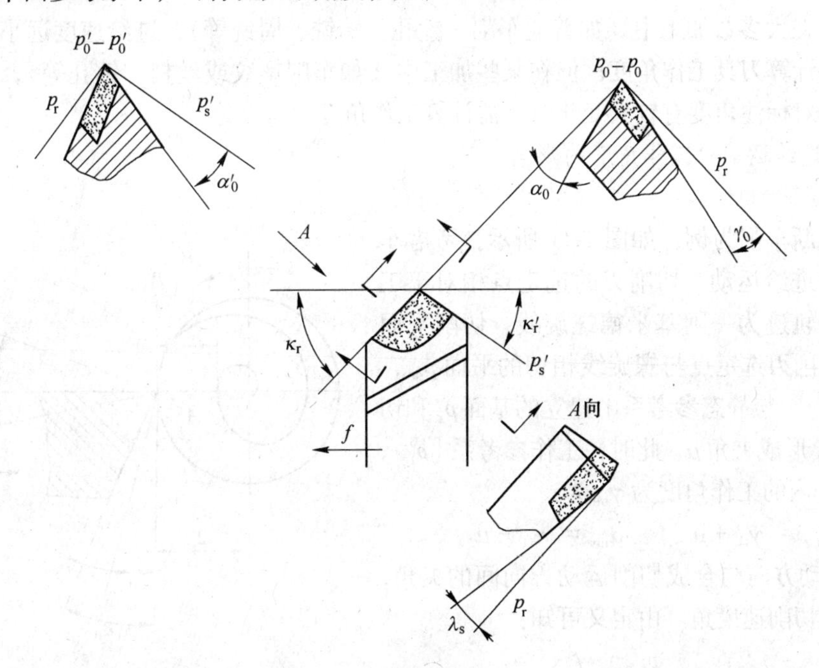

图 1-10　刀具标注角度

A　前角 γ_0

在正交平面中测量的前刀面与基面的夹角称为前角。

B　后角 α_0

在正交平面中测量的后刀面与切削平面的夹角称为后角。

C　主偏角 κ_r

在基面中测量的主切削刃与假定进给运动正方向间的夹角称为主偏角。

D　副偏角 κ'_r

在基面中测量的副切削刃与假定进给运动反方向间的夹角称为副偏角。

E　刃倾角 λ_s

在切削平面中测量的主切削刃与基面间的夹角称为刃倾角。

以上五个角度是刀具标注的基本角度，另有两个派生角度如下。

F　楔角 β_0

在正交平面中测量的前、后刀面间的夹角称为楔角。

$$\beta_0 = 90° - (\gamma_0 + \alpha_0)$$

G　刀尖角 ε_r

在基面中测量的主、副切削刃间的夹角称为刀尖角。

$$\varepsilon_r = 180° - (\kappa_r + \kappa'_r)$$

1.2.2.4　刀具的工作角度

刀具的标注角度是建立在假定安装条件和假定工作条件下的。如果考虑进给运动和刀具实际安装情况的影响，则刀具的参考系将发生变化。按照刀具在实际工作条件下所形成的刀具工作角度参考系所确定的刀具角度，称为刀具工作角度。

由于在大多数加工中（如普通车削、镗孔、端铣、周铣等），进给速度远小于主运动速度，不必计算刀具工作角度；但在某些加工中（如车削螺纹或丝杠、钻孔等），使刀具的工作角度相对标注角度有较大变化时，需计算工作角度。

A　进给运动对工作角度的影响

a　横车

以切断车削为例，如图 1-11 所示，考虑车刀的横向进给运动，切削刃的选定点相对于工件的运动轨迹为一阿基米德螺旋线，切削平面为通过切削刃选定点与螺旋线相切的平面 p_{se}，基面为 p_{re}，与静态参考系中建立的基面 p_r 和切削平面 p_s 形成夹角 μ。此时，工作参考系［p_{re}，p_{se}，p_{oe}］内的工作角度为 γ_{oe} 为：

$$\gamma_{oe} = \gamma_0 + \mu\text{；}\quad \alpha_{oe} = \alpha_0 - \mu$$

μ 为主运动方向与合成切削运动方向间的夹角，称为合成切削速度角。由定义可知：

$$\tan\mu = \frac{v_f}{v} = \frac{f}{\pi d}$$

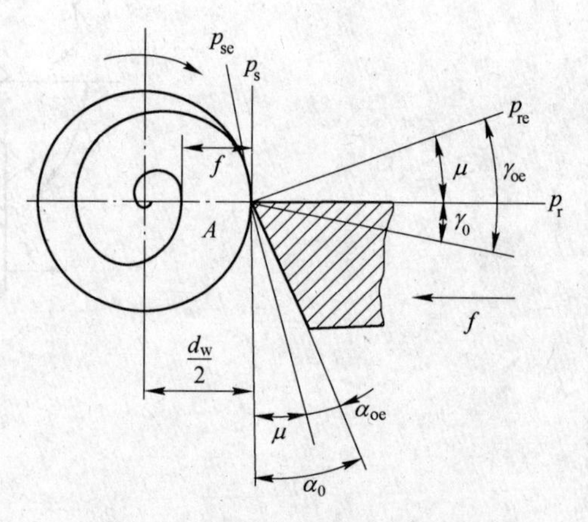

图 1-11　横车对刀具工作角度的影响

式中，d 为随车刀进给而不断变化的切削刃选定点处工件的旋转直径，随着切削进行，d 不断减小，则 μ 不断增大，在工件中心附近，工作后角将变为负值。

b　纵车

与上同理，如切削螺纹、丝杠或蜗杆等，由于进给运动速度相对于主运动较大，使合成切削速度方向与主运动方向间存在合成切削速度角 η；亦可知随进给运动速度增大，则 η 值增大。纵车时刀具工作角度 γ_{oe} 和 α_{oe} 相对于标注角度有如下变化：

$$\gamma_{oe} = \gamma_0 + \eta_0 ; \alpha_{oe} = \alpha_0 - \eta_0$$

上式 η_o 可由下式计算：

$$\tan \eta_0 = \tan\eta \cdot \sin \kappa_r ; \tan\eta = \frac{v_f}{v} = \frac{f}{\pi d_\omega}$$

式中 f——进给量；

d_ω——切削刃选定点处的工件直径。

由上可知，η 不仅与进给量有关，也同工件直径有关；工件直径越小，角度变化越大。

B　刀尖安装高低对工作角度的影响

在外圆车削时，刀尖安装高于工件中心线，刀具工作前角 γ_{oe} 增大，工作后角 α_{oe} 减小；当刀尖安装低于工件中心线时，刀具工作前角 γ_{oe} 减小，工作后角 α_{oe} 增大。

镗孔时，与外圆车削变化相反。

C　刀杆中心线与进给运动方向不垂直时工作角度的变化

如图 1-12 所示，当刀杆与进给运动方向不垂直时，刀具的工作主偏角 κ_{re} 和副偏角 κ'_{re} 有如下变化：

$$\kappa_{re} = \kappa_r \pm \theta_A ; \quad \kappa'_{re} = \kappa'_r \mp \theta_A$$

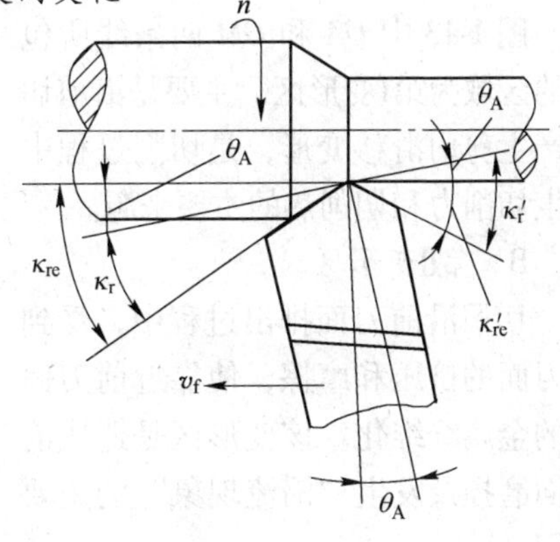

图 1-12　刀杆中心线与进给运动方向不垂直时对刀具工作角度的影响

1.2.2.5　刀具角度合理选择

A　前角的选择

切削塑性金属时，大前角可以降低切削力和切削温度，但刀具散热条件变差，刃口强度下降，易磨损、崩刃。因此，前角选择不易过大。

切削脆性材料时，为防止冲击造成刀具崩刃，保持足够刃口强度，选择较小的前角。

粗加工时，为保证金属切除效率，产生的切削力大，应选用较小的前角，保证刃口强度。

精加工时，为保证加工质量，减小金属变形，应选用较大的前角。

总之，前角的选择原则是“锐字当先、锐中求固”。

B　后角的选择

后角主要影响后刀面与工件的摩擦。粗加工时，为增强刀具强度及散热条件，后角取小值；精加工时，为保证表面质量，减小摩擦，后角取大值。

C　主偏角的选择

主偏角主要影响刀尖强度及径向力的大小。增大主偏角使刀尖强度变弱，易磨损，但减小径向力，反之亦然。当工件刚性较好时，可选较小主偏角；刚性较差时，选大的主偏角。主偏角选择还受到工件加工形状的限制，如切削阶梯轴，一般选择主偏角为 90°或 93°。

D　副偏角的选择

副偏角主要影响表面粗糙度，可根据工艺系统刚性及表面粗糙度来选择。精加工时，一般取小值；粗加工时，一般取大值。

E　刃倾角的选择

刃倾角主要影响刀尖强度和排屑方向。粗加工时，为提高生产率，保证刀尖强度，刃倾角可取小值或负值；精加工时，为防止切屑刮伤工件已加工表面，可取较大值或零。

1.2.3　切削变形及其影响因素

金属切削加工过程，就是利用刀具将工件上多余（或预留）的金属切除，获得所需表面的过程。这个过程的实质是工件的被切削金属层在刀具的作用下产生了剪切滑移和挤压变形，被切除而形成切屑。了解切屑形成的机理、影响因素及由此产生的物理现象，如切削力、切削热等，有助于保证加工质量、提高生产率、降低成本。

1.2.3.1　金属变形区

为研究方便，通常将金属切削过程的变形划分为三个区，如图 1-13 所示。

A　第Ⅰ变形区

图 1-13 中 *OA* 和 *OM* 两条线所包围的区域为第Ⅰ变形区，主要是沿剪切面产生剪切滑移变形，是切削过程中产生切削力和切削热的主要来源。

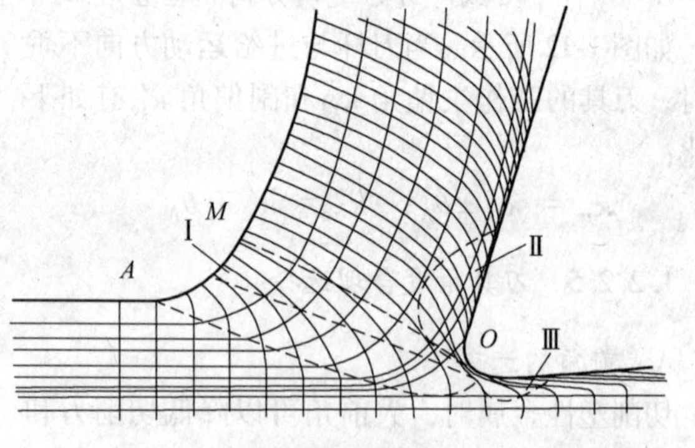

图 1-13　金属切削过程的三个变形区

B　第Ⅱ变形区

切屑沿前刀面排出过程中，受到前刀面的挤压和摩擦，使靠近前刀面处的金属纤维化。该变形区是造成前刀面磨损及发生“滞流现象”的主要原因。

C　第Ⅲ变形区

工件的已加工表面受到刀具的挤压摩擦，造成纤维化和加工硬化。该区域是造成后刀面磨损、工件已加工表面“加工硬化”的主要原因。

1.2.3.2　切屑的种类

由于工件材料及切削条件的不同，切削过程中金属的变形程度也就不同，由此产生了不同的切屑种类，如图 1-14 所示。

A　带状切屑

在加工塑性金属材料时，采用较高的切削速度、较小的进给量及背吃刀量、较大的刀具前角时，通常得到带状切屑。带状切屑是最常见的一种切屑，其一面光滑、一面是毛茸的。形成带状切屑时，切削过程平稳，切削力波动不大，已加工表面粗糙度较小，通常在刀具上利用断屑槽或断屑板等断屑。

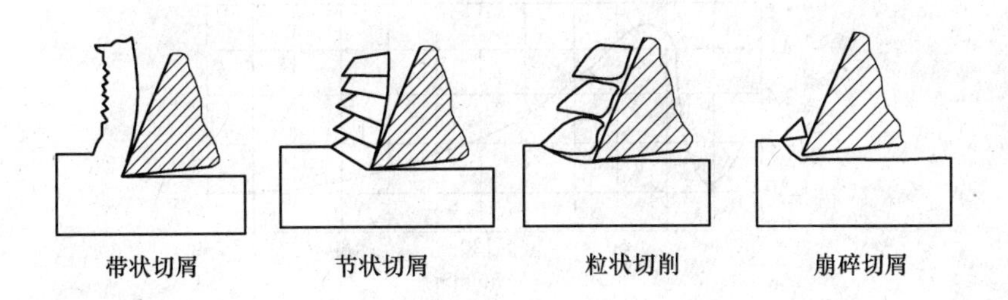

图 1-14　切屑的种类

B　节状切屑

节状切屑又称挤裂切屑，与带状切屑的区别在于其一面为锯齿形、另一面时有裂纹。在切削速度较低、进给量较大、刀具前角较小的情况下切削塑性金属，可得到此类切屑。加工后，工件表面较粗糙。

C　粒状切屑

在形成节状切削的条件下，将刀具前角进一步减小，降低切削速度或增大进给量时，易产生此类切屑。粒状切屑截面呈梯形、大小较为均匀，又称单元切屑。

D　崩碎切屑

切削脆性金属材料时，切削层在刀具作用下崩碎成不规则的碎块状切屑。产生崩碎切屑的过程中，切削力变化较大，切削不平稳；工件已加工表面凹凸不平，表面质量差；刀尖易磨损。

上述四种切屑类型中，前三种是切削塑性金属时产生的。形成带状切屑的过程最平稳，切削力波动最小；形成崩碎切屑时切削力波动最大。

在形成节状切屑的情况下，可通过增大刀具前角或减小进给量、提高切削速度得到带状切屑；反之得到粒状切屑。

产生崩碎切屑时，可通过减小进给量，减小主偏角及适当提高切削速度使崩碎切屑转化为片状或针状，改善切削过程中的不良现象。

掌握切屑的变化规律，有助于控制切屑形态、控制切削过程。

1.2.3.3　切屑变形的影响因素

切削层金属经切削加工形成切屑，其长度较切削层金属长度缩短、厚度增加，产生变形。各因素对切屑变形的影响可简单作如下理解：

A　工件材料

工件材料的强度、硬度越高，其塑性越差，切屑的变形程度越小。

B　刀具的前角

刀具前角越大，切削刃越锋利，前刀面对切屑的推挤作用越小，切屑的变形程度越小。

C　切削用量

a　切削速度

切削速度对切削温度及积屑瘤有重要影响，而使切削速度对切屑变形的影响呈波形曲线变化，如图 1-15 所示。

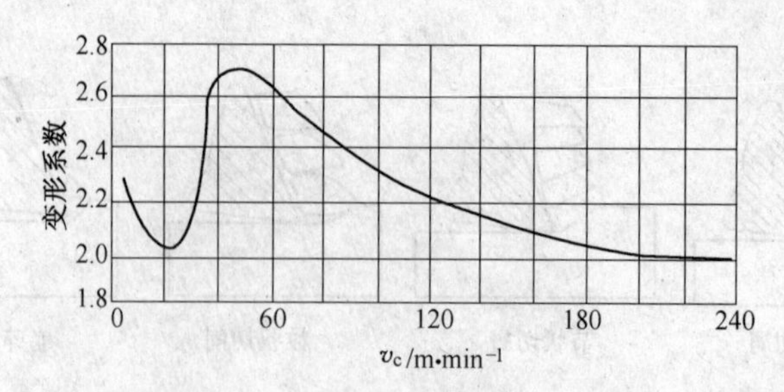

图 1-15 切削速度对切屑变形的影响

b 进给量

进给量越大，切屑的变形程度越小。

1.2.3.4 积屑瘤

A 积屑瘤现象

在一定的条件下切削钢、黄铜、铝合金等塑性金属时，由于受前刀面挤压、摩擦的作用，使切屑底层中的一部分金属滞留并堆积在刀具刃口附近，形成了一楔形硬块，这个硬块称为积屑瘤，如图 1-16 所示。

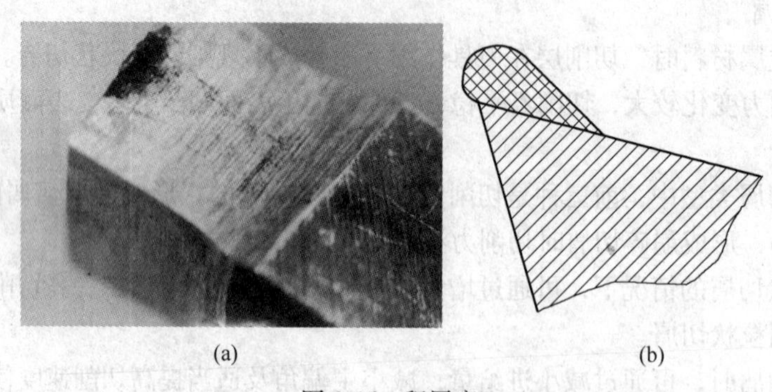

图 1-16 积屑瘤

（a）积屑瘤实物照片；（b）积屑瘤示意图

B 积屑瘤对切削加工的影响

由于积屑瘤硬度高于工件 2~3 倍，故堆积在切削刃上能代替切削刃进行切削，并保护了切削刃；增大实际工作前角，减小切削变形；堆积成的钝圆弧刃口造成挤压和过切现象，降低加工精度；积屑瘤脱落后粘附在已加工表面上使表面粗糙不平。所以在精加工时应避免积屑瘤产生。

C 积屑瘤的控制

在切削试验和生产实践中均表明：在中温情况下，例如切削中碳钢，温度在 300~380℃，积屑瘤高度为最大，温度超过 500~600℃时，积屑瘤消失。

在生产中常采取以下措施来抑制或消除积屑瘤：

（1）采用低速或高速切削。切削速度是通过切削温度影响积屑瘤的，如图 1-17（a）所示为切削 45 钢时积屑瘤高度与切削速度的关系，由图可看出，在低速 v_c < 3m/min 和较高速度 $v_c \geq 60$m/min 范围内，摩擦系数都较小，较不易形成积屑瘤。在切削速度 v_c = 20m/min 左

右，切削温度约为 300℃，产生积屑瘤的高度达到最大值。

（2）减小进给量、增大刀具前角、提高刀具刃磨质量和合理选用切削液，使摩擦和粘结减少，可达到抑制积屑瘤的作用。

（3）合理调整各切削参数值，以防止形成中温区域，如图 1-17（b）所示，是切削合金钢消失积屑瘤时的切削速度、进给量和前角之间的关系。例如选用进给量为 $f=0.2\text{mm/r}$、前角 $\gamma_0=0°$，消失积屑瘤时的切削速度为 22m/min；选用进给量为 $f=0.2\text{mm/r}$、前角 $\gamma_0=10°$，消失积屑瘤时的切削速度为 32m/min。

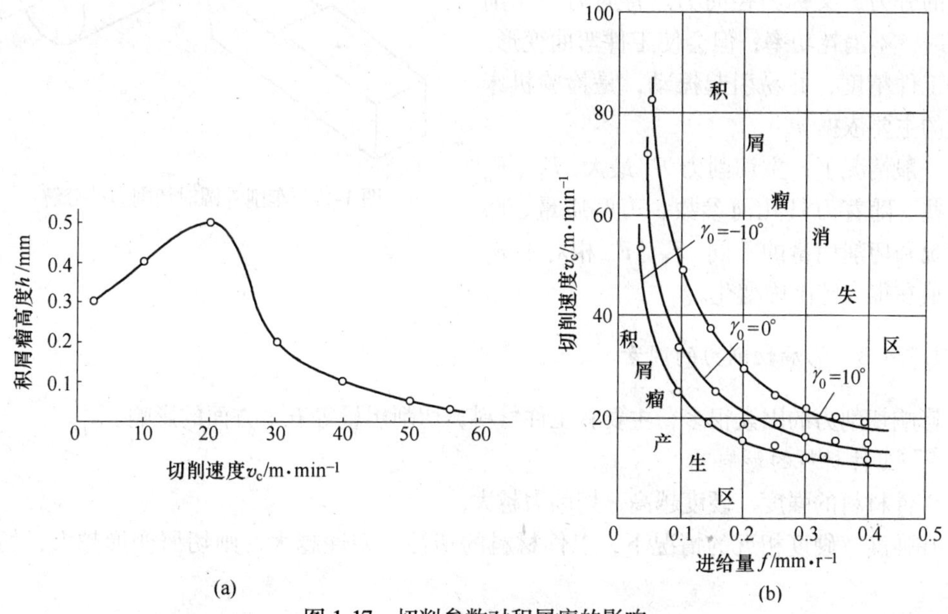

图 1-17　切削参数对积屑瘤的影响

（a）切削速度对积屑瘤的影响（加工条件：45 钢、$f=0.67\text{mm/r}$、$\alpha_p=4.5\text{mm}$）；

（b）切削速度、进给量和前角对积屑瘤的影响（加工条件：合金钢、YT15、$f=0.67\text{mm/r}$、$\alpha_p=2\text{mm}$、$\gamma_0=0°$、$r_\varepsilon=0.5\text{mm}$）

1.2.4　切削力

在切削加工时，作用在工件上的力和作用在刀具上的力是一对大小相等、方向相反的力，通常把它们称为切削力。切削力是影响工艺系统变形和工件加工质量的重要因素。

1.2.4.1　切削力的来源

切削力的来源有两个方面：一是切削层金属、切屑和工件表面层金属变形所产生的抗力；二是刀具与切屑、工件表面间的摩擦力。这两方面共同作用合成为切削力。

1.2.4.2　切削力的分解

切削力是一个空间方向上的力，其大小、方向都不易直接测量。为分析切削力对工艺系统的影响，通常将其分解为一定方向上的分力，如图 1-18 所示为车削外圆时切削力的分解。

A　主切削力 F_c

即切削力在主运动方向上的分力，又称为切向力；是计算刀具强度、机床功率以及设计夹具、选择切削用量的主要依据。

B　进给分力 F_f

即切削力在进给运动方向上的分力，又称为轴向力；是计算机床进给系统强度、刚性的主要依据。

C　背向力 F_p

即切削力在与进给运动方向相垂直的方向上的分力，又称为径向力。背向力在车削外圆时，不消耗功率；但会使工件弯曲变形，影响工件精度，并易引起振动，是检验机床刚度的主要依据。

一般情况下，主切削力 F_c 最大，F_f、F_p 小一些，随着刀具几何参数、刃磨质量、磨损情况和切削用量的不同，F_f、F_p 相对于 F_c 的比值在很大范围内变化。

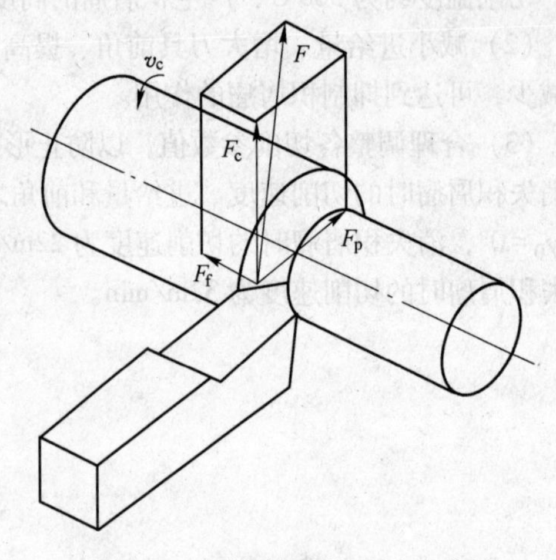

图 1-18　车削外圆时切削力的分解

1.2.4.3　影响切削力的因素

影响切削力的因素很多，主要有工件材料，切削用量等五个方面的影响。

A　工件材料的影响

工件材料的强度、硬度越高，切削力越大。

在强度、硬度相近的情况下，工件材料的塑性、韧性越大，则切屑变形越大，切削力越大。

B　切削用量的影响

切削用量三要素对切削力影响的程度是不同的。背吃刀量对切削力影响最大，背吃刀量增大一倍，主切削力也增大一倍。进给量对切削力影响次之，进给量增大一倍，主切削力增大 0.7~0.9 倍。切削速度对切削力影响最小，在中速和高速下切削塑性金属，切削力一般随切削速度增大而减小；在低速范围内切削塑性金属，切削力随切削速度增大呈波形变化，切削速度对切削力的影响如图 1-19 所示；切削脆性金属，切削速度对切削力没有显著影响。

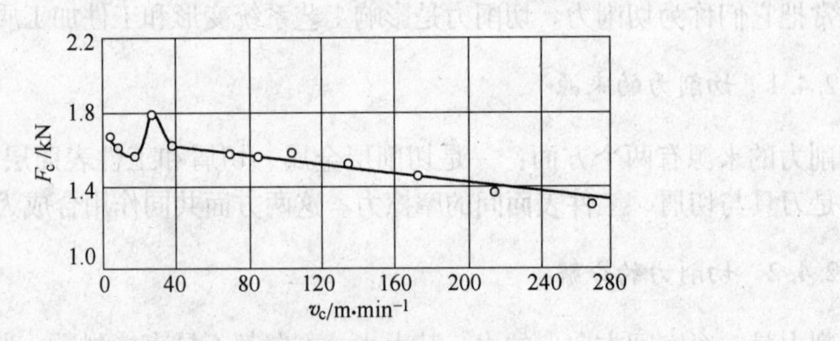

图 1-19　切削速度对切削力的影响

C　刀具几何参数的影响

前角增大，切屑变形减小，切削力明显下降。

主偏角在 60°~75°时主切削力最小。主偏角变化改变背向力和进给分力的比例，当主偏角增大时，背向力减小，进给分力增大。

刃倾角对主切削力影响较小，对背向力和进给分力影响较大，当刃倾角逐渐由正值变为负值时，背向力增大，进给分力减小。

D 刀具材料的影响

刀具材料不是影响切削力的主要因素。由于不同的刀具材料与工件材料间的摩擦系数、亲和力不同，对切削力也有一定影响，摩擦系数、亲和力越小，主切削力越小。

E 切削液的影响

合理选用切削液，利用切削液的润滑作用，可以降低切削力。

1.2.4.4 切削功率

功率是力和力作用方向上运动速度的乘积。切削功率是切削分力消耗功率的总和。在普通加工中，进给速度很小，且进给分力小于主切削力，因此，切削功率用主运动功率计算：

$$P_c = F_c v_c \times 10^{-3}/60$$

式中 P_c ——切削功率，kW；

F_c ——主切削力，N；

v_c ——切削速度，m/min。

1.2.5 切削热与切削温度

在金属切削加工过程中，切削层金属变形及与刀具间的摩擦所产生的热量称为切削热。切削热及由它产生的切削温度，直接影响刀具的磨损和耐用度，影响工件的加工精度和表面质量。

1.2.5.1 切削热的来源与传播

在刀具作用下，切削层金属产生弹性变形和塑性变形产生的热量以及切屑与前刀面、工件与后刀面间的摩擦产生的热量是切削热的来源。

切削热主要由切屑、刀具、工件及周围介质传导出去，影响热传导的主要因素是工件和刀具材料的导热系数及周围介质的状况。

工件材料的导热系数高，由工件及切屑传出热量多，切削区温度低，但整个工件温度升高较快，会引起室温下检测的尺寸与切削时测量的尺寸差别较大；工件材料导热系数低，切削热不易从切屑和工件传出，切削区温度高，刀具磨损加快。

刀具材料导热系数高，热量容易从刀具传出，降低切削区温度。

不同的加工方法，切削热传播的比例不同：如不用切削液时，车削加工，大部分切削热由切屑带走；钻削时则由钻头传出较大部分切削热。

提高切削速度可使切屑带走的热量所占比例增大，传入工件热量的比例减小，传入刀具的热量比例更小。

1.2.5.2 切削温度

切削温度是指切削区域的平均温度，其高低取决于该处产生热量的多少和热量传播的快慢。实际上，切屑、刀具和工件上各点温度是不同的。如图 1-20 所示为一定切削条件下的温度分布。由图 1-20 可知，刀具前面的温度高于刀具后面的温度。刀具前面上的最高温度不在切削刃上，而是在离切削刃一定距离处。这是因为切削塑性材料时，刀–屑接触长度较长，切屑沿着刀具前面流出，摩擦热逐渐增大的缘故。切削脆性材料时，因切屑较短，切屑与刀具前面相接触所产生的摩擦热都集中在切削刃附近，所以刀具前面上的最高温度集中在切削刃附近。

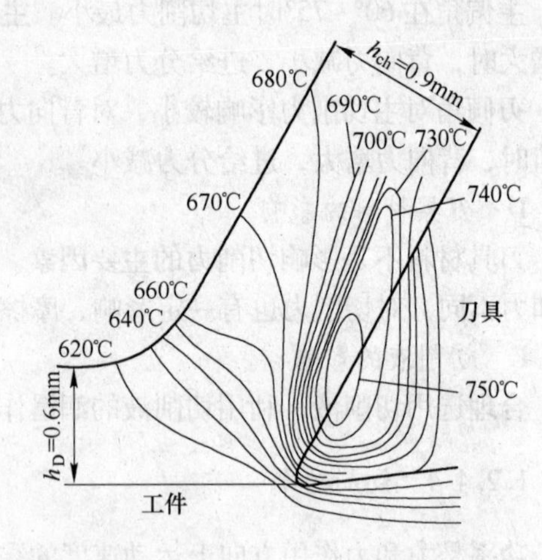

图 1-20　切屑、工件、刀具上的温度分布

1.2.5.3　影响切削温度的主要因素

由上述内容可知，凡是影响切削热的产生及传播的因素都影响切削温度，其主要影响因素如下：

（1）切削用量对切削温度的影响。在切削用量三要素中，对切削温度影响最大的是切削速度，其次是进给量，背吃刀量对切削温度影响最小。

随着切削速度升高，切屑底层与刀具前刀面摩擦加剧，产生的切削热来不及向切屑内部传导而大量积聚在切屑底层，使切屑温度升高。但切削热与切削温度不与切削速度成比例增加。

随着进给量增大，单位时间内切除的金属量增多，所产生的切削热增多，使切削温度上升，但切削热不与金属切除量成比例增加；同时，进给量增大，切屑变厚，切屑的热容量增大，带走的热量增多，使切削温度上升不甚明显。

背吃刀量增大，切削热成比例增加，但实际进入切削的切削刃长度也成比例增加，改善散热条件，使切削温度升高不明显。

（2）刀具几何参数。前角增大，切削变形和摩擦减小，产生的切削热减少，切削温度降低；但前角太大，使散热条件变差，不会使切削温度进一步降低，反而会影响刀具的使用。

主偏角增大，使实际工作的切削刃长度减小，刀尖角减小，散热条件变差，切削温度上升。

刀具磨损对切削温度影响很大，是影响切削温度的重要因素。当刀具磨损到一定程度时，切削力及切削温度会急剧升高。

（3）工件材料。工件材料的强度、硬度越高，切削时产生的切削热越多，切削温度越高。

材料导热系数越高，切削区传出热量越多，切削温度越低。

（4）切削液。采用冷却性能好的切削液能有效降低切削温度。

1.2.6　切削液

在金属切削加工过程中，合理选用切削液，可以改善切屑、工件与刀具间的摩擦状况，降低切削力及切削温度，减小工件热变形，提高加工精度和表面质量，延长刀具使用寿命。

1.2.6.1　切削液的作用

A　冷却作用

切削液浇注到切削区域后，通过传导、对流和汽化等方式，带走大量的切削热，使切削温度降低。

B　润滑作用

切削液渗透到切屑、工件与刀具表面之间，形成润滑性能较好的油膜，降低切削力及切削温度。

C　清洗与防锈作用

清洗作用是利用一定流量和压力的切削液将粘附在机床、夹具、工件和刀具上的细小切屑或磨粒细粉带走，以防其对机床、工件及刀具造成损害。

防锈作用是在切削液中添加防锈剂后，使切削液在金属表面形成保护膜，保护工件、刀具及机床、夹具等不受周围介质的腐蚀。

1.2.6.2　切削液的分类

金属切削加工中常用的切削液主要有切削油、水溶液、乳化液和极压切削油。

A　切削油

切削油主要成分是矿物油，少数采用动植物油或复合油，在实际使用中加入添加剂以提高其润滑和防锈性能，润滑效果好。

B　水溶液

水溶液主要成分是水，冷却性能好，润滑性能差；实际使用中常加入添加剂，使其保持良好的冷却性能，同时具有良好的防锈性能和一定的润滑性能。

C　乳化液

乳化液是用95%~98%的水和矿物油、乳化油、添加剂等配制而成，呈乳白色。具有良好的冷却性能，因含水量大，润滑及防锈性能较差，常加入一定量的油性、极压添加剂和防锈添加剂，配制成极压乳化液和防锈乳化液。

D　极压切削油

极压切削油是在矿物油中添加氯、硫、磷等极压添加剂配制而成，它在高温下不破坏润滑膜，具有良好的润滑效果。

1.2.6.3　切削液的选用

切削液的使用效果除取决于切削液的性能外，还与刀具材料、加工要求、工件材料、加工方法等因素有关，应综合考虑，合理选用。

A　根据刀具材料、加工要求选用

高速钢刀具耐热性差，粗加工时，切削用量大，产生的切削热量多，容易导致刀具磨损，应选用以冷却为主的切削液；精加工时，主要是获得较好的表面质量，可选用以润滑性好的切削液。硬质合金刀具耐热性好，一般不用切削液，如必要，也可用低浓度乳化液或水溶液，但应持续充分地浇注，不宜断续浇注，以免处于高温状态的硬质合金刀片在突然遇到切削液时，产生较大的内应力而出现裂纹。

B 根据工件材料选用

加工钢等塑性材料时，需用切削液；而加工铸铁等脆性材料时，一般不用切削液；对于高强度钢、高温合金等，加工时应选用极压切削油或极压乳化液；对于铜、铝及铝合金，为了得到较好的表面质量和精度，可采用10%~20%乳化液、煤油或煤油与矿物油的混合液；切削铜时，不宜采用含硫的切削液。

C 根据加工性质选用

钻孔、攻丝、铰孔、拉削等加工，其排屑方式为半封闭或封闭状态，刀具的导向、校正部分摩擦严重，在对硬度高、强度大、韧性大、冷作硬化趋势严重等难切削加工材料加工时尤为突出，宜选用乳化液、极压乳化液和极压切削液；成形刀具、齿轮刀具等，要求保持形状、尺寸精度，应采用润滑性好的极压切削液或切削油；磨削加工温度很高，且细小的磨屑会破坏工件表面质量，要求切削液具有较好的冷却和清洗性能，常用水溶液或普通乳化液；磨削不锈钢、高温合金宜用润滑性能较好的水溶液或极压切削液。

1.2.6.4 切削液的使用

要正确合理地选用和使用切削液，才能使用切削液的作用得到充分发挥。切削液的使用方法有很多，常见的方法主要有浇注法、喷雾冷却法、高压冷却法等。

A 浇注法

浇注法是直接将具有一定流量和压力的切削液浇注到切削区域上，在实际中多用此法。

B 喷雾冷却法

采用喷雾冷却装置，利用压缩空气使切削液雾化并高速喷向切削区，使微小的液滴接触切屑、刀具及工件产生汽化，带走大量的切削热，降低切削温度。

C 高压冷却法

在加工深孔时，使用工作压力约为1~10MPa，流量约为50~150L/min的高压切削液，将碎断的切屑冲离切削区域随液流带出孔外，同时起到冷却、润滑作用。

1.2.7 刀具磨损及刀具耐用度

在刀具的切削过程中，刀具一方面切下切屑，另一方面刀具本身也被损坏。刀具损坏到一定的程度，就要换刀或更换新的切削刃，才能继续切削。所以，刀具的损坏也是切削过程中的一重要现象。

刀具的损坏形式主要有磨损和破损两类。前者是连续的逐渐磨损；后者是包括脆性破损（如崩刀、碎断、剥落、裂纹等）和塑性破损两种。本节主要介绍刀具的磨损。

刀具磨损后，使工件加工精度下降，表面粗糙度增大，并导致切削力和切削温度增加，甚至产生振动，不能继续进行正常的切削。因此，刀具的磨损将直接影响加工效率、质量和成本。

1.2.7.1 刀具的磨损形式及原因

A 刀具的磨损形式

切削时，刀具的前面和后面分别与切屑和工件相接触，由于前、后两面的接触压力很大，接触面的温度也很高，因此，在刀具的前、后两面上产生磨损，如图 1-21 所示。

a　前面磨损

切削塑性材料时，如果切削速度和切削层公称厚度较大，则在前面上形成月牙洼磨损，如图 1-22（c）所示。它以切削温度最高位置为中心开始发生，然后逐渐向前后扩展，深度不断增加。当月牙洼发展到其前缘与切削刃之间的棱边变得很窄时，切削刃强度降低，容易导致切削刃破坏。刀具前面月牙洼磨损值以其最大深度 K_T 表示，如图 1-22（b）所示。

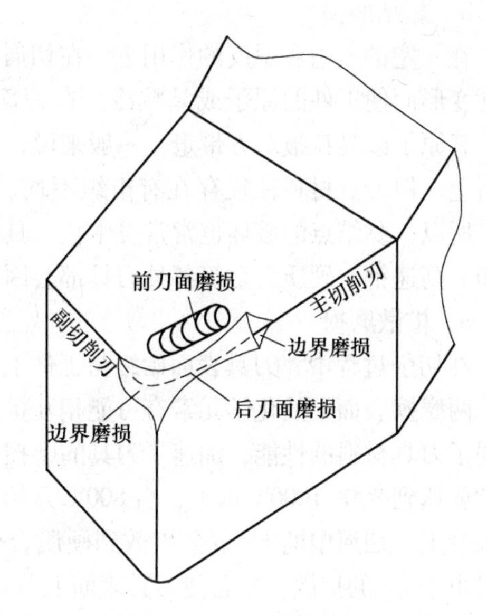

图 1-21　刀具的磨损形态

b　后面磨损

切削时，工件的已加工表面与刀具后面接触，相互摩擦，引起后面磨损。后面的磨损形式是磨损后角等于零的磨损棱带，切削铸铁和以较小的切削层公称厚度切削塑性材料时，主要发生这种磨损。后面上的磨损棱带往往不均匀，如图 1-22（a）所示。刀尖部分（C 区）强度较低，散热条件又差，磨损比较严重，其最大值为 V_C。主切削刃靠近工件待加工表面处的后面（N 区）磨成较深的沟，以 V_N 表示。在后面磨损棱带的中间部分（B 区），磨损比较均匀，其平均宽度以 V_B 表示，而且最大宽度以 V_{Bmax} 表示。

c　前后面同时磨损或边界磨损

切削塑性材料，h_D=0.1~0.5mm 时，会发生前后面同时磨损。

在切削铸钢件和锻件等外皮粗糙的工件时，常在主切削刃靠近工件外皮处以及副切削刃靠近刀尖处的后面上磨出较深的沟纹，这种磨损称为边界磨损，如图 1-21 所示。

B　刀具磨损的原因

a　硬质点磨损

是由于工件材料中的杂质、材料基体组织中所含的碳化物、氮化物和氧化物等硬质点以及积屑瘤的碎片等在刀具表面上的擦伤，划出一条条沟纹造成的机械磨损。各种切削速度下的刃具都存在这种磨损，但它是低速刀具的主要磨损原因，因低速时温度低，其他形式的磨损还不显著。

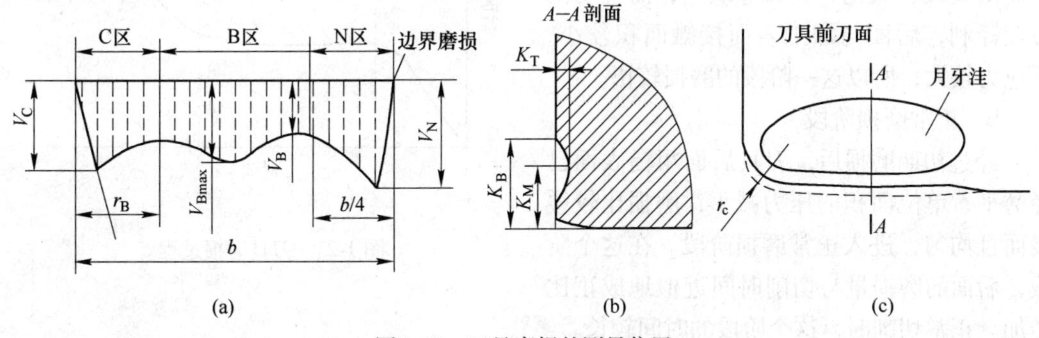

图 1-22　刀具磨损的测量位置

b　黏结磨损

在一定的压力和温度的作用下，在切屑与前面、已加工表面和后面的摩擦表面上，产生塑性变形而使工件的原子或晶粒冷焊在刀面上形成黏结点，这些黏结点又因相对运动而破坏，其原子或晶粒被对方带走，一般来说，黏结点的破裂多发生在硬度较低的一方，即工件材料上，但刀具材料往往存在有组织不均、存在内应力、微裂纹以及空隙、局部软点等缺陷，所以，黏结点的破坏也常常发生在刀具的一方面被工件材料带走，从而形成刀具的黏结磨损。高速钢、硬质合金等各种刀具都会因黏结而发生磨损。

c　扩散磨损

在切削过程中，刀具表面始终与工件上被切出的新鲜表面相接触，由于高温与高压的作用，两摩擦表面上的化学元素有可能相互扩散到对方去，使两者的化学成分发生变化，从而削弱了刀具材料的性能，加速了刀具的磨损。例如，用硬质合金刀具切削钢件时，切削温度通常要达到800~1000℃以上，自800℃开始，硬质合金中的Co、C、W等元素会扩散到切屑中被带走；切屑中的Fe也会扩散到硬质合金中，形成新的低硬度、高脆性的复合碳化物；同时由于Co的扩散，还会使刀具表面上WC、TiC等硬质相的黏结强度降低，这一切都加剧了刀具的磨损。所以，扩散磨损是硬质合金刀具的主要磨损原因之一。

扩散速度随切削温度的升高而增加，而且越增越烈。

d　化学磨损

化学磨损是在一定的温度下，刀具材料与某些周围介质（如空气中的氧，切削液的各种添加剂、硫、氯等）起化学作用，在刀具表面上形成一层硬度较低的化合物，而被切屑带走，加速的刀具的磨损，化学磨损主要发生于较高的切削速度条件下。

总体来说，当刀具和工件材料给定时，对刀具磨损起主导作用的是切削温度，在温度不高时，以硬质点磨损为主；在温度较高时，以黏结、扩散和化学磨损为主。

1.2.7.2　刀具磨损过程及磨钝标准

A　刀具的磨损过程

根据切削实验，可得如图1-23所示的刀具磨损过程的典型曲线，由图1-23可见，刀具的磨损过程分为三个阶段。

a　初期磨损阶段

因为新刃磨的刀具后面存在粗糙不平以及显微裂纹、氧化、脱碳等缺陷，而且切削刃较锋利，后面与加工表面接触面积较小，压应力较大，所以这一阶段的磨损较快。

b　正常磨损阶段

经过初期磨损后，刀具后面粗糙表面已经磨平，单位面积的压力减小，磨损比较缓慢而且均匀，进入正常磨损阶段。在这个阶段，后面的磨损量与切削时间近似地成正比增加。正常切削时，这个阶段的时间较长。

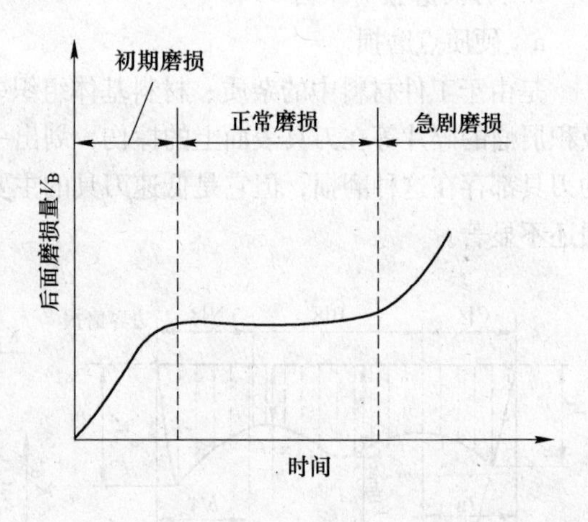

图1-23　刀具磨损过程

c　急剧磨损阶段

当磨损量增加到一定限度后，加工表面粗糙度增加，切削力与切削温度迅速升高，刀具磨损量增加很快，甚至出现振动、噪声，以至刀具失去切削能力。因此，在急剧磨损阶段来临之前就须更换刀具。

B　刀具的磨钝标准

刀具磨损到一定的极限就不能继续使用，这个磨损极限就称为刀具的磨钝标准。

因为一般刀具的后面都发生了磨损，而且测量也比较方便，因此，国际标准 ISO 统一规定以 1/2 切削深度处后面上测量的磨损带宽度 V_B 作为刀具的磨钝标准，如图 1-24 所示。

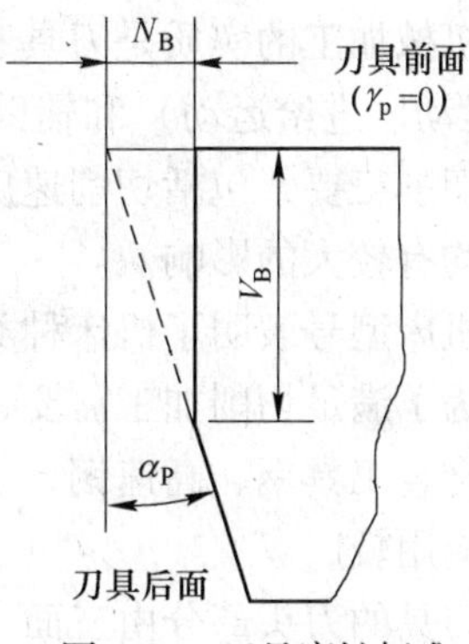

图 1-24　刀具磨钝标准

自动化生产中的精加工刀具，常以沿工件径向的刀具磨损尺寸作为衡量刀具的磨钝标准，称为刀具的径向磨损量 N_B（见图 1-24）。

由于加工条件不同，所规定的磨钝标准也有变化。例如精加工的磨钝标准取得小，粗加工标准取得大。

高速钢车刀与硬质合金车刀的磨钝标准见表 1-5。

表 1-5　高速钢车刀与硬质合金车刀的磨钝标准

工件材料	加工性质	磨钝标准 V_B/mm	
		高速钢	硬质合金
碳钢、合金钢	粗车	1.5~2.0	1.0~1.4
	精车	1.0	0.4~0.6
灰铸铁、可锻铸铁	粗车	2.0~3.0	0.8~1.0
	半精车	1.5~2.0	0.6~0.8
耐热钢、不锈钢	粗、精车	1.0	1.0
钛合金	粗、半精车	—	0.4~0.5
淬火钢	精车	—	0.8~1.0

C　刀具耐用度

刀具耐用度是指刀具由刃磨后开始切削一直到磨损量达到刀具磨钝标准所经历的总切削时间。刀具的耐用度用 T 表示，单位为分钟，常用刀具的耐用度见表 1-6。它与切削用量关系密切，一般说来，切削速度 V_c 对刀具耐用度的影响最大，进给量 f 次之，背吃刀量 α_{sp} 最小。这与三者对切削温度的影响顺序完全一致，反映出切削温度对刀具耐用度有着重要的影响。

表 1-6　常用刀具的耐用度参考值　　（min）

刀具类型	刀具耐用度	刀具类型	刀具耐用度
车刀、刨刀、镗刀	60	仿形车刀	120~180
硬质合金可转位车刀	30~45	组合钻床刀具	200~300
钻　头	80~120	多轴铣床刀具	400~800
硬质合金面铣刀	90~180	组合机床、自动机、自动线刀具	240~480
切齿刀具	200~300		

刀具寿命是表示一把新刀从投入切削开始，到刀具报废为止总的实际切削时间。因此刀具寿命等于这把刀的刃磨次数（包括新刀开刃）乘以刀具的耐用度。

【任务小结】

机械加工的实质是刀具和零件间按零件的要求做切削运动。每类机床都应有成形运动（主运动、进给运动）和辅助运动。

切削三要素包括切削速度、进给量和背吃刀量，它们对零件的质量、加工效率、加工成本均有较大的影响。

机床型号表明了机床种类和主要技术规格，需认真对待。

为了满足切削加工需要，刀具材料必须具备一些特殊性能，刀具材料主要有碳素工具钢、合金工具钢、高速钢、硬质合金、陶瓷、金刚石和立方氮化硼等。其中高速钢和硬质合金应用较广。

刀具的刀头部分由三面（前刀面、主后刀面、副后刀面）、两刃（主切削刃、副切削刃）、一刀尖构成。

在正交平面参考系中，刀具几何角度主要包括：前角、后角、主偏角、副偏角、刃倾角等五个角度。

在切削过程中，切屑有带状切屑、节状切屑、粒状切屑、崩碎切屑四种形式，切屑形态反映了切削过程和切削的状态。

在精加工中，积屑瘤对零件的表面质量影响较大，应加强控制。在切削过程中，避免产生中温区域可有效抑制积屑瘤的产生。

切削力是影响工艺系统变形和工件加工质量的重要因素。工件材料、刀具角度、切削用量、切削液等因素均会对其造成影响。

切削热及由它产生的切削温度，直接影响刀具的磨损和耐用度，影响工件的加工精度和表面质量。

常用的切削液主要有切削油、水溶液、乳化液和极压切削油。

刀具磨损形式主要有前刀面磨损、后刀面磨损、前后刀面同时磨损三种形式。

【思考与训练】

(1) 什么是生产过程、什么是工艺过程？

(2) 金属切削机床都有哪些运动？说出车、铣、镗、磨、钻等加工形式的主运动和进给运动。

(3) 简述切削用量三要素的内容。

(4) 刀具的切削部分由哪几部分组成？

(5) 刀具的五个基本角度分别在什么平面内测量？

(6) 刀具标注角度参考系建立的条件是什么？

(7) 简述切屑的种类及特征。

(8) 简述切削用量对切削力及切削温度的影响。

(9) 简述刀具角度对切削力及切削温度的影响。

(10) 简述切削热的来源及传播途径。

（11）切削用量在粗、精加工时应如何选择？
（12）简述切削液的作用及分类。
（13）刀具的磨损形式有哪几种？
（14）什么是刀具的耐用度？
（15）切削加工对刀具材料有何要求？常用刀具材料有哪些？
（16）解释下列机床型号的含义：CK7520、XK5040、C6140、X6132、Z3040
（17）切削力的影响因素有哪些？
（18）积屑瘤对加工性能有何影响？如何控制？

学习情境2 车 削 加 工

【学习目标】

（一）知识目标

（1）知道车床加工范围，知道普通车床各组成部分的名称、作用。

（2）了解 CA6140 普通车床传动系统结构及其调整方法。

（3）掌握刃磨车刀的方法。

（4）会正确使用量具、夹具。

（二）技能目标

（1）能够识别车床的型号并根据需要调整车床各手柄的位置。

（2）能够进行车床日常保养。

（3）能操纵车床进行简单零件加工。

学习任务 2.1 车削加工及安规

【学习任务】

（1）普通车削加工的加工范围。

（2）普通车床各部分组成、作用。

（3）普通车削加工安全规程。

【任务描述】

本任务是车削加工的一个基本认识，其主要目的是对车削加工有一个整体的认识。了解车削加工设备、车削加工的应用范围、车床结构等方面的基本知识，对车削加工有一个初步的认识，为后续任务打下基础。

【相关知识】

2.1.1 车削加工范围

车削加工是机械加工方法中应用最广泛的方法之一，主要用于回转体零件上回转面的加工，如各轴类、盘套类零件上的内外圆柱面、圆锥面、台阶面及各种成形回转面等。采用特殊的装置或技术后，利用车削还可以加工非圆零件表面，如凸轮、端面螺纹等；借助于标准或专用夹具，在车床上还可完成非回转零件上的回转表面的加工。车削加工的主要工艺类型如图 2-1 所示。

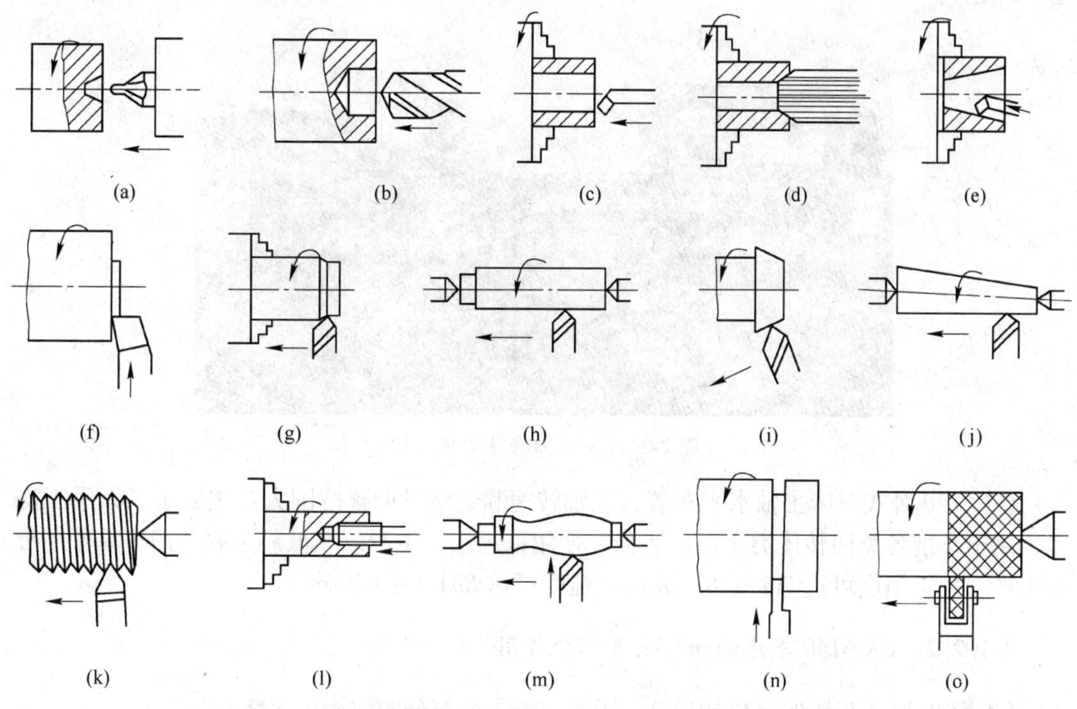

图 2-1　卧式车床所能加工的典型零件

(a) 车中心孔；(b) 钻孔；(c) 车孔；(d) 铰孔；(e) 车锥孔；(f) 车端面；(g)，(h) 车外圆；(i) 车短外锥；(j) 车长外锥；(k) 车螺纹；(l) 攻螺纹；(m) 车成形面；(n) 车槽；(o) 滚花

车削加工时，以主轴带动工件的旋转做主运动，以刀具的直线运动为进给运动。车削螺纹表面时，需要机床实现复合运动——螺旋运动。

车削加工是在由车床、车刀、车床夹具和工件共同构成的车削工艺系统中完成的。根据所用机床精度不同，所用刀具材料及其结构参数不同及所采用工艺参数不同，能达到的加工精度及表面粗糙度不同，因此，车削一般可以分为粗车、半精车、精车等。如在普通精度的卧式车床上，加工外圆柱表面，可达 IT7 ~ IT6 级精度，表面粗糙度 *Ra* 达 1.6 ~ 0.8μm；在精密和高精密机床上，利用合适的工具及合理的工艺参数，还可完成对高精度零件的超精加工。

2.1.2　认识车床

2.1.2.1　CA6140 卧式车床外形结构

车床用途极为广泛，能加工各种回转体类零件。由于大多数机器零件都具有回转表面，车床的通用性又较广，因此，车床的应用极为广泛，在金属切削机床中所占的比重最大，约占机床总数的 20% ~ 35%。

车床的种类很多，按其结构和用途的不同，主要有卧式车床、立式车床、转塔车床、单轴自动车床、多轴自动车床及半自动车床、仿形车床、多刀车床及专门化车床（如凸轮车床、曲轴车床、铲齿车床等）等，此外，在大批量生产中，还有各种各样的专用车床。鉴于篇幅限制，这里只介绍典型卧式车床 CA 6140。CA 6140 卧式车床外形结构如

图2-2 所示。

图 2-2 CA 6140 车床外形结构

CA 6140 卧式车床主轴水平布置，主轴转速和进给量调整范围大。主要由工人手工操作，用于车削各类回转体类零件内表面。使用范围广，生产效率低。主要适用于单件小批量生产。加工精度可达 IT7-IT8，表面粗糙度可达 $Ra1.6\sim0.8\mu m$。

2.1.2.2 CA 6140 车床的组成及各部分作用

CA 6140 卧式车床的组成如图 2-3 所示。各主要部分的作用见表 2-1。

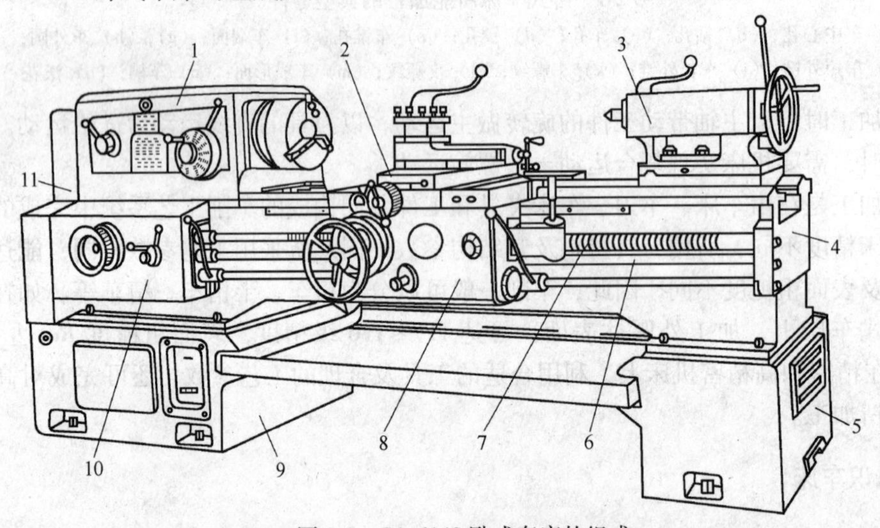

图 2-3 CA 6140 卧式车床的组成

1—主轴箱；2—刀架；3—尾座；4—床身；5—右床腿；6—光杠；7—丝杠；8—溜板箱；9—左床腿；10—进给箱；11—挂轮变速机构

表 2-1 车床主要部分的作用

组成部分名称	主要组成部分的作用
主轴箱	装有主轴部件及其变速机构的箱形部件，安装于床身左上端。速度变换靠调整变速手柄位置来实现。主轴端部可安装卡盘，用于装夹工件，也可插入顶尖
刀架	刀架部件为一个多层结构。刀架安装在拖板上，刀具安装在刀架上，拖板安装在床身的导轨上，可带刀架一起沿导轨纵向移动，刀架也可在拖板上横向移动

续表 2-1

组成部分名称	主要组成部分的作用
尾座	安装在床身的右端尾座导轨上，可沿导轨纵向移动调整位置。它用于支撑工件和安装刀具
床身	用于支撑和连接车床上其他各部件并带有精确导轨的基础件。溜板箱和尾座可沿导轨移动。床身由床脚支撑，并用地脚螺栓固定在地基上
光杠和丝杠	光杠和丝杠安装在床身的中部，是把进给运动从进给箱传到溜板箱，带动刀架运动。丝杠只是在车削各种螺纹时起作用。需要注意的是，光杠和丝杠不能同时进行工作
溜板箱	装有操纵车床进给运动机构的箱形部件，安装在床身前侧拖板的下方，与拖板相连。它带动拖板、刀架完成纵横进给运动、螺旋运动
进给箱	装有进给变换机构的箱形部件，安装于床身的左下方前侧，箱内变速机构可帮助光杠、丝杠获得不同的运动速度
挂轮变速机构	把主轴的旋转运动传递给进给箱，并通过调换不同的齿轮，可车削各种不同导程的螺纹

2.1.2.3　CA 6140 卧式车床的技术性能

CA 6140 型卧式车床主要技术参数见表 2-2。

车床能达到的尺寸精度：精车外圆为 0.01mm，精车外圆的圆柱度为 0.01mm/100mm，精车螺纹的螺距精度为 0.06mm/300mm，精车表面粗糙度为 Ra1.25~2.5μm。

表 2-2　CA 6140 型卧式车床的主要技术规格

名　称		技术参数
工件最大直径/mm	床身上	400
	刀架上	210
顶尖间最大距离/mm		650、900、1400、1900
加工螺纹范围	公制螺纹/mm	1~12（20 种）
	英制螺纹/tpi	2~24（20 种）
	模数螺纹/mm	0.25~3（11 种）
	径节螺纹/DP	7~96（24 种）
主　轴	通孔直径/mm	48
	孔锥度	莫氏 6 号
	正转转速级数	24
	正转转速范围/$r \cdot min^{-1}$	10~1400
	反转转速级数	12
	反转转速范围/$r \cdot min^{-1}$	14~1580
进给量	纵向级数	64
	纵向范围/$mm \cdot r^{-1}$	0.028~6.33
	横向级数	64
	横向范围/$mm \cdot r^{-1}$	0.014~3.16
溜板行程/mm	纵　向	650、900、1400、1900
	横　向	320

续表 2-2

名　称		技术参数
刀　架	最大行程/mm	140
	最大回转角/(°)	±90
	刀杆截面/mm×mm	25×25
尾　座	顶尖套最大移动量/mm	150
	横向最大移动量/mm	±10
	顶尖套锥度	莫氏 5 号
电动机功率	主电动机/kW	7.5
	总功率/kW	7.84

2.1.3　车工安全操作规程

(1) 工作时应穿紧身工作服，戴防护眼镜，戴袖套，袖口不要敞开，并应经常保持清洁整齐。女同志应戴工作帽，头发或辫子应塞入帽内。夏季禁止穿裙子、短裤和凉鞋上机操作。

(2) 开车前检查车床各部分机构及防护设备是否完好，各手柄是否灵活、位置是否正确。检查各注油孔并进行润滑。然后使主轴空运转 1~2min，待车床运转正常后才能工作。若发现车床运转不正常，应立即停车，告知实训指导教师进行维修，未修复不得使用。

(3) 主轴变速必须停车，变换进给箱手柄要在低速进行。为保持丝杠的精度，除车削螺纹外，不得使用丝杠机动进给。

(4) 刀具、量具及工具等的放置要稳妥、整齐、合理、有固定的位置，便于操作时取用，用后应放回原处。

(5) 工具箱内应分类摆放物件。不可随意乱放，以免损坏和丢失。

(6) 正确使用和爱护量具。经常保持清洁，用后擦净、涂油、放入盒内。禁止把工具、夹具或工件等放在车床导轨上。

(7) 不允许在卡盘及车床导轨上敲击或校直工件，床面上不准放置工具或工件。在车床主轴上装卸卡盘应在停机后进行，不可用电动机力量取下卡盘。

(8) 车刀磨损后，应及时刃磨，不允许用钝刃车刀继续车削，以免增加车床负荷、损坏车床，影响工件表面的加工质量和生产效率。

(9) 使用切削液前，应在床身导轨上涂润滑油，若车削铸铁或气割下料的工件应擦去导轨上的润滑油。

(10) 除车床上装有自动测量可在运转中进行外，均应停车测量工件，并将刀架移到安全位置。

(11) 工作时，必须集中精力，注意手、身体、头不应跟工件靠得太近，以防切屑飞入眼中。如果车削铸铁、黄铜等脆性材料工件时，必须戴上防护眼镜。

(12) 车床开动时，不能测量工件，也不要用手去摸工件的表面。尤其是加工螺纹时，严禁用手抚摸螺纹面，以免伤手。严禁用棉纱擦抹转动的工件。

（13）应用专用的钩子清除切屑，绝对不允许用手直接清除。

（14）在车床上工作时不准戴手套。

（15）工作完毕后，将使用过的物件揩净归位，清理机床、刷去切屑、擦净机床各部位的油污；按规定加注润滑油，最后把机床周围打扫干净；将床鞍摇至床尾一端，各转动手柄放到空挡位置，关闭电源。

【任务小结】

（1）车削主要用于回转体零件上回转面的加工。

（2）车削加工时，以主轴带动工件的旋转做主运动，以刀具的直线运动为进给运动。

（3）车削加工，一般精度可达 IT7～IT6，表面粗糙度 *Ra* 达 1.6～0.8μm。

（4）CA6140 卧式车床主要由主轴箱、溜板箱、进给箱、刀架、尾座、床身、光杠和丝杠、挂轮变速机构等部分构成。

【思考与训练】

（1）机床型号 CA6140 中的数字、字母各表达了什么意思？

（2）CA6140 车床各组成部分的作用是什么？

（3）车床能加工哪些类型的零件？

（4）车床操作时应注意什么？

学习任务 2.2　车床调整及日常维护保养

【学习任务】

（1）CA6140 普通卧式车床主传动链。
（2）CA6140 普通卧式车床主传动、进给传动机构的调整方法。
（3）CA6140 普通卧式车床维护保养规范。

【任务描述】

CA6140 车床主运动是如何进行传递的？机床的主传动、进给传动部分的结构怎样？如何进行调整？车床日常如何维护和保养？

【相关知识】

2.2.1　CA6140 型卧式车床的传动

2.2.1.1　传动框图

机床运动是通过传动系统实现的，如图 2-4 所示为卧式车床的传动框图。

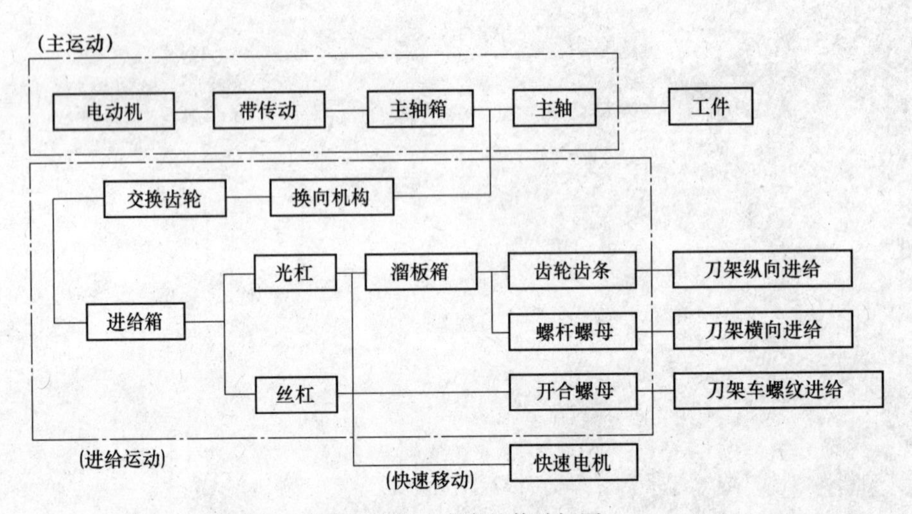

图 2-4　卧式车床的传动框图

2.2.1.2　主传动链

设备中运动传递所经历的路径称为传动链。机床上为了得到所需的运动，需要经过一系列的传动把动力源与执行件（如把电机与主轴），或者把执行件和执行件（如主轴和刀架）之间联系起来，称为传动系统。在一个传动系统中按照顺序排列的传动件的组合称为一个传动系统，也称为传动链。卧式车床有 4 条传动链，即主运动传动链、纵横向进给运动传动链、车螺纹传动链及刀架快速移动传动链。如图 2-5 所示是 CA 6140 型卧式车床的传动系统图。

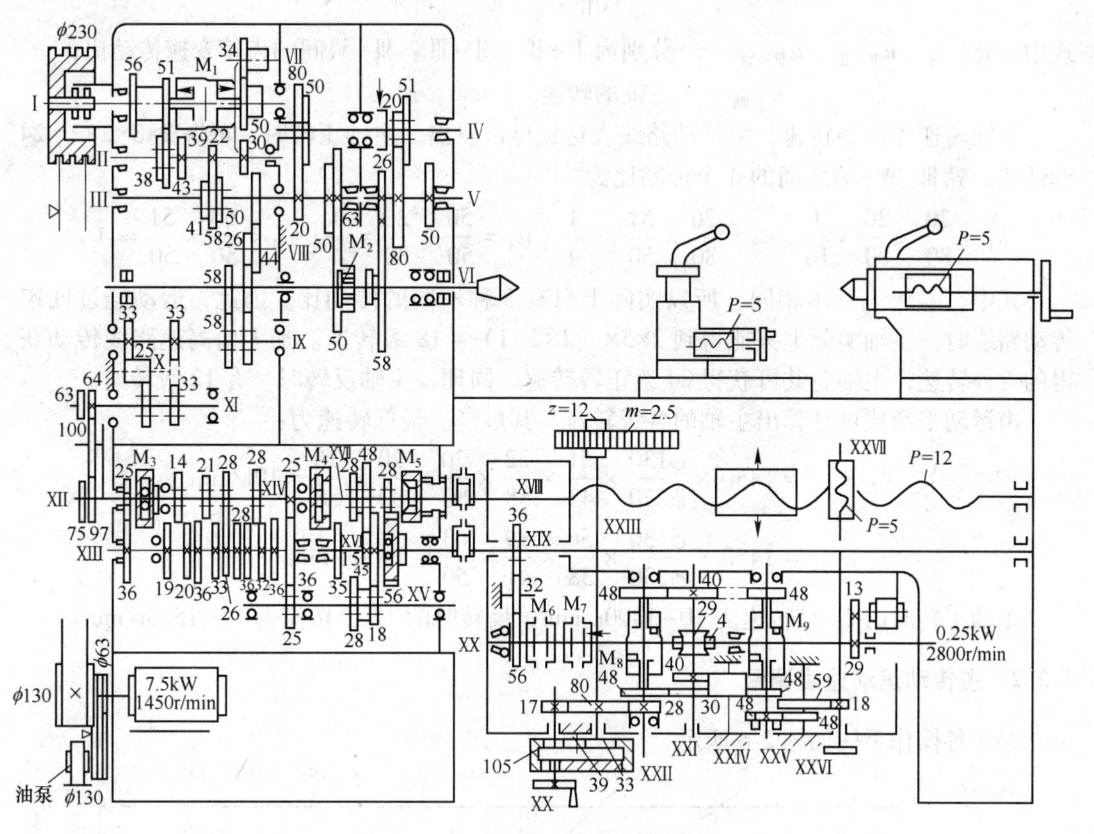

图 2-5　CA 6140 车床传动系统图

限于篇幅，本处只介绍 CA 6140 车床的主传动链。

主运动传动链的功能是把动力源（电动机）的运动和动力传给主轴，使主轴带动工件旋转做主运动，同时满足车床主轴换向和变速的要求。

主运动传动路线表达式如下：

$$
\underset{\left(\begin{array}{c}7.5\text{kW}\\1450\text{r/min}\end{array}\right)}{\text{主电动机}}-\frac{\phi130}{\phi230}-\text{I}-\left[\begin{array}{l}\begin{array}{c}\text{M}_1\text{（左）}\\\text{（正转）}\end{array}-\left[\begin{array}{c}\frac{56}{38}\\\frac{51}{43}\end{array}\right]-\\\begin{array}{c}\text{M}_1\text{（右）}\\\text{（反转）}\end{array}-\frac{50}{34}\times\frac{34}{30}\end{array}\right]-\text{II}-\left[\begin{array}{c}\frac{39}{41}\\\frac{30}{50}\\\frac{22}{58}\end{array}\right]-
$$

$$
\left[\begin{array}{l}-\frac{63}{50}\text{（M}_2\text{左离）}-\\\text{III}-\left[\left[\begin{array}{c}\frac{20}{80}\\\frac{50}{50}\end{array}\right]-\text{IV}\left[\begin{array}{c}\frac{20}{80}\\\frac{51}{50}\end{array}\right]-\text{V}-\frac{26}{58}\text{（M}_2\text{右合）}\right]\end{array}\right]-\text{VI（主轴）}
$$

运动平衡式。将上述传动路线表达式加以整理，列出计算主轴转速的运动平衡式为：

$$n_{主轴} = 1450 \times \frac{\phi 130}{\phi 230} \times u_{Ⅰ-Ⅱ} \times u_{Ⅱ-Ⅲ} \times u_{Ⅲ-Ⅵ}$$

式中　$u_{Ⅰ-Ⅱ}$，$u_{Ⅱ-Ⅲ}$，$u_{Ⅲ-Ⅵ}$——分别为Ⅰ-Ⅱ、Ⅱ-Ⅲ、Ⅲ-Ⅵ间的齿轮变速传动比；

$n_{主轴}$——主轴的转速，r/min。

主轴转速级数和转速。由传动路线表达式可以看出，主轴正转时，可得 2×3×2×2=24 种低速。轴Ⅲ-Ⅳ-Ⅵ之间的 4 个传动比为：

$$u_1 = \frac{20}{80} \times \frac{20}{80} = \frac{1}{16}, u_2 = \frac{20}{80} \times \frac{51}{50} \approx \frac{1}{4}, u_3 = \frac{50}{50} \times \frac{20}{80} = \frac{1}{4}, u_4 = \frac{50}{50} \times \frac{51}{50} \approx 1$$

式中，u_2和u_3基本相同，所以实际上只有 3 种不同的传动比。因此，运动经过低速传动路线时，主轴实际上只能得到 2×3×（2×2-1）= 18 级转速。加上由高速路线传动获得的 6 种转速，主轴总共可获得 24 级正转转速。同理，主轴反转时，有 12 级转速。

由运动平衡式可计算出主轴的各级转速。其最高、最低转速为：

$$n_{\min} = 1450 \times \frac{\phi 130}{\phi 230} \times \frac{51}{43} \times \frac{22}{58} \times \frac{20}{80} \times \frac{20}{80} \times \frac{26}{58} = 10\text{r/min}$$

$$n_{\max} = 1450 \times \frac{\phi 130}{\phi 230} \times \frac{56}{38} \times \frac{39}{41} \times \frac{63}{50} = 1400\text{r/min}$$

主轴正转时的 24 级转速为 10~1400r/min，反转时的 12 级转速为 14~1580r/min。

2.2.2　主传动运动速度调整

车床各操作手柄如图 2-6 所示。

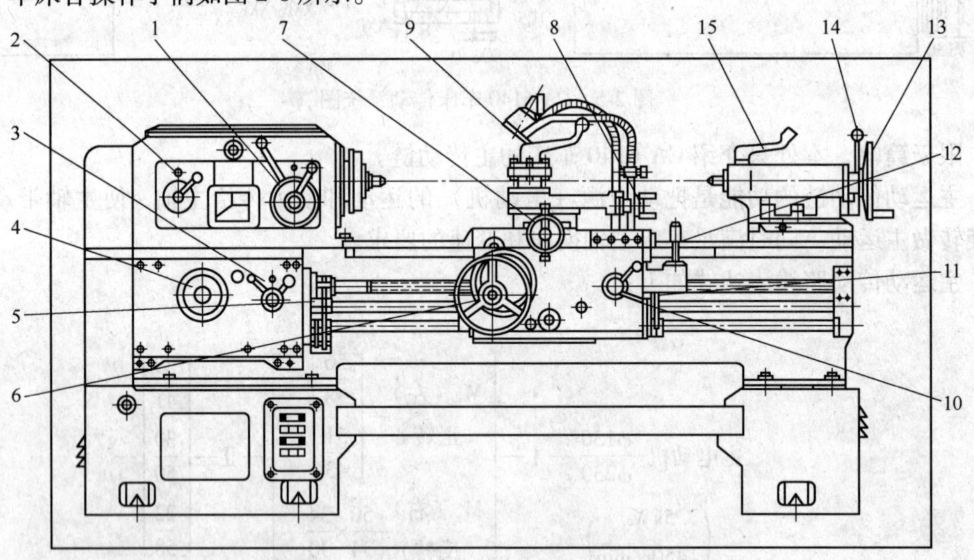

图 2-6　车床各操作手柄

1，2—主轴变速手柄；3，4—进给运动变速手柄；5—更换丝杠和光杠的手柄；6—下溜板手动手柄；7—中溜板手动手柄；8—上溜板手动手柄；9—刀架锁紧手柄；10—主轴正反转及停止操作手柄；11—开合螺母手柄；12—刀架纵、横运动及快进、工进操作手柄；13—尾架移动手轮；14—尾架锁紧手柄；15—尾架套筒锁紧手柄

2.2.2.1　车床的启动操作

（1）检查车床各变速手柄是否处于空挡位置，离合器是否处于正确位置，操纵杆是

否处于停止状态，确认无误后，合上车床电源总开关。

（2）按下床鞍上的绿色启动按钮，电动机启动。

（3）向上提起溜板箱右侧的操纵杆手柄，主轴正转；操纵杆手柄回到中间位置，主轴停止转动；操纵杆向下压，主轴反转。

（4）主轴正反转的转换要在主轴停止转动后进行，避免因连续转换操作使瞬间电流过大而发生电器故障。

（5）按下床鞍上的红色停止按钮，电动机停止工作。

2.2.2.2　主轴箱的变速操作

通过改变主轴箱正面右侧的两个同轴叠套手柄的位置来控制。前面的手柄与速度值相对应，后面的手柄与色块对应，变速时，先将前面的手柄转到所需转速处，对准相应的箭头，再根据转速数字的颜色，将后面的手柄拨到对应颜色处。由于前面的手柄有 6 个挡位，每个有 4 级转速，由后面的手柄控制，所以主轴共有 24 级转速。主轴箱正面左侧的手柄用于螺纹的左右旋向变换和加大螺距，共有 4 个挡位，即右旋螺纹、左旋螺纹加大螺距和左旋加大螺距螺纹，其挡位如图 2-7 所示。主轴箱结构如图 2-8 所示。

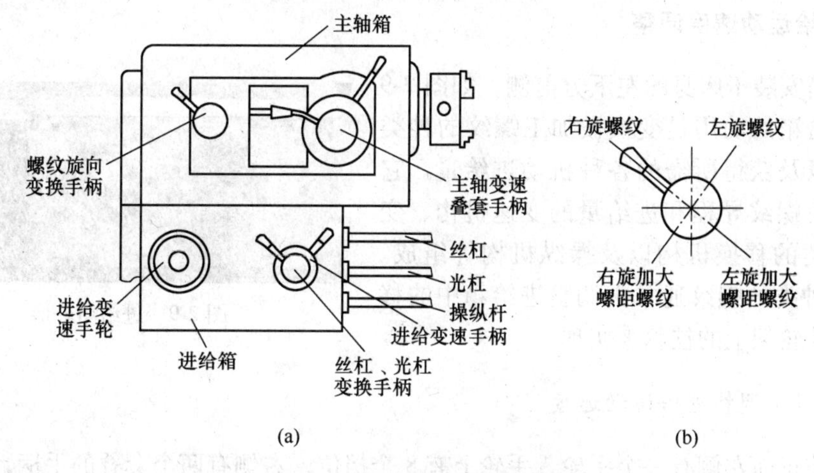

图 2-7　主轴箱的变速操作

（a）车床主轴器的操作手柄；（b）车削螺纹的变换手柄

2.2.2.3　调整注意事项及操作规程

（1）严格遵守车工安全操作规程。

（2）通电前检查机床各部分位置是否正确，各手柄必须放在低速挡位，变换转速时应先停车，正反转变速时不能太快，否则极易将齿轮的轮齿打坏。

（3）变换操作时手柄必须到位，否则会出现“空挡”，或因为齿轮啮合不完全而降低齿轮强度，导致齿轮轮齿损坏。

（4）若遇到手柄难以扳到位时，可能是由于齿轮啮合位置不正确引起的，可边用手转动卡盘边扳动手柄加以解决。

（5）运转过程中，若主轴箱发出异常声音，应停车检查。

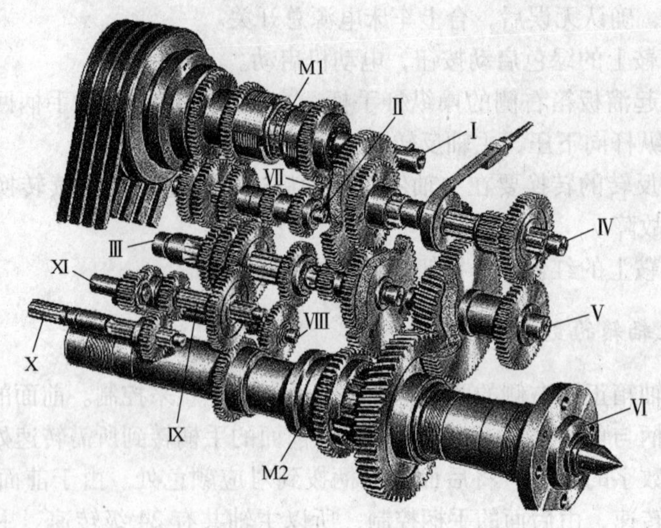

图 2-8　主轴箱图

（6）遇到异常情况应先停车检查，或关掉电源。

2.2.3　进给运动速度调整

进给箱安装于床身的左下方前侧，如图 2-9 所示。进给箱的功用是变换被加工螺纹的种类和导程，以及获得所需的各种机动进给量。它通常由变换螺纹导程和进给量的变速机构、变换螺纹种类的移换机构以及操纵机构等组成。加工不同种类的螺纹通常由调整进给箱中的移换机构和挂轮架上的挂轮来实现。

图 2-9　进给箱外形

2.2.3.1　调整进给运动速度

进给箱正面左侧有一个手轮，手轮上有 8 个挡位，右侧有两个套叠的手柄，前面的手柄有 A、B、C、D 四个挡位，是控制接通丝杠或光杠的手柄；后面的手柄有Ⅰ、Ⅱ、Ⅲ、Ⅳ四个挡位配合手轮的 8 个挡位。通过控制手轮和手柄的挡位，即可调节螺距或进给量。调整时，根据进给铭牌表中进给量与手柄位置的对应关系进行调整，即先从进给量表中查出所选的进给量数值，然后查出各手柄的位置，将手柄扳到所需位置。在车削中一般车削用光杠传动，只有车削螺纹才用丝杠。调整时，同样按铭牌中的符号，扳动手柄位置即可。

2.2.3.2　进给运动传动链及进给机构

进给系统传动路线如图 2-5 所示；进给系统内部结构如图 2-10 所示。

2.2.4　调整溜板箱手柄位置

溜板箱是装有操纵车床进给运动机构的箱形部件，安装在床身前侧拖板的下方。它带

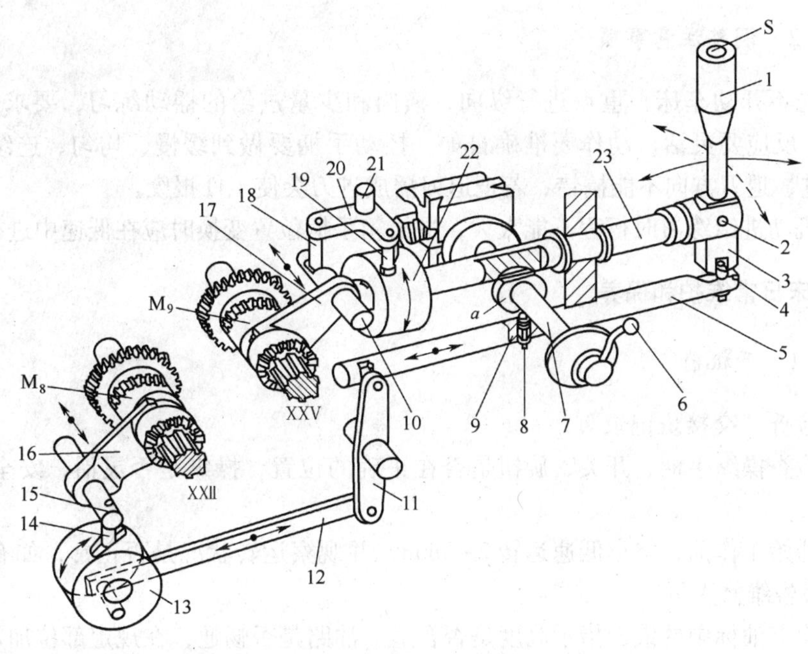

图 2-10　纵、横向机动进给操纵机构

1，6—手柄；2，21—销轴；3—手柄座；4，9—球头销；5，7，23—轴；8—弹簧销；10，15—拨叉轴；11，20—杠杆；12—连杆；13—圆柱形凸轮；14，18，19—圆销；16，17—拨叉；22—凸轮；S—按钮

动拖板、刀架完成纵横进给运动、螺旋运动，其外形如图 2-11 所示。

图 2-11　车床溜板箱外形

2.2.4.1　调整溜板箱操作手柄

A　调整手动手柄

在溜板箱的前面有纵向进给手轮和横向进给手柄。顺时针摇动纵向进给手轮时，运动通过齿轮、蜗轮蜗杆等的啮合，将手轮的转动变成刀架的向右移动，而逆时针摇动手轮时，刀架则左移。

顺时针摇动横向手柄，刀架前移，逆时针摇动则相反。同样摇动小滑板手柄也是如此。

B　使用自动手柄

在溜板箱的前面有自动进给手柄（见图 2-10），手柄两侧有自动进给方向，可按进给要求按标记方向进行操作。

2.2.4.2 调整注意事项

（1）先不开动车床，重点进行纵向、横向和少量进给的摇动练习，要求分清进刀、退刀方向，反应要灵活，动作要准确自如，摇动手柄要做到缓慢、均匀、连续、双手交替，注意进、退刀方向不能搞错，若把退刀摇成进刀会使工件报废。

（2）机动进给练习时行程不能太大，进给箱手柄位置变换时应在低速中进行。

2.2.5 车床日常维护和保养

2.2.5.1 开机前

（1）检查“交接班记录”。

（2）检查操纵手柄、开关、旋钮是否在正确的位置，操纵是否灵活，安全装置是否齐全、可靠。

（3）开始工作前，空车低速运转2~3min，并观察运转状况是否正常，如有异常应停机检查或报告维修人员。

（4）检查油标中的液面指示高度是否合适，油路是否畅通，在规定部位加足润滑油。

（5）确认润滑、电气系统及各部位运转正常后方可开始工作。

2.2.5.2 工作过程

（1）严禁超性能使用。

（2）禁止在机床的导轨表面、油漆表面放置金属物品。

（3）严禁在卡盘、顶尖或导轨面上敲打、校直和修整工件。

（4）装夹工件、刀具必须牢固、可靠。严禁在主轴或尾座锥孔内安装与锥度不符或锥面有严重伤痕及不清洁的刀具、顶尖等。

（5）装卸卡盘或较重工件时，必须选择安全、可靠的吊具和方法，同时要对导轨进行防护。

（6）合理选择转速及切削用量，严禁开车时进行变速。

（7）操纵反车时应先停车后反向。

（8）用顶尖顶持工件时，尾座套筒伸出量不得大于套筒直径的2倍。用尾座钻孔时，禁止采用杠杆增加尾座手轮转矩的方法进行钻削。

（9）使用中心架、跟刀架、靠模板时，必须经常检查其与工件接触面上的润滑和磨损状况。

（10）机床运转时，操作者严禁离开工作岗位。

（11）机床运转中出现异常现象，应立即停机，查明原因，及时处理。

2.2.5.3 工作结束

（1）必须将各操纵手柄置于“停机”位置，尾座、溜板箱移至床身右端，切断电源。

（2）进行日常维护保养。

（3）填写“交接班记录”，做好交接班工作。

【拓展知识 1】调整车床尾架

一、车床尾架的作用

车床尾架如图 2-12 所示。其作用为：

（1）安装顶尖可以用来支撑长轴的加工。

（2）安装孔加工刀具，可以用来对工件孔进行加工。

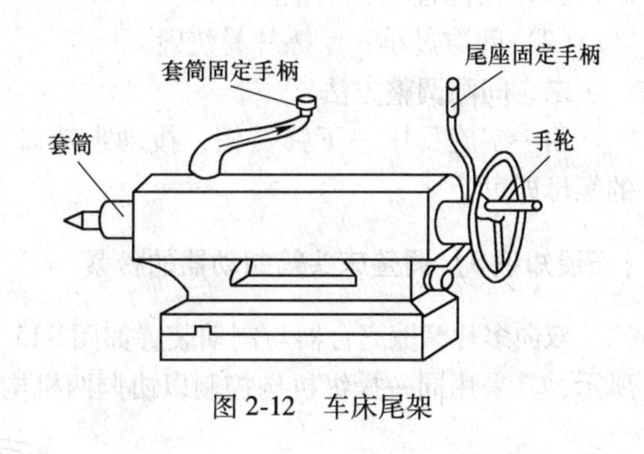

图 2-12　车床尾架

二、调整车床尾座的方法

松开尾座固定手柄后，可推动尾座沿导轨纵向移动，旋转尾座上的调节螺钉，可使尾座相对于导轨作横向偏移，摇动手轮，可使顶尖前移。

【拓展知识 2】调整床头箱片式摩擦离合器的间隙

一、离合器间隙不合适对车削产生的影响

主轴Ⅰ上装有双向式多片摩擦离合器，如图 2-13 所示，用以控制主轴的启动、停止及换向。其工作原理为：轴Ⅰ右半部分为空心轴，在其右端安装有可绕圆柱销 11 摆动的元宝形摆块 12。元宝形摆块 12 下端弧形尾部卡在拉杆 9 的缺口槽内。当拨叉 13 由操纵机构控制，拨动滑套 10 右移时，摆块 12 绕顺时针摆动，其尾部拨动拉杆 9 向左移动。拉杆通过固定在其左端的长销 6，带动压套 5 和螺母 4 压紧左离合器的内、外摩擦片 2、3，从而将轴Ⅰ的运动传至空套其上的齿轮 1，使主轴得到正转。当滑套 10 向左移动时，元宝形摆块 12 绕逆时针摆动，从而使拉杆 9 通过压套 5、螺母 7，使右离合器内外摩擦片压紧，并使轴Ⅰ运动传至齿轮 8，再经由安装在轴Ⅶ上的中间轮 Z34，将运动传至轴Ⅱ，从而使主轴反向旋转。当滑套处于中间位置时，左右离合器的内外摩擦片均松开，主轴停转。内、外摩擦片如图 2-14 所示。

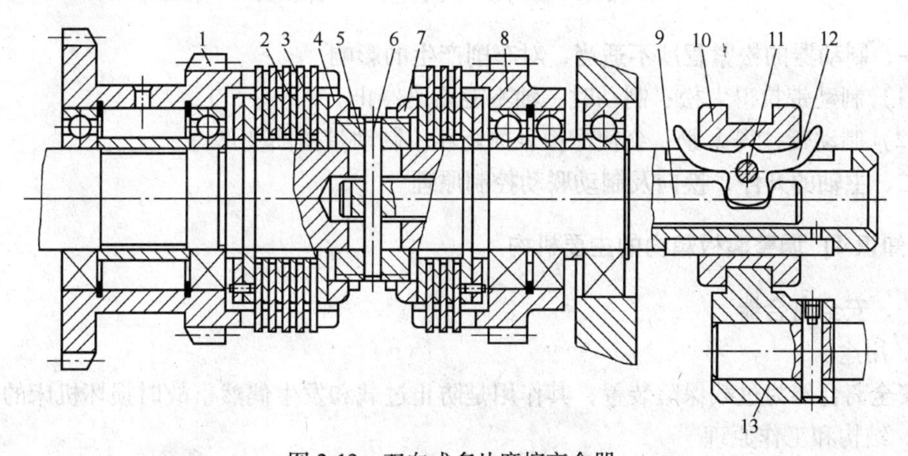

图 2-13　双向式多片摩擦离合器

1—双联齿轮；2—内摩擦片；3—外摩擦片；4，7—螺母；5—压套；6—长销；8—齿轮；9—拉杆；10—滑套；11—圆柱销；12—元宝形摆块；13—拨叉

离合器摩擦片间的间隙不合适，会影响车床的正常使用，产生的影响有两个：

（1）间隙过大：产生闷车。

（2）间隙过小：摩擦片易烧毁。

二、间隙调整方法

用一字旋具压一下弹簧销，拨动带缺口的螺母即可。

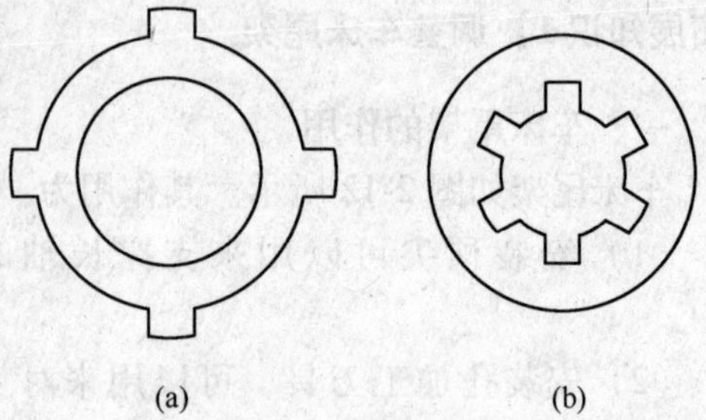

图 2-14　内、外摩擦片

（a）外摩擦片；（b）内摩擦片

【拓展知识 3】调整床头箱制动器的松紧

双向多片摩擦离合器与制动装置如图2-15所示，其采用同一操纵机构控制以协调两机构的工作。

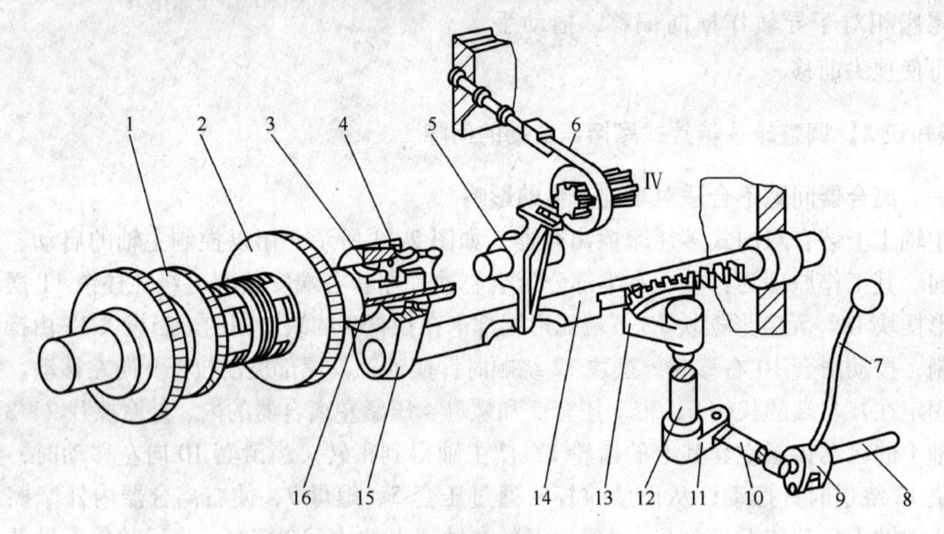

图 2-15　摩擦离合器及制动装置的操纵机构

1—双联齿轮；2—齿轮；3—元宝形摆块；4—滑套；5—杠杆；6—制动带；7—手柄；8—操纵杆；9，11—曲柄；10，16—拉杆；12—轴；13—扇形齿轮；14—齿条轴；15—拨叉

一、制动器的松紧程度不适当，对车削产生的影响

（1）制动带拉得太松：制动时主轴不能迅速停止。

（2）制动带拉得太紧：会使摩擦表面烧坏，制动带扭曲变形。

二、主轴的开停、换向及制动联动控制原理

【拓展知识 4】调整溜板箱内的主要机构

一、安全离合器

1. 用途

安全离合器为过载保险装置，其作用是防止过载和发生偶然事故时损坏机床的机构。

2. 结构和工作原理

安全离合器结构如图 2-16 所示。

它由端面带螺旋形齿爪的左右两半部 5 和 6 组成，其左半部分 5 用键装在超越离合器

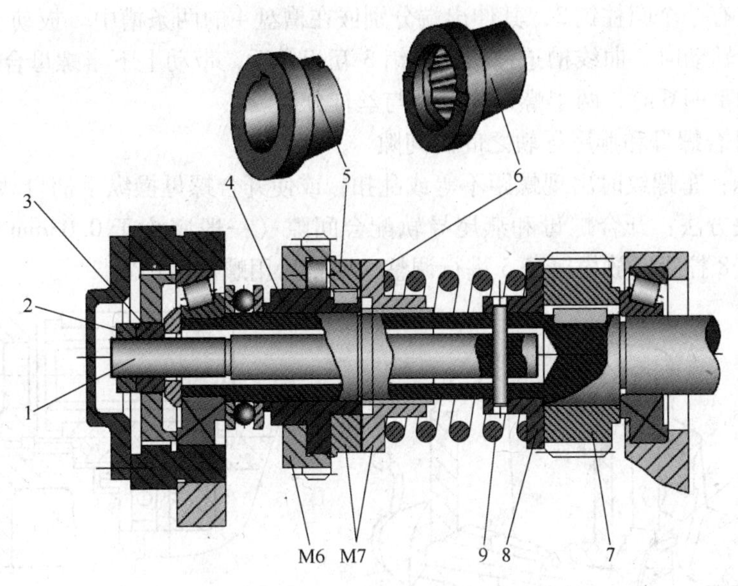

图 2-16 安全离合器结构图

1—拉杆；2—锁紧螺母；3—调整螺母；4—超越离合器的星轮；
5—安全离合器的左半部；6—安全离合器的右半部；7—蜗杆；8—弹簧座；9—弹簧

M6 的星轮 4 上，且与轴 XX 空套，右半部 6 与轴 X X 用花键连接。在正常工作情况下，在弹簧 9 压力作用下，离合器左右两半部分相互啮合，由光杠传来的运动，经齿轮 Z56、超越离合器 M6 和安全离合器 M7，传至轴 XX 和蜗杆 7，此时安全离合器螺旋齿面产生的轴向分力 $F_{轴}$，由弹簧 9 的压力来平衡。刀架上的载荷增大时，通过安全离合器齿爪传递的扭矩以及作用在螺旋齿面上的轴向分力都将随之增大。当轴向分力 $F_{轴}$ 超过弹簧 9 的压力时，离合器右半部 6 将压缩弹簧而向右移动，与左半部 5 脱开，导致安全离合器打滑。于是机动进给传动链断开，刀架停止进给。过载现象消除后，弹簧 7 使安全离合器重新自动接合，恢复正常工作。机床许用的最大进给力，决定于弹簧 9 调定的压力。拧转螺母 3、通过装在轴 XX 内孔中的拉杆 1 和圆销 10，可调整弹簧座 8 的轴向位置，改变弹簧 9 的压缩量，从而调整安全离合器能传送的扭矩大小。

3. 调整安全离合器

（1）问题：加工时，机动进给，刀架不动。

（2）原因：可能是安全离合器弹簧松了。

（3）解决方法：只要调整螺母 2、3 即可。如并未过载，进给运动也不能传给刀架，需分析原因。

调整后如遇过载，进给运动不能迅速停止，应立即检查原因。

调整弹簧弹力至松紧程度适当，必要时调换弹簧。

二、开合螺母

1. 用途

开合螺母机构的作用是接通或断开从丝杠传来的运动，如图 2-17 所示。

2. 结构和工作原理

开合螺母是由上下两个半螺母 1 和 2 构成，装在燕尾形导轨中可上下移动。上下半螺母的背面各装有一个圆柱销 3，其伸出端分别嵌在槽盘 4 的两条槽中。扳动手柄 6，以轴 7 使槽盘逆时针转动时，曲线槽迫使两圆柱销 3 互相靠近，带动上下半螺母合拢，与丝杠啮合。反向扳动手柄 6 时，两半螺母相分开与丝杠分离。

3. 调整开合螺母和燕尾导轨之间的间隙

（1）问题：车螺纹时出现螺距不等或乱扣，或使开合螺母操纵手柄自动跳位。

（2）解决方法：开合螺母和燕尾导轨配合间隙（一般应小于 0.03mm）不当。调整时，可用螺钉 8 拧紧或放松镶条 5 进行调整，调整后用螺母 9 锁紧。

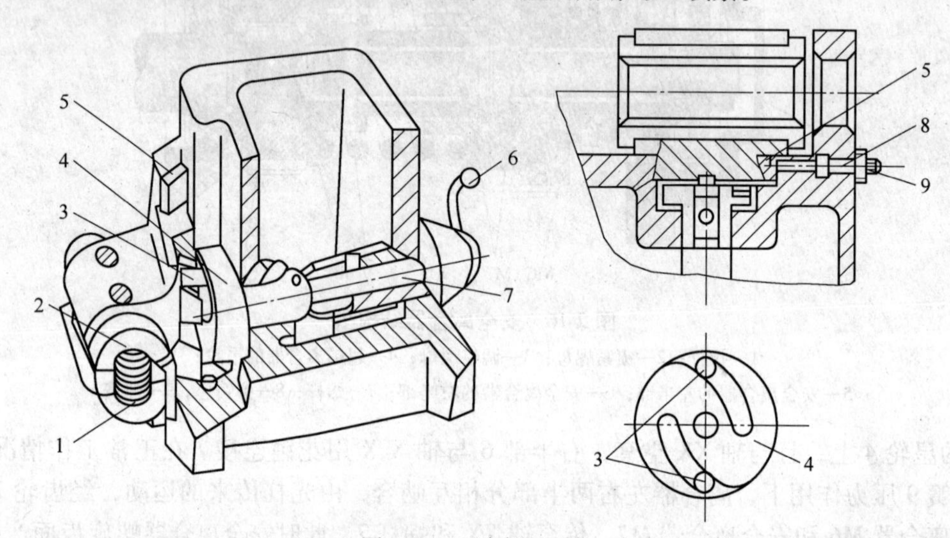

图 2-17 开合螺母机构

1，2—半螺母；3—圆柱销；4—槽盘；5—镶条；6—手柄；7—轴；8—螺钉；9—螺母

【任务小结】

（1）机床传动链是机床上运动传递所经历的路径。卧式车床有 4 条传动链，即主运动传动链、纵横向进给运动传动链、车螺纹传动链及刀架快速移动传动链。

（2）CA 6140 卧式车床主轴箱、溜板箱当中由一系列的结构及操纵机构组成。

【思考与训练】

（1）调整主轴转速分别为 16r/min、450r/min、1400r/min，确认后启动车床并观察。每次进行主轴转速调整必须停车。

（2）选择车削右旋螺纹和车削左旋加大螺距螺纹和手柄位置。

（3）进给量的大小如何调整？

（4）操作溜板箱时要注意什么问题？

（5）试调整开合螺母的间隙。

学习任务 2.3　刃磨普通外圆车刀

【学习任务】

根据要求刃磨外圆车刀。

【任务描述】

通过对外圆车刀的刃磨，进一步理解刀具几何角度的定义和作用；了解车刀参考平面；认识车刀工作图；要求能根据车刀材料选择砂轮并正确刃磨车刀。

【相关知识】

2.3.1　车刀类型

按结构分：有整体式车刀、焊接式车刀、机夹重磨式车刀和可转位式车刀等，如图 2-18 所示。

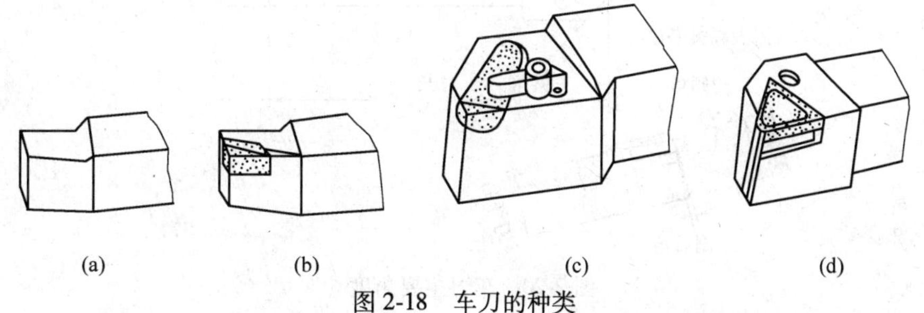

图 2-18　车刀的种类

（a）整体式车刀；（b）焊接式车刀；（c）机夹重磨式车刀；（d）可转位式车刀

按用途分：有外圆车刀、镗孔车刀、端面车刀、螺纹车刀、切断刀和成形车刀等，如图 2-19 所示。

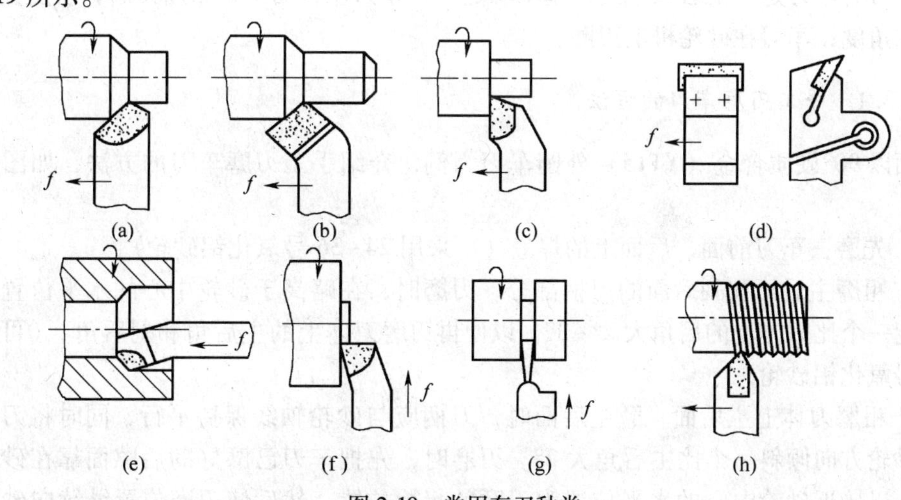

图 2-19　常用车刀种类

（a）直头外圆车刀；（b）弯头外圆车刀；（c）90°外圆车刀；（d）宽刃外圆精车刀；（e）内孔车刀；（f）端面车刀；（g）切断车刀；（h）螺纹车刀

2.3.2　外圆车刀的标注角度

如图 2-20 所示为外圆车刀的标注角度示例。

（1）前角 γ_0：在主剖面中，前刀面与基面之间的夹角。分为正前角、负前角、零前角。

通过选定点的基面若位于楔形刀体的实体之外，前角为正值，反之为负值。

（2）后角 α_0：在主剖面中，主后刀面与切削平面之间的夹角。

（3）主偏角 κ_r：在基面中，主切削刃的投影与进给方向之间的夹角。

（4）副偏角 κ'_r：在基面中，副切削刃的投影与进给反方向之间的夹角。

（5）刃倾角 λ_s：在切削平面中，主切削刃与基面之间的夹角。刃倾角也有正、负、零值。

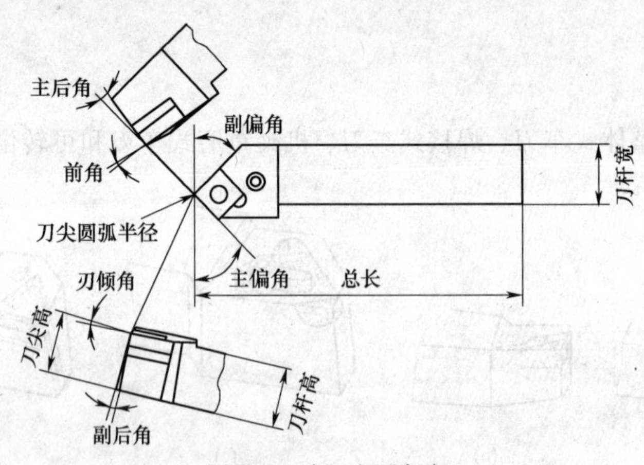

图 2-20　车刀主要角度

2.3.3　刃磨外圆车刀的方法及步骤

正确刃磨车刀是车工必须掌握的基本功之一，车刀用钝后必须重新刃磨，恢复其合理的形状和角度，车刀在砂轮机上刃磨。

2.3.3.1　手工刃磨车刀的方法

下面以 90°硬质合金（YT15）外圆车刀为例，介绍手工刃磨车刀的方法，如图 2-21 所示。

（1）先磨去车刀前面、后面上的焊渣（可采用 24~36 号氧化铝砂轮）。

（2）粗磨主后面和副后面的刀柄部分。刃磨时，在略高于砂轮中心的水平位置处将车刀翘起一个比刀体上的后角大 2°~3°，以便再刃磨刀体上的主后角和副后角。（可采用 24~36 号氧化铝砂轮）

（3）粗磨刀体上主后面。磨主后面时，刀柄应与砂轮轴线保持平行，同时将刀体底平面向砂轮方向倾斜一个比主后角大 2°。刃磨时，先把车刀已磨好的后隙面靠在砂轮的外圆上，以接近砂轮中心的水平位置为刃磨的起始位置，然后使刃磨位置继续向砂轮靠近，并做左右缓慢移动。当砂轮磨至刀刃处即可结束。这样可同时磨出 $\kappa_r = 90°$ 的主偏角

和主后角。(可选用 36~60 号碳化硅砂轮)

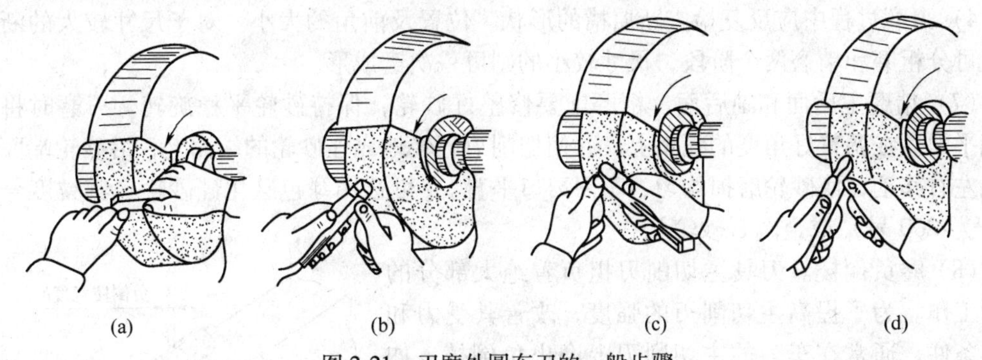

图 2-21　刃磨外圆车刀的一般步骤

(a) 磨前刀面；(b) 磨主后刀面；(c) 磨副后刀面；(d) 磨刀尖圆弧

(4) 粗磨刀体上的副后面。磨副后面时，刀柄尾部应向右转过一个副偏角 κ'_r 的角度，同时车刀底平面向砂轮方向倾斜一个比副后角大 2°。具体刃磨方法与粗磨刀体上主后面大体相同。不同的是粗磨副后面时砂轮应磨到刀尖处为止。如此，也可同时磨出副偏角 κ'_r 和副后角 α'_0。

(5) 粗磨前刀面。以砂轮的端面粗磨出车刀的前面，并在磨前面的同时磨出前角 γ_0。

(6) 磨断屑槽。解决好断屑是车削塑性金属的一个突出问题。若切屑连绵不断、成带状缠绕在工件或车刀上，不仅会影响正常车削，而且会拉毛已加工表面，甚至会发生事故。在刀体上磨出断屑槽的目的就是当切屑经过断屑槽时，使切削产生内应力而强迫它变形而折断。

断屑槽常见的有圆弧形和直线形二种，如图 2-22 所示。圆弧形断屑槽的前角一般较大，适于切削较软的材料；直线形断屑槽前角较小，适于切削较硬的材料。断屑槽的宽窄应根据切屑深度和进给量来确定，具体可查相关手册。

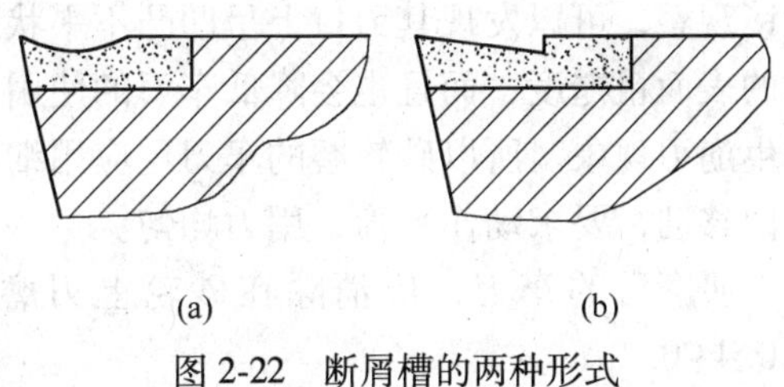

图 2-22　断屑槽的两种形式

(a) 圆弧形；(b) 直线形

手工刃磨的断屑槽一般为圆弧形。刃磨时，须先将砂轮的外圆和端面的交角处用修砂轮的金刚石笔（或用硬砂条）修磨成相应的圆弧。若刃磨直线形断屑槽，则砂轮的交角处须修磨得很尖锐。刃磨时刀尖可向上磨或向下磨。但选择刃磨断屑槽的部分时，应考虑留出刀头倒棱的宽度（即留出相当于走刀量大小的距离）。

刃磨断屑槽难度较大，须注意如下要点：

1）砂轮的交角处应经常保持尖锐或具有一定的圆弧状。当砂轮棱边磨损出较大圆角时，应及时修整。

2）刃磨的起点位置应该与刀尖、主切削刃离开一定距离，不能一开始就直接刃磨到主切削刃和刀尖上，而使主切削刃和刀尖磨坍。一般起始位置与刀尖的距离等于断屑槽长度的 1/2 左右；与主切削刃的距离等于断屑槽宽度的 1/2 再加上倒棱的宽度。

3）刃磨时，不能用力过大，车刀应沿刀柄方向做上下缓慢移动。要特别注意刀尖，切莫把断屑槽的前端磨坍。

4）刃磨过程中应反复检查断屑槽的形状、位置及前角的大小。对于尺寸较大的断屑槽，可分粗磨和精磨两个阶段，尺寸较小的则可一次磨成形。

（7）精磨主后面和副后面。精磨前要修整好砂轮，保持砂轮平稳旋转。刃磨时将车刀底平面靠在调整好角度的托架上，并使切削刃轻轻地靠住砂轮的端面上，沿砂轮端面缓慢地左右移动，使砂轮磨损均匀、车刀刃口平直。[可选用绿色碳化硅砂轮（其粒度号为180号~200号）或金刚石砂轮]。

（8）磨负倒棱。刀具主切削刃担负着绝大部分的切削工作。为了提高主切削刃的强度，改善其受力和散热条件，通常在车刀的主切削刃上磨出负倒棱，如图2-23所示。负倒棱的倾斜角度 γ_f 一般为 $-5° \sim -10°$，其宽度 b 为走刀量的 0.5～0.8 倍，即 $b = (0.5 \sim 0.8)f$。

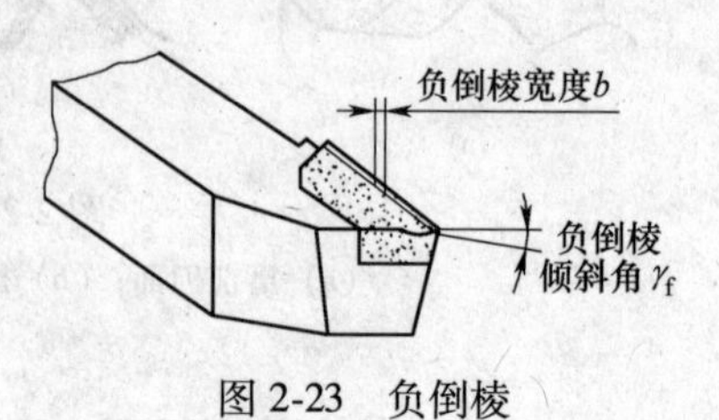

图 2-23 负倒棱

对于采用较大前角的硬质合金车刀，及车削强度、硬度特别低的材料，则不宜采用负倒棱。

刃磨负倒棱时，用力要轻微，要使主切削刃的后端向刀尖方向摆动。刃磨时可采用直磨法和横磨法。为了保证切削刃的质量，最好采用直磨法。[可选用绿色碳化硅砂轮（其粒度号为180号~200号）或金刚石砂轮]。

（9）磨过渡刃。过渡刃有直线形和圆弧形两种。其刃磨方法与精磨后刀面时基本相同。刃磨车削较硬材料车刀时，也可在过渡刃上磨出负倒棱。

（10）车刀的手工研磨。在砂轮上刃磨的车刀，其切削刃有时不够平滑光洁。若用放大镜观察，可以发现其刃口上呈凹凸不平状态。使用这样的车刀车削时，不仅直接影响工件的表面粗糙度，而且也会降低车刀的使用寿命。若是硬质合金车刀，在切削过程中还会产生崩刃现象。所以砂轮磨的车刀还应用细油石研磨其刀刃，研磨时，手持油石在刀刃上来回移动，要求动作平稳、用力均匀。

研磨后的车刀，应消除在砂轮上刃磨后的残留痕迹，刀面表面粗糙度值应达到 $Ra0.4 \sim 0.2\mu m$。

2.3.3.2 *刃磨车刀的姿势及方法*

（1）人站立在砂轮机的侧面，以防砂轮碎裂时，碎片飞出伤人。

（2）两手握刀的距离放开，两肘夹紧腰部，以减小磨刀时的抖动。

（3）磨刀时，车刀要放在砂轮的水平中心，刀尖略向上翘约 3°～8°，车刀接触砂轮后应做左右方向水平移动。当车刀离开砂轮时，车刀需向上抬起，以防磨好的刀刃被砂轮碰伤。

（4）磨后刀面时，刀杆尾部向左偏过一个主偏角的角度；磨副后刀面时，刀杆尾部向右偏过一个副偏角的角度。

（5）修磨刀尖圆弧时，通常以左手握车刀前端为支点，用右手转动车刀的尾部。

（6）刃磨高速钢车刀时，应及时冷却，以防刀刃退火，致使硬度降低。而刃磨硬质合金刀头车刀时，则不能把刀体部分置于水中冷却，以防刀片因骤冷而崩裂。

（7）在磨刀前，要对砂轮机的防护设施进行检查。如防护罩壳是否齐全；有托架的砂轮，其托架与砂轮之间的间隙是否恰当等。

【拓展知识 5】砂轮机使用知识

一、砂轮的选用

砂轮的种类很多，刃磨时必须根据刀具材料来选用。

氧化铝砂轮　氧化铝砂轮多呈白色，其砂粒韧性好，比较锋利，但硬度稍低（指磨粒容易从砂轮上脱落），适于刃磨高速钢车刀和硬质合金车刀的刀柄部分。氧化铝砂轮也称为刚玉砂轮。

碳化硅砂轮　碳化硅砂轮多呈绿色，其磨粒硬度高，切削性能好，但较脆，适于刃磨硬质合金车刀。

二、使用砂轮的安全知识

（1）刃磨时必须戴防护镜。

（2）新装砂轮必须经过严格检查，经试转合格后（不少于 3min）才能使用。

（3）砂轮磨削面须经常修整。

（4）磨刀时，操作者应尽量避免正对砂轮，以站在砂轮的侧面为宜。这样不仅可防止砂粒飞入眼中，更重要的是可避免因万一砂轮破损而伤人。一台砂轮机以一个人操作为好，不允许多人聚在一起围观。

（5）磨刀时，不要用力过猛，以防打滑而伤手。

（6）使用平型砂轮时，应尽量避免在砂轮侧面上刃磨。

（7）刃磨结束，应随手关闭砂轮机电源。

【任务小结】

（1）车刀有多种类型，按结构分有整体式车刀、焊接式车刀、机夹重磨式车刀和可转位式车刀；按用途分有外圆车刀、镗孔车刀、端面车刀、螺纹车刀、切断刀和成形车刀等。

（2）车刀用钝后必须重新刃磨，恢复其合理的形状和角度。刃磨刀具时应注意安全。

【思考与训练】

（1）衡量刀具性能优劣的主要指标是什么？

（2）车刀材料应具备哪些性能？

（3）车刀前、后角的大小对切削过程有何影响？

（4）车刀刃倾角的大小对切削过程有何影响？

（5）车刀主、副偏角如何选择？

（6）刃磨 90°外圆车刀。

学习任务 2.4　单向台阶短轴车削加工

【学习任务】

车削加工图如图 2-24 所示单向台阶短轴。

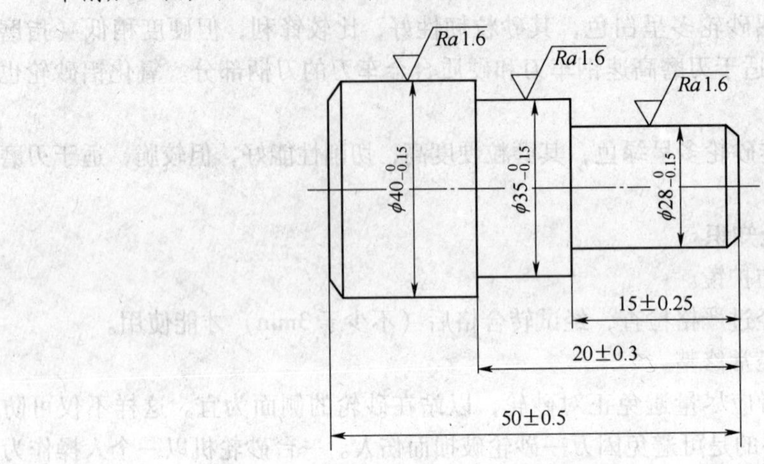

图 2-24　单向台阶短轴

技术要求：倒角 1.5×45°，其余倒棱 0.5×45°。

【任务描述】

（1）该工件材料 45 钢，每人至少加工一件。要求做以下工作：

1）分析零件图；

2）确定毛坯尺寸；

3）选择刀具；

4）确定装夹方法；

5）选择切削用量；

6）制定加工步骤；

7）正确选择量具检测工件的加工精度；

8）分析工件加工质量问题。

（2）掌握阶台垂直度的控制方法及阶台长度的控制方法。

【相关知识】

2.4.1　安装工件

安装的正确与否直接影响加工精度，安装是否方便和迅速，又会影响辅助时间的长短，从而影响到加工的生产率。因此，工件的安装对于加工的经济性、质量和效率有着重要的作用，必须给予足够的重视。

工件在机床或者夹具中占据正确位置的过程称为定位。

2.4.1.1 工件的安装方法

在各种不同的生产条件下加工时，工件可能有不同的安装方法，但归纳起来大致有三种主要的方法。

A 直接找正安装

工件的定位过程可以由操作工人直接在机床上利用千分表、高度尺、画线盘等工具，找正某些有相互位置要求的表面，然后夹紧工件，称之为直接找正装夹。形状简单的工件，直接找正工件相关表面；复杂的工件，按图纸要求，先在工件表面上画出加工表面的位置线，再按画线找正安装。

直接找正安装比较费时，而且找正精度的高低主要取决于所用工具或仪表的精度，以及工人的技术水平，定位精度不易保证，生产率较低，但定位精度可以很高，适合于单件小批量生产或在精度要求特别高的生产中使用。

B 画线找正安装

这种装夹方法是按图纸要求在工件表面上画出位置线以及加工线和找正线，装夹工件时，先在机床上按找正线找正工件的位置，然后夹紧工件，例如，要在长方形工件上镗孔，如图 2-25 所示，可先在画线平台上画出孔的十字中心线，再画出加工线和找正线（找正线和加工线之间的距离一般为 5mm）。然后将工件安放在四爪单动卡盘上轻轻夹住，转动四爪单动卡盘，用划针检查找正线，找正后夹紧工件。画线装夹不需要其他专门设备，通用性好，但生产效率低，精度不高（一般画线找正的对线精度为 0.1mm 左右），适用于单件，中小批生产中的复杂铸件或铸件精度较低的粗加工工序。

C 用专用夹具安装

工件安装在为其加工专门设计和制造的夹具中，无需进行找正，就可迅速而可靠地保证工件对机床和刀具的正确相对位置，并可迅速夹紧，如图 2-26 所示。但由于夹具的设计、制造和维修需要一定的投资，所以只有在成批生产或大批大量生产中，才能取得比较好的效益。对于单件小批生产，当采用直接安装法难以保证加工精度，或非常费工时，也可以考虑采用专用夹具安装。

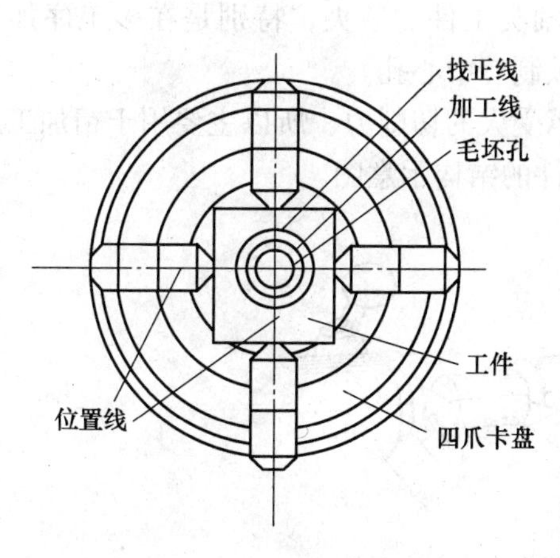

图 2-25 按画线找正装夹

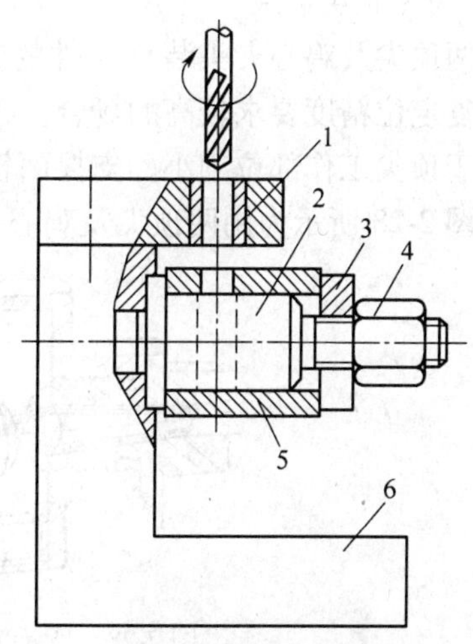

图 2-26 专用夹具

1—钻套；2—销轴；3—开口垫圈；4—螺母；5—工件；6—夹具体

2.4.1.2　车外圆常见的装夹方式

车削时工件安装在车床夹具体内，由车床主轴带动工件旋转做主运动。车床通用夹具一般为卡盘。卡盘有三爪自定心卡盘和四爪单动卡盘两种。

A　使用三爪自定心卡盘安装工件

三爪自定心卡盘的结构如图2-27（a）所示，当用卡盘扳手转动小锥齿轮时，大锥齿轮也随之转动，在大锥齿轮背面平面螺纹的作用下，使3个爪同时向心移动或退 出，以夹紧或松开工件。它的特点是对中性好，自动定心精度可达到0.05~0.15mm。可以装夹直径较小的工件，如图2-27（b）所示。当装夹直径较大的外圆工件时可用三个反爪进行，如图2-27（c）所示。

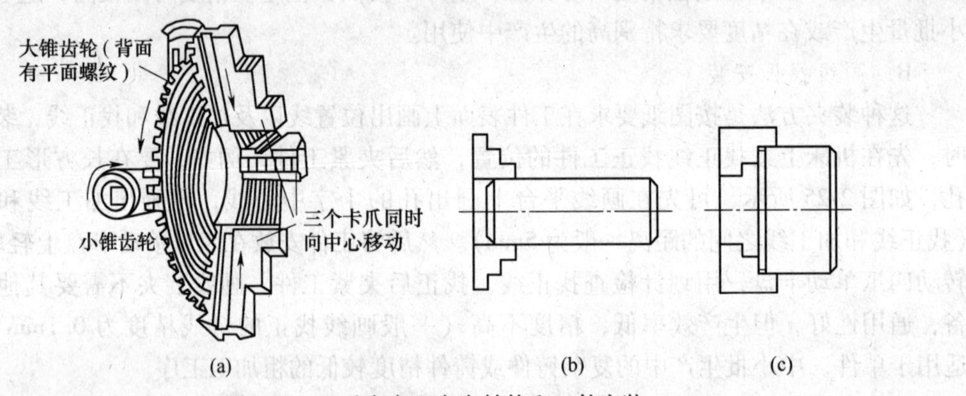

图2-27　三爪自定心卡盘结构和工件安装

（a）结构；（b）夹持棒料；（c）反爪夹持大棒料；

三爪自定心卡盘的夹紧力较小，一些如四边形等非圆柱形工件，不能在三爪自定心卡盘上装夹，或要求定位精度较高、夹紧力要求较大的工件，可使用四爪单动卡盘装夹。由于校正工件位置麻烦、费时，用四爪单动卡盘装夹只适用于单件、小批量生产。

B　用两顶尖装夹

用两顶尖及鸡心夹头装夹工件的方法适用于轴类工件的装夹，特别是在多工序加工中，重复定位精度要求较高的场合。工件两端应预制有中心孔。

由于顶尖工作部位细小，支撑面较小，不宜承受大的切削力，所以主要用于精加工。

如图2-28所示为用两顶尖及鸡心夹头装夹工件的结构示意图。

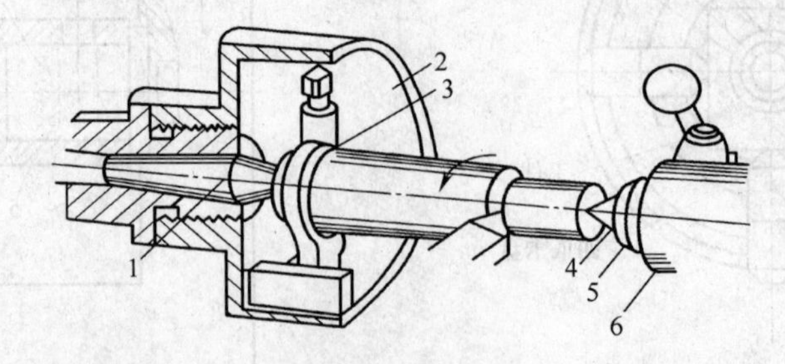

图2-28　所示为用两顶尖及鸡心夹头装夹工件

1—前顶尖；2—拨盘；3—鸡心夹头；4—尾顶尖；5—尾座套筒；6—尾座

C　一夹一顶装夹

工件一端用卡盘夹持，另一端用后顶尖支撑的方法俗称一夹一顶装夹。这种装夹方法安全、可靠，能承受较大的轴向切削力，适用于采用较大切削用量的粗加工，以及粗大笨重的轴类工件的装夹。但对相互位置精度要求较高的工件，调头车削时，校正较困难。

为防止在轴向切削力作用下，工件发生蹿动，可以采用在卡盘内装一个轴向限位支撑，如图 2-29 所示或在工件被夹持部位车削一个长 10~20mm 的工艺台阶作为限位支撑（图 2-30）的方法。

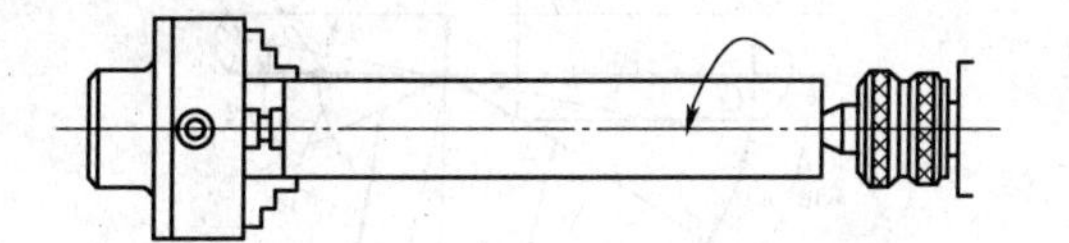

图 2-29　用限位支撑防止工件轴向蹿动

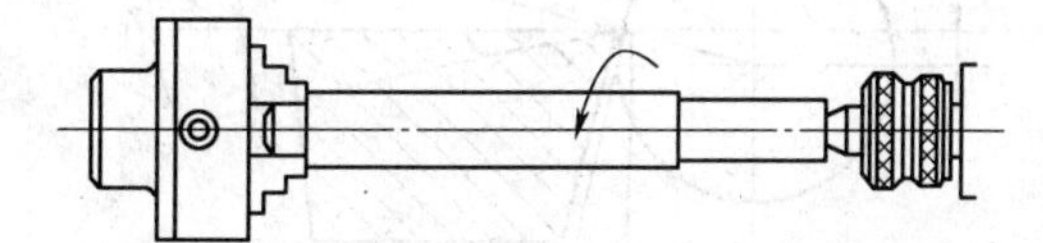

图 2-30　用工件上的台阶防止工件轴向蹿动

2.4.1.3　工件的校正方法

三爪自定心卡盘常用于装夹中小型圆柱形、正三边形或正六边形工件。由于能自动定心，一般不需要校正，但在装夹较长的工件时，工件上离卡盘夹持部分较远处的回转中心不一定与车床主轴轴线重合，这时必须对工件位置进行校正。粗加工时，可用划针校正毛坯表面，如图 2-31 所示；精加工时，用百分表校正工件外圆，如图 2-32 所示。

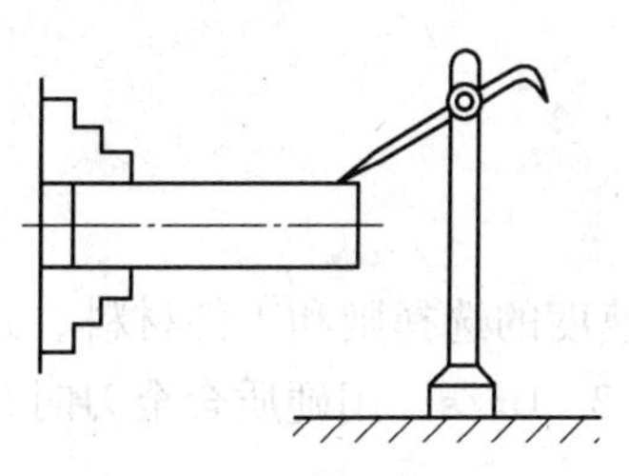

图 2-31　用划针校正轴类工件

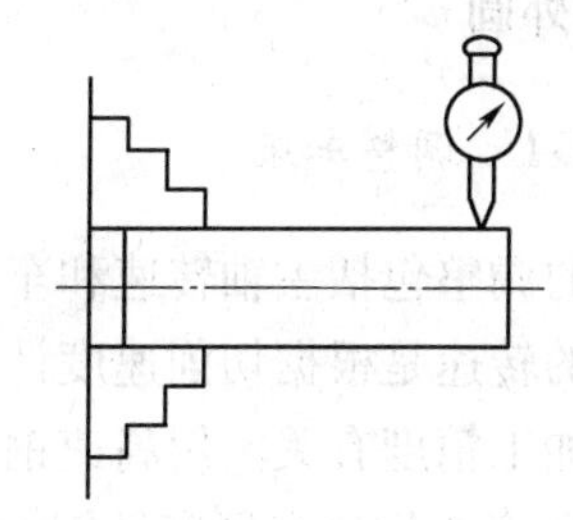

图 2-32　用百分表校正轴类工件

2.4.2　安装车刀

车刀安装是否正确，直接影响切削的顺利进行和工件的加工质量。即使刃磨了合理的刀具角度，如果不正确安装，也会改变车刀的实际工件角度。车刀必须正确安装在车床方刀架上，所以在安装车刀时，必须注意以下几点：

（1）车刀安装在刀架上，其伸出长度不宜太长，在不影响观察的前提下，应尽量伸出短些。否则切削时刀杆刚性相对减弱，容易产生振动，使车出来的工件表面粗糙，严重时会损坏车刀。车刀伸出长度一般以不超过刀杆厚度的 1~1.5 倍为宜。车刀下面的垫片要平整，垫片应跟刀架对齐，而且垫片的片数应尽量少，以防止产生振动。

（2）车刀刀尖应装得跟工件中心线一样高。装得太高，会使车刀的实际后角减小，从而增大与工件之间的摩擦；装得太低，会使车刀的实际前角减小，切削不顺利。

要使车刀刀尖对准工件中心，如图 2-33 所示，可用下列方法：

1）根据车床主轴中心高，用钢尺测量装刀，这种方法较为简单。

2）将刀具的刀尖靠近尾座的顶尖，根据尾座顶尖的高低把车刀装准。

3）把车刀靠近工件端面，用目测估计车刀的高低，然后紧固车刀，试车端面。再根据端面的中心装准车刀。

（3）安装车刀时，刀杆轴线应跟工件表面垂直，如图 2-34 所示，否则会使主偏角和副偏角发生变化。

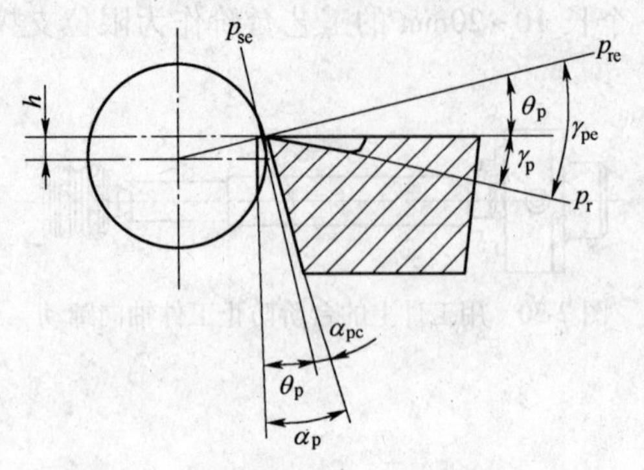

图 2-33　刀尖安装高低对工作角度的影响

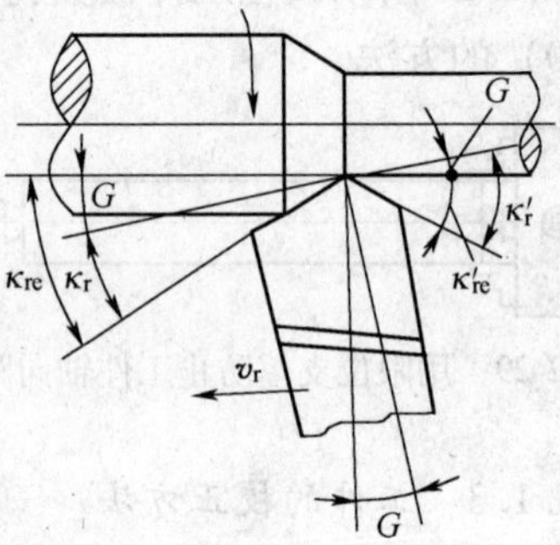

图 2-34　刀杆安装偏斜对刀具角度的影响

（4）车刀至少要用两个螺钉压紧在刀架上，并逐个拧紧。拧紧时不得用力过大而使螺钉损坏。

2.4.3　车外圆

2.4.3.1　调整车床

车床的调整包括主轴转速和车刀的进给量。

主轴的转速是根据切削速度计算选取的。而切削速度的选择则和工件材料、刀具材料以及工件加工精度有关。用高速钢车刀车削时，$v_c = 0.3 \sim 1\text{m/s}$，用硬质合金刀时，$v_c = 1 \sim 3\text{m/s}$。车硬度高钢比车硬度低钢的转速低一些。

例如用硬质合金车刀加工直径 $D = 200\text{mm}$ 的铸铁带轮，选取的切削速度 $v_c = 0.9\text{m/s}$，计算主轴的转速为：

$$n = \frac{1000 \times 60 \times v_c}{\pi D} = \frac{1000 \times 60 \times 0.9}{3.14 \times 200} \approx 99\ \text{r/min}$$

进给量是根据工件加工要求确定。粗车时，一般取 0.2～0.3mm/r；精车时，随所需要的表面粗糙度而定。例如表面粗糙度为 $Ra3.2$ 时，选用 0.1～0.2mm/r；$Ra1.6$ 时，选用 0.06～0.12mm/r。进给量的调整可对照车床进给量表扳动手柄位置，具体方法与调整主轴转速相似。

2.4.3.2　粗车和精车

A　加工阶段的划分

对于那些加工质量要求较高或较复杂的零件，通常将整个工艺路线划分为以下几个阶段：

（1）粗加工阶段：主要任务是切除各表面上的大部分余量，其关键问题是提高生产率。

（2）半精加工阶段：完成次要表面的加工，并为主要表面的精加工做准备。

（3）精加工阶段：保证各主要表面达到图样要求，其主要问题是如何保证加工质量。

（4）光整加工阶段：对于表面粗糙度要求很细和尺寸精度要求很高的表面，还需要进行光整加工阶段。这个阶段的主要目的是提高表面质量，一般不能用于提高形状精度和位置精度。常用的加工方法有金刚车（镗）、研磨、珩磨、超精加工、镜面磨、抛光及无屑加工等。

应当指出：加工阶段的划分不是绝对的，必须根据工件的加工精度要求和工件的刚性来决定。一般说来，工件精度要求越高、刚性越差，划分阶段应越细；当工件批量小、精度要求不太高、工件刚性较好时也可以不分或少分阶段；重型零件由于输送及装夹困难，一般在一次装夹下完成粗精加工，为了弥补不分阶段带来的弊端，常常在粗加工工步后松开工件，然后以较小的夹紧力重新夹紧，再继续进行精加工工步。

B　粗车

粗车的目的是尽快地从工件上切去大部分加工余量，使工件接近最后的形状和尺寸。粗车要给精车留有合适的加工余量，而精度和表面质量要求都很低。在生产中，加大切深对提高生产率最有利，而对车刀的寿命影响又最小。因此，粗车时要优先选用较大的切深。其次根据可能，适当加大进给量，最后确定切削速度。切削速度一般采用中等或中等偏低的数值。

粗车的切削用量推荐为：

背吃刀量 α_p：取 2~4mm；进给量 f：取 0.15~0.4mm/r；

切速 v_c：硬质合金车刀切钢可取 50~70m/min，切铸铁可取 40~60m/min。

粗车铸件时，因工件表面有硬皮，如切深很小，刀尖反而容易被硬皮碰坏或磨损，因此，第一刀切深应大于硬皮厚度。

选择切削用量时，还要看工件安装是否牢靠。若工件夹持的部分长度较短或表面凹凸不平时，切削用量也不宜过大。

C　精车

粗车给精车（或半精车）留的加工余量一般为 0.5~2mm，加大切深对精车来说并不重要。精车的目的是要保证零件的尺寸精度和表面粗糙度的要求。

精车的公差等级一般为 IT8~IT7，其尺寸精度主要是依靠准确地度量、准确地进刻度并加以试切来保证的。因此操作时要细心、认真。

精车时表面粗糙度 Ra 的数值一般为 3.2~1.6μm，其保证措施主要有以下几点：

（1）选择的车刀几何形状要合适。当采用较小的主偏角 κ_r 或副偏角 κ_r'，或刀尖磨有小圆弧时，都会减小残留面积，使 Ra 值减小。

（2）选用较大的前角 γ_0，并用油石把车刀的前刀面和后刀面打磨得光一些，也可使 Ra 值减小。

（3）合理选择精车时的切削用量。生产实践证明，较高的切速（v_c = 100m/min 以上）或较低的切速（v_c = 6m/min 以下）都可以获得较小的 Ra 值。但采用低速切削生产率低，一般只有在精车小直径的工件时使用。选用较小的切深对减小 Ra 值较为有利，但背吃刀量过小（α_p<0.03~0.05mm），工件上原来凹凸不平的表面可能没有完全切除掉，也达不

到满意的效果。采用较小的进给量可使残留面积减小，因而有利于减小 Ra 值。

精车的切削用量推荐为：

背吃刀量 α_p 取 0.3~0.5mm（高速精车）或 0.05~0.10mm（低速精车）；进给量 f 取 0.05~0.2mm/r；用硬质合金车刀高速精车时，切速 v_c 取 100~200m/min（切钢）或 60~100m/min（切铸铁）。

(4) 合理地使用切削液也有助于降低表面粗糙度。低速精车钢件时使用乳化液，低速精车铸铁件时常用煤油作为切削液。

D 试切

为了保证加工的尺寸精度，应采用试切法车削。试切法的步骤如图 2-35 所示。

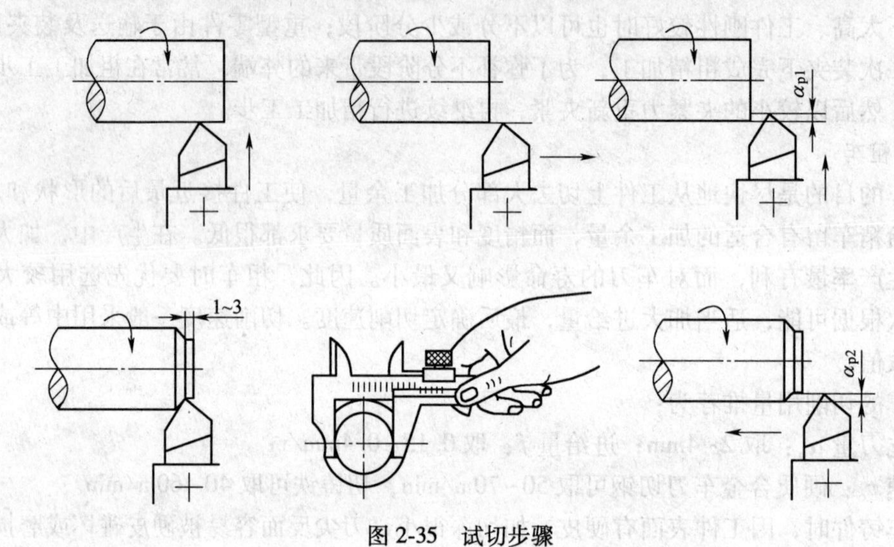

图 2-35 试切步骤

2.4.3.3 车外圆时的质量分析

(1) 尺寸不正确：原因是车削时粗心大意，看错尺寸；刻度盘计算错误或操作失误；测量时不仔细、不准确而造成的。

(2) 表面粗糙度不合要求：原因是车刀刃磨角度不对；刀具安装不正确或刀具磨损，以及切削用量选择不当；车床各部分间隙过大而造成的。

(3) 外径有锥度：原因是吃刀深度过大，刀具磨损；刀具或拖板松动；用小拖板车削时转盘下基准线不对准“0”线；两顶尖车削时床尾“0”线不在轴心线上；精车时加工余量不足造成的。

2.4.4 台阶轴类零件的车削方法

在同一工件上有几个直径大小不同的圆柱体连接在一起像台阶一样，就称它为台阶工件，俗称台阶为“肩胛”。台阶工件的车削，实际上就是外圆和平面车削的组合，因此在车削时必须注意兼顾外圆的尺寸精度和台阶长度的要求。

2.4.4.1 台阶工件的技术要求

台阶工件通常和其他零件结合使用，因此它的技术要求一般有以下几点：

（1）各挡外圆之间的同轴度。

（2）外圆和台阶平面的垂直度。

（3）台阶平面的平面度。

（4）外圆和台阶平面相交处的清角。

2.4.4.2　车刀的选择和装夹

车削台阶工件，通常使用90°外圆车刀。车刀的装夹应根据粗、精车和余量的多少来区别，如粗车时余量多，为了增加切削深度，减少刀尖压力，车刀装夹可取主偏角小于90°为宜。精车时为了保证台阶平面和轴心线的垂直，应取主偏角大于90°。

2.4.4.3　车台阶外圆的方法

（1）移动床鞍至工件的右端、用中滑板控制进刀深度、摇动小滑板丝杠或床鞍纵向移动车削外圆，一次进给完毕，横向退刀，再纵向移动刀架或床鞍至工件右端，进行第二、第三次进给车削，直至符合图样要求为止如图 2-36 所示。

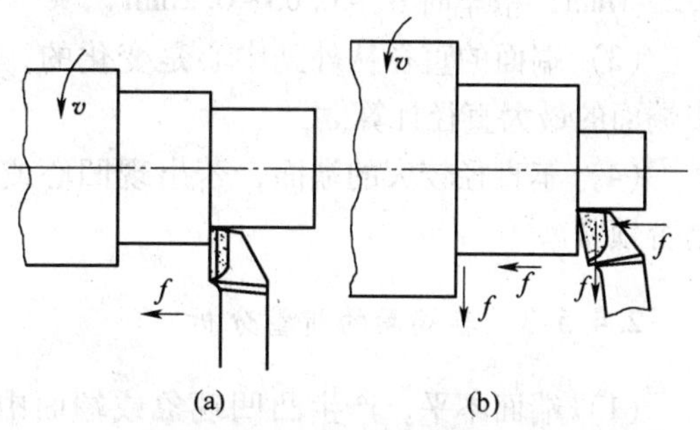

图 2-36　台阶外圆的车削方法

（a）车第一级台阶；（b）车第二级台阶

（2）在车削外圆时，通常要进行试切削和试测量。其具体方法是：根据工件直径余量的 1/2 作横向进刀，当车刀在纵向外圆上进给 2mm 左右时，纵向快速退刀，然后停车测量，（注意横向不要退刀）。如果已经符合尺寸要求，就可以直接纵向进给进行车削，否则可按上述方法继续进行试切削和试测量，直至达到要求为止。

（3）为了确保外圆的车削长度，通常先采用刻线痕法，后采用测量法进行，即在车削前根据需要的长度，用钢直尺、样板或卡尺及车刀刀尖在工件的表面刻一条线痕。然后根据线痕进行车削，当车削完毕，再用钢直尺或其他工具复测。

（4）倒角平面、外圆车削完毕，然后移动刀架，使车刀的切削刃与工件的外圆成 45°夹角，移动床鞍至工件的外圆和平面的相交处进行倒角。

2.4.5　车端面

2.4.5.1　端面的车削方法

车端面时，刀具的主刀刃要与端面有一定的夹角。工件伸出卡盘外部分应尽可能短些，车削时用中拖板横向走刀，走刀次数根据加工余量而定，可采用自外向中心走刀，也可以采用自圆中心向外走刀的方法。常用端面车削时的几种情况如图 2-37 所示。

2.4.5.2　车端面时应注意的事项

（1）车刀的刀尖应对准工件中心，以免车出的端面中心留有凸台。

（2）偏刀车端面，当背吃刀量较大时，容易扎刀。背吃刀量 α_p 的选择：粗车时 α_p =

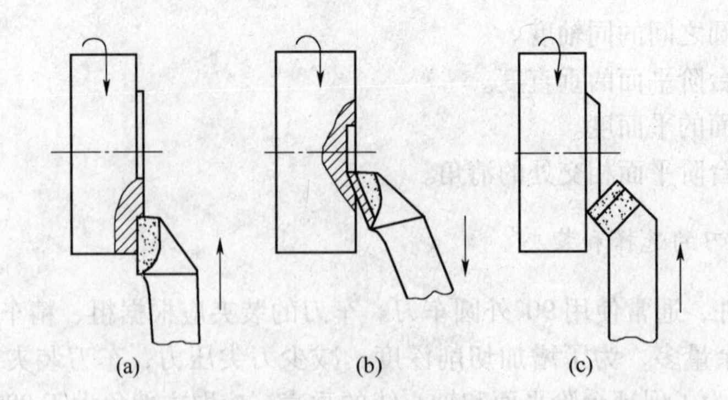

图 2-37 车端面的常用车刀

(a) 45°车刀车端面；(b) 偏刀向中心走刀车端面；(c) 偏刀向外圆走刀车端面

0.2~1mm，精车时 $\alpha_p = 0.05 \sim 0.2$mm。

(3) 端面的直径从外到中心是变化的，切削速度也在改变，在计算切削速度时必须按端面的最大直径计算。

(4) 车直径较大的端面，若出现凹心或凸肚时，应检查车刀和方刀架，以及大拖板是否锁紧。

2.4.5.3 车端面的质量分析

(1) 端面不平，产生凸凹现象或端面中心留“小头”，原因是车刀刃磨或安装不正确；刀尖没有对准工件中心；吃刀深度过大；车床有间隙拖板移动造成。

(2) 表面粗糙度差，原因是车刀不锋利；手动走刀摇动不均匀或太快；自动走刀切削用量选择不当。

【拓展知识 6】刻度盘及刻度盘手柄的使用

在车削工件时，要准确、迅速地掌握切深，必须熟练地使用横刀架和小刀架的刻度盘。横刀架的刻度盘紧固在丝杠轴头上，横刀架和丝杠螺母紧固在一起。当横刀架手柄带着刻度盘转一周时，丝杠也转一周，这时螺母带着横刀架移动一个螺距。所以横刀架移动的距离可根据刻度盘上的格数来计算：

刻度盘每转一格，横刀架移动的距离 = 丝杠螺距/刻度盘格数（mm），例如：C6136 车床横刀架丝杠螺距 4mm。横刀架的刻度盘等分为 200 格，故每转 1 格横刀架移动的距离为 4÷200 = 0.02mm。

刻度盘转一格，刀架带着车刀移动 0.02mm。由于工件是旋转的，所以工件上被切下的部分是车刀切深的两倍，也就是工件直径改变了 0.04mm。圆形截面的工件，其圆周加工余量都是对直径而言的，测量工件尺寸也是看其直径的变化，所以我们用横刀架刻度盘进刀切削时，通常将每格读作 0.04mm。

加工外圆时，车刀向工件中心移动为进刀，远离中心为退刀。而加工内孔时，则刚好相反。进刻度时，如果刻度盘手柄转过了头，或试切后发现尺寸不对而将车刀退回时，由于丝杠与螺母之间有间隙，刻度盘不能直接退回到所要的刻度，应按如图 2-38 所示的方法纠正。

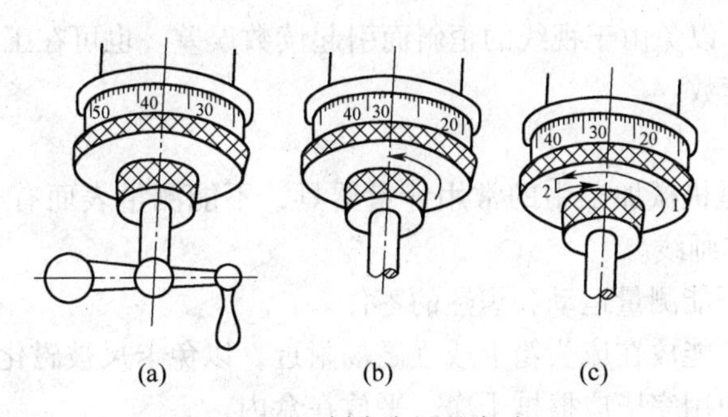

图 2-38　刻度盘调整方法

(a) 摇过头回位（错误）；(b) 直转转到位（错误）；(c) 正确位置 30

小刀架刻度盘的原理及其使用和横刀架相同。小刀架刻度盘主要用于控制工件长度方向的尺寸。与加工圆柱面不同的是小刀架移动了多少，工件的长度尺寸就改变了多少。

2.4.6　测量工件

在车削过程中要对工件的尺寸不断地进行测量，才能保证零件的加工精度。

2.4.6.1　游标卡尺

游标卡尺，如图 2-39 所示为机械制造业中应用十分广泛的量具，可测量内外径、深度以及长度尺寸的一种量具。

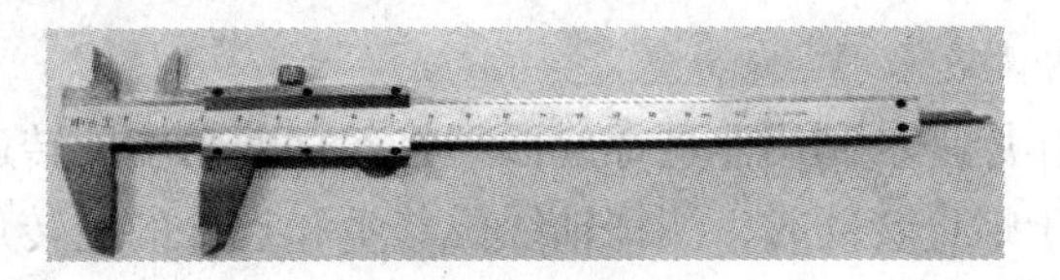

图 2-39　游标卡尺

A　游标卡尺的读数原理

利用游标卡尺的游标刻线间距与主尺上的刻线间距差，形成游标分度值。测量时，在主尺上读取整数值，在游标上读取小数值。如：用刻度值为 0.02 的游标卡尺（mm）测量 20.04 尺寸——在主尺上读取整数值 20，在游标尺上看到第二个格与主尺对齐此时读取小数 0.04。

B　游标卡尺的使用方法及注意事项

a　使用前

(1) 首先把量爪和被测工件表面的灰尘和油污等清洗干净，以免影响测量精度。

(2) 检查游标卡尺各部件的相互作用，移动是否灵活，紧固螺钉是否有作用。

(3) 检查游标卡尺零位，使两爪紧密的贴合，观察应无明显的光隙，同时观察游标零刻线与主尺零刻线是否对准，如果不准，可把这个数值记录下来，在测量时加以修正。

b　使用中

(1) 测量内、外尺寸时，要掌握好量爪面与工件表面接触的压力，使测量面与工件接触，同时量爪还要能沿工件表面自由滑动，有微动装置的卡尺，应使用微动装置。

(2) 测量深度时，游标卡尺的深度尺以端面为基准面。

(3) 读数时，在主尺上读取毫米数，在游标上读取小数值，使视线尽可能地与尺上所读的刻线面垂直，以免由于视线的歪斜而引起读数误差。也可在工件的同一位置多测量几次，取它的平均读数。

c 使用后

(1) 游标卡尺是机械加工中的常用计量器具，不能测量表面有毛刺、油污、灰尘等的零件，也不能用作画线。

(2) 游标卡尺不能测量运动和炽热的零件。

(3) 游标卡尺不能放在床头箱上或强磁场附近，以免卡尺被磁化。

(4) 游标卡尺使用完毕应擦拭干净，平放在盒内。

(5) 游标卡尺的合格证应在检定周期范围内。

2.4.6.2 外径千分尺

外径千分尺，如图2-40所示为机械制造业中应用十分广泛的计量器具，是用来测量外径、厚度等尺寸的量具。

图2-40 外径千分尺

A 外径千分尺的读数原理

外径千分尺的工作原理：利用等进螺旋原理将丝杆的角度旋转运动转变为测量杆的直线位移，当丝杆相对于螺母转动时，测杆轴线位移量和丝杆的旋转角度成正比，固定套筒上每格是1mm，微分筒每格0.01mm。如：用刻度值0.01mm的千分尺测量10.02 mm的尺寸——在固定套筒上读取整数10，在微分筒上看到与固定套筒上刻线对齐两格，此时读取0.02。

B 外径千分尺的使用方法及注意事项

a 使用前

(1) 在测量前必须要校对零位，用量块进行零位校准。

(2) 应清理测量面和工件的油污等，测量时应使测量面与被测工件表面保持接触平稳。

(3) 外径千分尺的刻度值为0.01mm。

b 使用中

(1) 擦拭需检测的零件外观，校对千分尺的零位尺寸，将千分尺两测量面与被测零件贴合，将棘轮轻旋三到五下，保证千分尺的测力，此时就可以测量了。

(2) 使用中要握住隔热板，以减少温度对测量数值的影响。

(3) 正确使用棘轮，也称为测力装置，保持测力的恒定。

c 使用后

(1) 外径千分尺使用后要擦拭干净放在盒里。

(2) 外径千分尺不能放在床头箱上或强磁场附近。

（3）要在静态下测量，不能在工件转动或加工中测量。

2.4.6.3　阶台长度的测量和控制方法

（1）刻线法。车削前根据台阶的长度用钢直尺量出台阶长度尺寸，用刀尖在工件表面刻出一条细线痕，然后根据线痕进行粗车，车削到刻线位置止如图 2-41 所示。

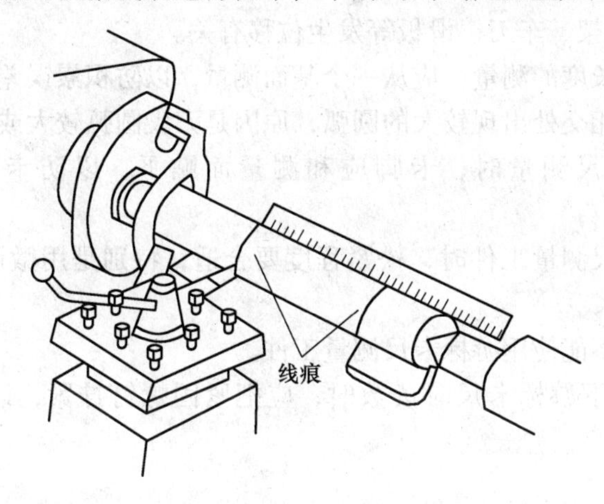

图 2-41　刻线痕法控制台阶长度

（2）用挡铁定位控制。在车床导轨上适当位置装定位工具或挡块，使其对应各个台阶长度。车削时，车到挡块位置，就可得到所需长度尺寸，如图 2-42 所示。

（3）刻度盘控制法。利用床鞍刻度盘确定台阶长度。当粗车完毕后，台阶长度已经基本符合要求，在精车外圆的同时，一起控制台阶长度，其测量方法通常用钢直尺检查，如精度较高时，可用样板、游标深度尺等测量如图 2-43 所示。

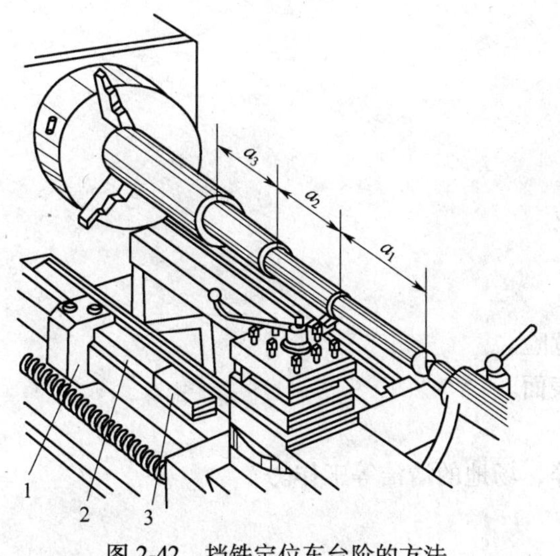

图 2-42　挡铁定位车台阶的方法

1—定位块；2，3—挡块

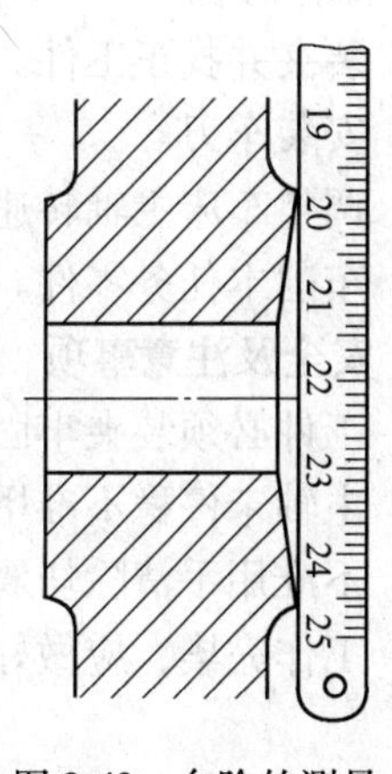

图 2-43　台阶的测量

2.4.6.4　车削注意事项

车削时容易产生的问题和注意事项如下：

（1）台阶平面和外圆相交处要清角，防止产生凹坑和出现小台阶。

（2）台阶平面出现凹凸，其原因可能时车刀没有从里到外横向进给或车刀装夹主偏角小于90°，其次与刀架、车刀、滑板等发生位移有关。

（3）多台阶工件长度的测量，应从一个基面测量，以防积累误差。

（4）平面与外圆相交处出现较大的圆弧，原因是刀尖圆弧较大或刀尖磨损。

（5）使用游标卡尺测量时，卡脚应和测量面贴平，以防卡脚歪斜，产生测量误差。

（6）使用游标卡尺测量工件时，松紧程度要合适，特别是用微调螺钉时，尤其注意卡得不要太紧。

（7）车未停稳，不能使用游标卡尺测量工件。

（8）从工件上取下游标卡尺时读数时，应把紧固螺钉拧紧，以防副尺移动，影响读数。

【任务实施】

一、操作技术要点

（1）初步掌握利用卡盘装夹方式车削简单阶梯轴的方法，要求操作姿势正确，并能正确安装刀具和装夹工件。

（2）了解车削用量的选择和计算。

二、刀、夹、量具

（1）外圆车刀。

（2）三爪自定心卡盘。

（3）游标卡尺、钢尺。

三、操作过程

（1）装夹并找正工件。

（2）安装车刀。

（3）调整车床主轴转速、进给量。

（4）车削本任务零件。

四、安全及注意事项

（1）工件必须装夹牢固，避免发生危险。

（2）主轴未停稳不准用手触摸工件表面。

（3）不准用手清除切屑。

（4）工作完毕，应做好机床维护保养、场地的清洁等工作。

五、质量检查内容及评分标准

质量检查及评分标准

班级		学生姓名		学习任务成绩	
课程名称	普通机床加工技术与实践	学习情境	情境 2 车削加工	学习任务	单向台阶短轴车削加工

质 量 检 查 及 评 分 标 准

序号	质量检查内容	配分	评分标准	检查	得分
1	正确调整、操纵机床	15	酌情给分		
2	正确安装刀具、工件	15	酌情给分		
3	外圆尺寸	30	一处超扣 10 分		
4	长度尺寸	30	一处超扣 10 分		
5	倒角	4	一处超扣 2 分		
6	表面粗糙度	6	一处超差扣 2 分		
7	安全文明生产		违章扣分		

教师签字：

【任务小结】

（1）工件在机床或者夹具中占据正确位置的过程称为定位。

（2）工件在机床上装夹找正方法主要有直接找正安装、画线找正安装、专用夹具安装。

（3）轴类零件在车床上安装主要有卡盘装夹、两顶尖装夹、一夹一顶装夹等。

（4）车刀在安装时应尽可能悬伸短、与工件旋转中心等高、刀杆轴线应跟工件表面垂直，而且车刀应进行可靠紧固。

（5）车削加工时，应根据工件材料、刀具材料、加工要求等综合选取合适的切削用量。

（6）在车削过程中要对工件的尺寸不断地进行测量，才能保证零件的加工精度。

（7）单向台阶轴的车削加工，一方面巩固和提高端面和外圆的车削技能，另一方面初步训练工艺安排，掌握阶台长度及位置精度的控制方法。

（8）利用粗精车加工，粗车采用大的进给量，大的吃刀深度和较低的切削速度，能尽量在较短的时间内去除毛坯的大部分余量，提高生产效率。采用精车的方法，即采用高的切速，小的进给量，小的吃刀深度能提高工件的表面质量，车削时应先粗车后精车，达到既快又好的加工出合格的零件。

【思考与训练】

（1）车刀的工作角度和刃磨角度的本质区别是什么？

（2）车削时为什么要分粗、精车？

（3）选择切削用量的原则是什么？

（4）试用游标卡尺和外径千分尺测量工件。

（5）按项目要求加工零件。

（6）轴类零件在车床上加工的装夹方式有哪几种？

（7）控制阶台长度的方法有哪几种？

（8）如何保证阶台的垂直度精度要求？

学习任务 2.5　双向台阶轴车削加工

【学习任务】

车削加工如图 2-44 所示为双向台阶轴。

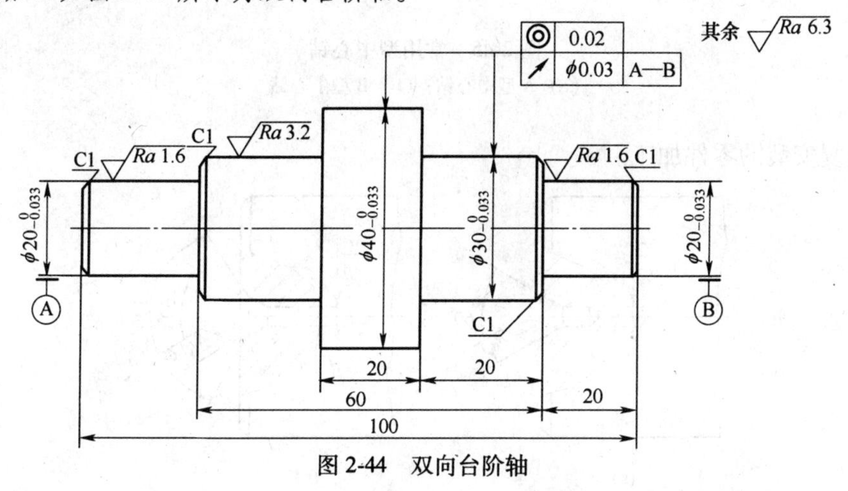

图 2-44　双向台阶轴

【任务描述】

（1）该工件材料 45 钢，每人至少加工一件。要求做以下工作：

1）分析零件图。

2）确定毛坯尺寸。

3）选择刀具与量具。

4）确定装夹方法。

5）制定加工步骤。

6）分析工件加工质量问题。

（2）掌握用两顶尖装夹车削轴类零件的方法。

【相关知识】

用两顶尖装夹轴类零件，必须先在零件端面钻中心孔，中心钻材料一般为高速钢。

2.5.1　中心钻的种类及用途

A　常用型

中心钻有 A 型和 B 型两种，其形状及相应参数如图 2-45 所示。

A 型中心孔由圆柱和圆锥部分组成如图 2-46 所示，圆锥角为 60°，用于中心孔中心钻前面的圆柱部分为中心钻公称尺寸，以毫米为单位，一般分为 A1，A2，A3，…通常用于不需要多次使用的零件加工。

B 型中心孔是在 A 型的端部分多一个 120°的圆锥保护孔，目的是保护 60°锥孔，通常

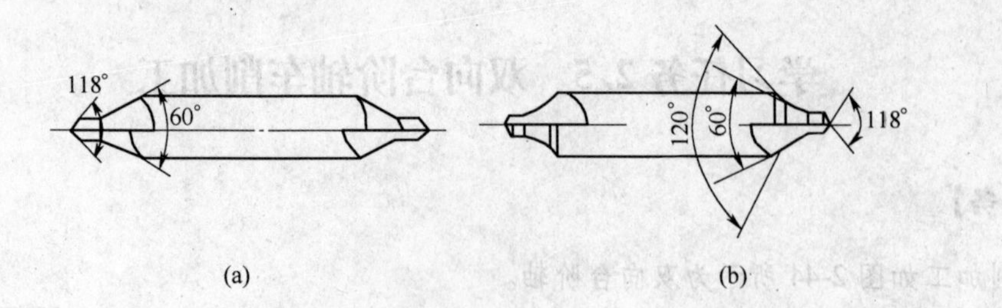

图 2-45　常用型中心钻
（a）A 型中心钻；（b）B 型中心钻

用于需重复安装的零件加工。

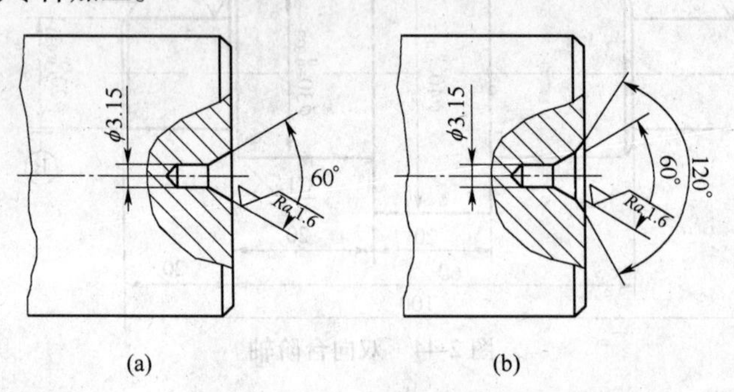

图 2-46　A、B 型中心孔
（a）A 型中心孔；（b）B 型中心孔

B　特殊型

特殊型中心钻有 C 型和 R 型两种，其相应的钻孔形式如图 2-47 所示。

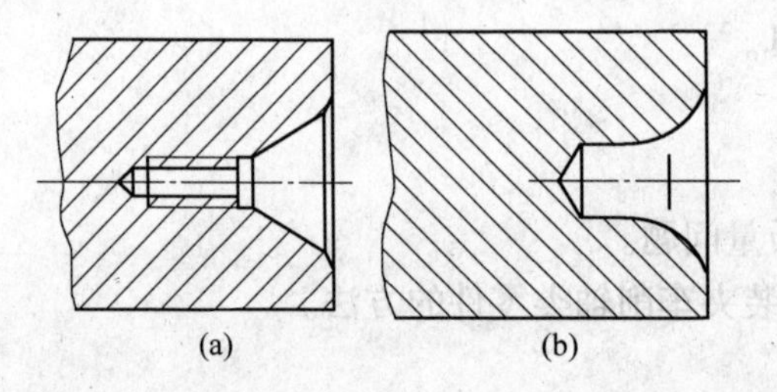

图 2-47　C 型、R 型中心孔
（a）C 型；（b）R 型

C 型是在 B 型中心孔里端有一个比圆柱孔还要小的内螺纹，它用于工件之间的紧固连接和保护小心孔。

R 型是在 A 型中心孔的基础上，将圆锥母线改为圆弧形，减小中心孔和顶尖的接触面积，减小摩擦力提高定位精度。

2.5.2　中心钻的装夹

首先，根据加工需要选择合适的中心钻，根据机床尾座套筒锥度选择带莫氏锥柄的钻夹如图 2-48 所示。

其次，用钻夹头钥匙逆向旋转夹头外套，三爪张开，装中心钻于三爪之间，伸出长度为中心钻长度的 1/3，然后用钻夹钥匙顺时针方向转动钻夹头外套，三爪夹紧中心钻，如图 2-49 所示。

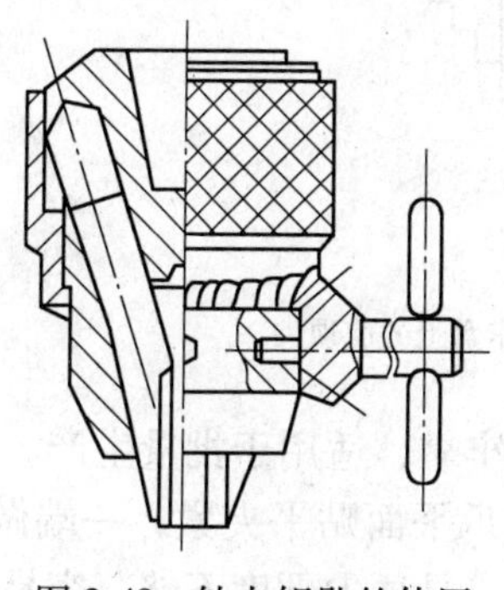

图 2-48 钻夹钥匙的使用

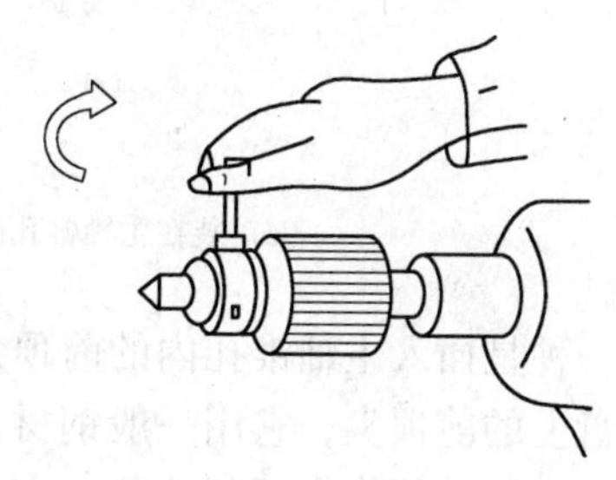

图 2-49 装夹中心钻

最后，擦净钻夹头柄部和尾座锥孔，沿尾座套筒轴线方向将钻夹头锥柄部分，稍用力插入尾座套筒锥孔中（注意扁尾方向）。

2.5.3 中心孔的钻削方法

根据图纸的要求选择不同种类和不同规格的中心钻，中心孔的深度一般 A 型中心孔可钻出 60°锥度的 1/3～2/3，B 型中心孔必须要将 120°的保护锥钻出。

钻中心孔，由于在工件轴心线上钻削，钻削线速度低，必须选用较高的转速：500～1000r/min 左右，进给量要小。

工件端面必须车平，不允许出现小凸头；尾座校正，以保证中心钻和轴线同轴。

中心钻起钻时，进给速度要慢，钻入工件时要用毛刷加注切削液并及时退屑冷却，使钻削顺利，钻毕时应使中心钻在中心孔中停留 2～3s，然后退出，使中心孔光、圆、准确。

使用两顶尖装夹工件时的注意事项：

（1）前、后顶尖的中心线与车床主轴轴线应同轴，否则车出的工件会产生锥度。

（2）在不影响车刀车削的前提下，尾座套筒应尽量伸出短些，以增加刚度，减少振动。

（3）中心孔的形状应正确，表面粗糙度值要小。

（4）当后顶尖用固定顶尖时，由于中心孔与顶尖间为滑动摩擦，故应在中心孔内加入润滑脂（凡士林），以防温度过高而损坏顶尖或中心孔。

（5）前、后顶尖与工件中心孔之间的配合松紧程度必须合适。

2.5.4 顶尖

顶尖的作用是定中心，承受工件的质量和切削时的切削力。分前顶尖和后顶尖两类。

2.5.4.1 前顶尖

前顶尖有装在主轴锥孔内的前顶尖和卡盘上的前顶尖两种，如图 2-50 所示。

前顶尖随同工件一起旋转，与中心孔无相对运动，因而不产生摩擦。前顶尖的类型有

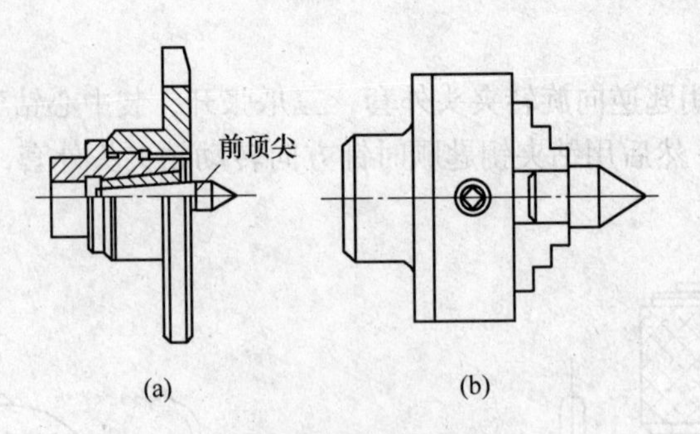

图 2-50　前顶尖

(a) 装在主轴锥孔内的前顶尖；(b) 装在卡盘上的前顶尖

两种，一种是插入主轴锥孔内的前顶尖，这种顶尖装夹牢靠，适用于批量生产。另一种是夹在卡盘上的前顶尖，它用一般钢材，车一个台阶与卡爪平面贴平夹紧，一端做 60°顶尖即可。这种顶尖的优点是制造装夹方便，定心准确；缺点是顶尖硬度不够，容易磨损、车削过程中如受冲击，易发生移位，只适用于小批量生产。

2.5.4.2　后顶尖

插入尾座套筒锥孔中的顶尖称为后顶尖，分固定顶尖和回转顶尖两种，如图 2-51、图 2-52 所示。

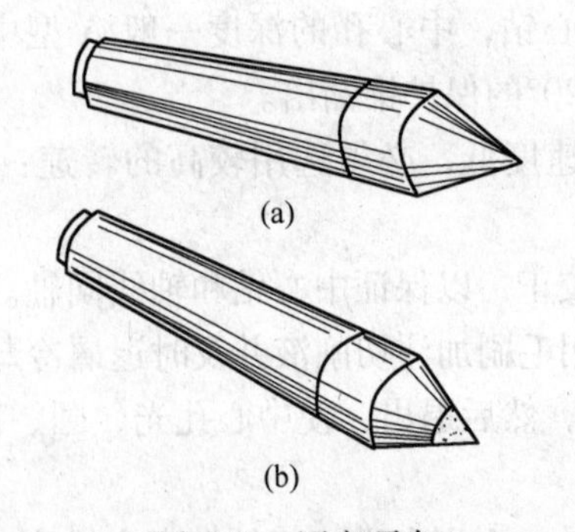

图 2-51　固定顶尖

(a) 普通固定顶尖；(b) 硬质合金固定顶尖

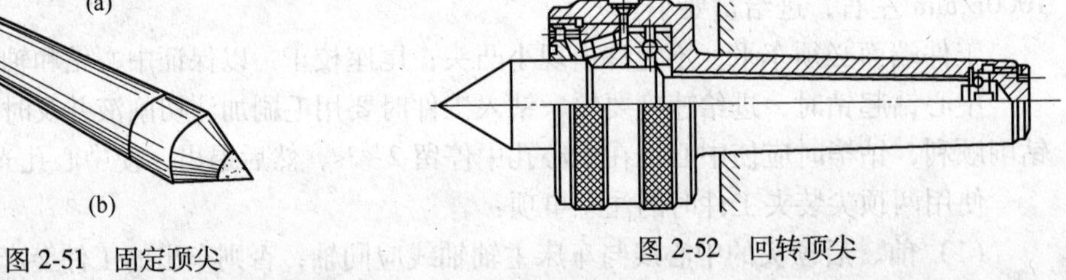

图 2-52　回转顶尖

A　固定顶尖

优点是：定心准确、刚性好、切削时不宜产生振动。缺点是：中心孔与顶尖要产生滑动摩擦，易产生高热，常会把中心孔或顶尖烧坏。一般适宜于低速精车。

B　回转顶尖

为了避免后顶尖与工件之间的摩擦，目前大多都采用回转顶尖支顶，以回转顶尖内部的滚动摩擦代替顶尖与中心孔之间的滑动摩擦，这样既能承受高速，又可消除滑动摩擦产生的高热，是目前比较理想的顶尖。缺点是定心精度和刚性稍差。

2.5.5　两顶尖装夹

采用两顶尖装夹，如图 2-53 所示，工件的定位精度准确度高，但刚性差且不稳固，装卸也费时。

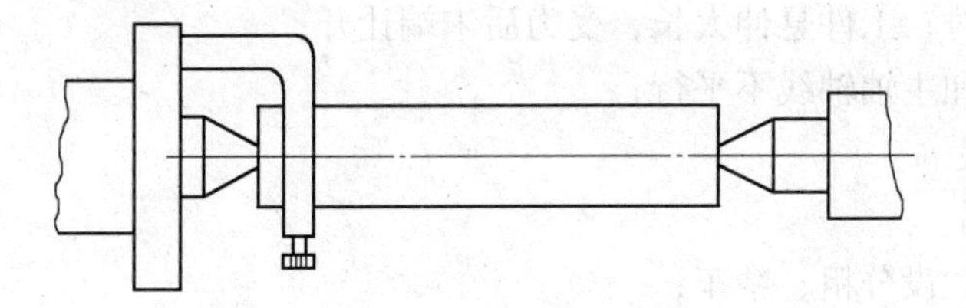

图 2-53　两顶尖装夹

2.5.5.1　装夹形式

工件由前顶尖和后顶尖定位，用对分夹头夹紧并带动工件同步转动。

2.5.5.2　适用场合

适用于装夹较长的工件或必须经过多次装夹才能加工好的工件（如细长轴、长丝杠等），以及工序较多，在车削后还要铣削或磨削的工件。

2.5.5.3　装夹特点

在两顶尖上车削工件的优点是装夹方便，不需找正，装夹精度高；缺点是装夹刚度低，影响了切削用量的提高。

2.5.6　精度检验及误差分析

2.5.6.1　精度检验

（1）测量外圆时，在圆周面上要同时测量两点，长度上测量两端。

（2）长度测量可选用深度游标尺或游标卡尺。

（3）同轴度测量方法 将基准外圆放在 V 形架上，把百分表测头接触所测外圆，转动工件一周，百分表指针的最大差数即为同轴度误差，按此法测量若干截面。

2.5.6.2　误差分析

（1）毛坯车不到尺寸。

1）毛坯余量不够；

2）毛坯弯曲没有校正；

3）工件安装时没有校正。

（2）达不到尺寸精度。

1）未经过试切和测量，盲目吃刀；

2）没掌握工件材料的收缩规律；

3）量具误差大或测量不准。

（3）表面粗糙度达不到要求。

各种原因引起的振动车刀后角过小，车刀后面和已加工面摩擦切削用量选得不当。

（4）产生锥度。

1）卡盘装夹时，工件悬伸太长，受力后末端让开；

2）床身导轨和主轴轴线不平行；

3）刀具磨损。

（5）产生椭圆。

1）余量不均，没分粗、精车；

2）主轴轴承磨损，间隙过大。

【任务实施】

一、操作技术要点

初步掌握二次装夹车削工件的方法，要求操作姿势正确，能正确进行调头装夹，并找正工件。

二、刀、夹、量具

（1）外圆车刀、中心钻。

（2）三卡爪盘、顶尖。

（3）游标卡尺、百分表、钢尺。

三、操作过程

（1）装夹工件，取总长，平两端面，钻中心孔。

（2）车削前顶尖，安装后顶尖。

（3）在两顶尖间装夹工件。

（4）调整车床主轴转速、进给量。

选取背吃刀量 $\alpha_p = 0.4 \sim 0.8$mm，进给量 $f = 0.1 \sim 0.2$mm，转速 $n = 600 \sim 800$r/min。

（5）粗车右部各轴段（留精车余量，并将工件产生的锥度找正）。

（6）精车右部各轴段，并倒角。

（7）工件调头安装。

（8）粗车左部各轴段（留精车余量）。

（9）精车左部各轴段，并倒角。

（10）质量检验，合格后取下工件。

四、安全及注意事项

（1）工件必须装夹牢固。

（2）主轴未停稳不准用手触摸工件表面。

（3）不准用手清除切屑。

（4）测量工件必须在停机、安全情况下进行。

（5）工作完毕，应做好机床维护保养、场地的清洁等工作。

五、质量检查内容及评分标准

质量检查及评分标准

班　级		学生姓名		学习任务成绩	
课程名称	普通机床加工技术与实践	学习情境	情境 2 车削加工	学习任务	双向台阶短轴车削加工

续表

质量检查及评分标准

序号	质量检查内容	配分	评分标准	检查	得分
1	同轴度公差	14	一处超差扣 7 分		
2	跳动公差	14	一处超差扣 7 分		
3	外圆尺寸	30	一处超差扣 6 分		
4	长度尺寸	20	一处超未注公差扣 4 分		
5	倒角	12	一处超扣 3 分		
6	表面粗糙度	10	一处超差扣 2 分		
7	安全文明生产		违章扣分		

教师签字：

【任务小结】

利用“两顶一夹”装夹进行轴类零件车削加工，能很好地保证各挡外圆之间的同轴度精度要求，以及需要多次装夹的工件，但注意切屑用量相应小一些。除此之外还要注意以下事项：

（1）对分夹头必须牢靠地夹住工件，以防止车削时移动、打滑，损坏车刀。开始车削前，应手摇手轮使床鞍在全行程内左右移动，检查有无碰撞现象。

（2）在不影响车刀切削的前提下，尾座套筒应尽量伸出短些，以提高刚度，减少振动。

（3）中心孔的形状应正确，表面粗超度值要小。装入顶尖前，应清除中心孔内的切屑或异物。

（4）当后顶尖用固定顶尖时，由于中心孔与顶尖间的滑动摩擦，故应在中心孔内加入润滑脂，以防温度过高而烧坏顶尖或中心孔。

（5）顶尖与中心孔的配合必须松紧合适。如果后顶尖顶得太紧，细长工件会产生弯曲变形。对于固定顶尖，会增加摩擦；对于回转顶尖，容易损坏顶尖内的滚动轴承。如果后顶尖顶得太松，工件则不能准确定心，对加工精度有一定影响；并且车削时易产生振动，甚至会使工件飞出而发生事故。

（6）注意安全，防止对分夹头钩住工作服伤人。

【思考与训练】

（1）中心孔有哪几种类型？如何选用？

（2）顶尖有哪几种形式？如何选用？

（3）两顶尖装夹工件的步骤及注意事项有哪些？

（4）完成任务 2.5 零件的车削加工。

学习情境3 铣 削 加 工

【学习目标】

（一）知识目标

（1）了解铣床结构，铣床加工范围。

（2）了解铣刀类型，铣刀的安装方法。

（3）掌握普通铣床操作方法。

（二）技能目标

能根据零件图纸，合理选择刀具，并熟练安装与拆卸刀具。制定零件加工方案，编制工艺文件。操作铣床完成零件的加工，加工完成后按照要求对机床进行保养。

学习任务3.1 铣削加工及安全规程

【学习任务】

（1）普通铣削加工的加工范围。

（2）常用铣刀的分类及用途。

（3）普通铣削加工安全规程。

【任务描述】

通过现场观看铣床工作，铣刀结构，理解铣刀结构与加工对象之间的关系。

【相关知识】

3.1.1 铣削加工认识

铣削加工是将工件用虎钳或专用夹具固定在铣床工作台上，将铣刀安装在铣床主轴的前端刀杆上或直接安装在主轴上，通过铣刀高速旋转与工件随工作台或铣刀的进给运动相配合实现平面或成形面的加工方法。

3.1.1.1 铣削的加工范围

铣削加工在机械零件切削和工具生产中占相当大比重，仅次于车削。铣床加工范围很广，可以加工各种零件的平面、台阶面、沟槽、成形表面、型孔表面、螺旋表面等，如图3-1所示。

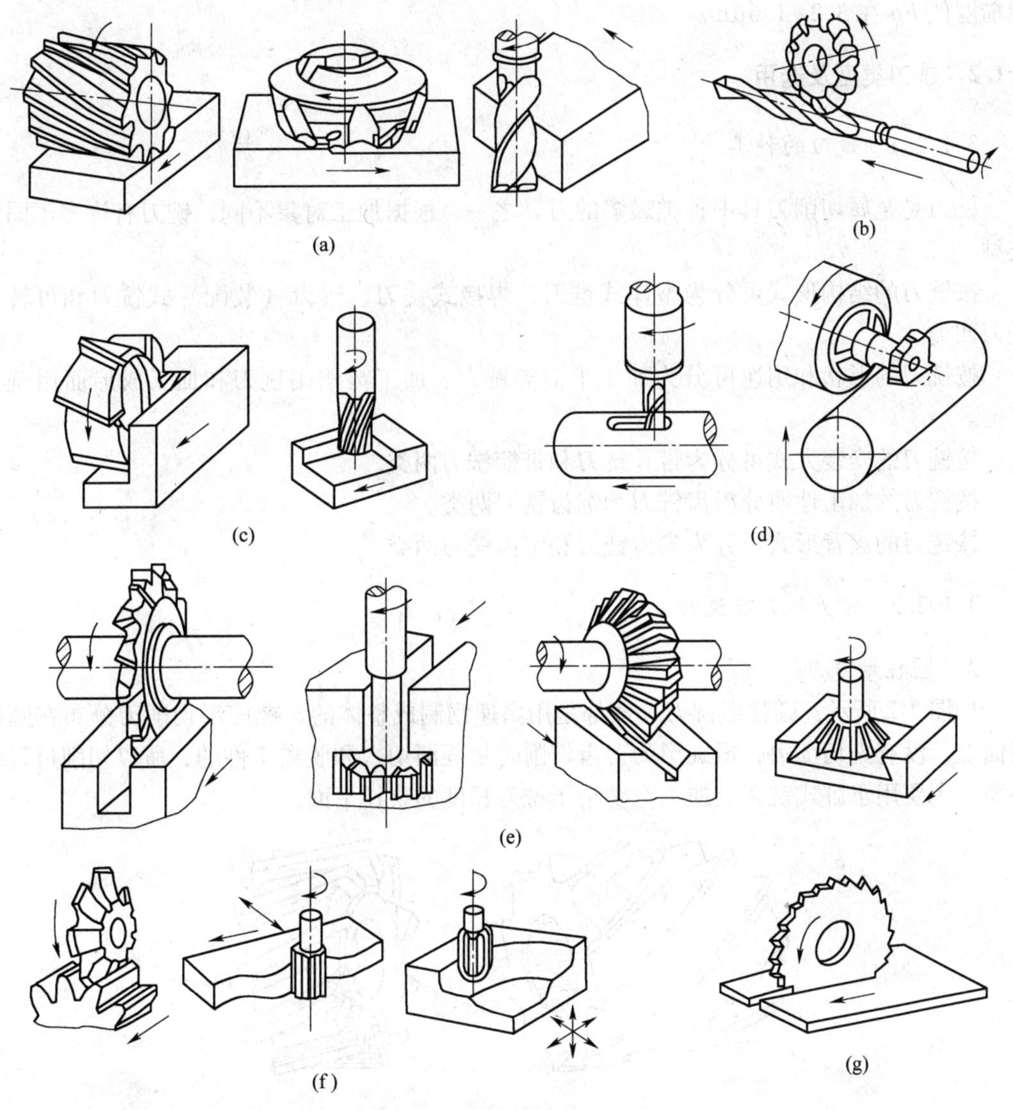

图 3-1　铣削加工的基本内容
（a）铣平面；（b）铣螺旋槽；（c）铣台阶面；（d）铣键槽；
（e）铣直槽；（f）铣成形面；（g）切断

铣床工作时的主运动是主轴部件带动铣刀的旋转运动，进给运动可由工作台在三个互相垂直的方向做直线运动来实现。

3.1.1.2　铣削加工主要特点

（1）由于铣刀为多刃刀具，铣削时每个刀齿周期性断续参与切削，刀刃散热条件较好，加工生产率高。

（2）铣削中每个铣刀刀齿周期性逐渐切入切出，切削厚度是变化的，形成断续切削，加工中会因此而产生冲击和振动，会对刀具耐用度及工件表面质量产生影响。

（3）铣削加工可以对工件进行粗加工和半精加工，加工精度可达 IT7～IT9，精铣表面

粗糙度值 Ra 在 3.2～1.6μm。

3.1.2　铣刀类型及选用

3.1.2.1　铣刀的种类

铣刀是金属切削刀具中种类最多的刀具之一，根据加工对象不同，铣刀有许多不同的类型：

按铣刀的结构形式可分为整体式铣刀、焊接式铣刀、镶齿（装配）式铣刀和可转位铣刀四类。

按铣刀的形状和用途可分为加工平面类铣刀、加工沟槽用铣刀和加工成形面用铣刀三类。

按铣刀的安装方式可分为带孔铣刀和带柄铣刀两类。

按铣刀的加工性质分粗齿铣刀和细齿铣刀两类。

按铣刀的齿背形式可分为尖齿铣刀和铲齿铣刀两类。

3.1.2.2　常见铣刀及选择

A　圆柱形铣刀

如图 3-2 所示，圆柱形铣刀一般都是用高速钢制成整体的，螺旋形切削刃分布在圆柱表面上，没有副切削刃，螺旋形的刀齿切削时是逐渐切入和脱离工件的，所以切削过程较平稳。主要用于卧式铣床上加工宽度小于铣刀长度的狭长平面。

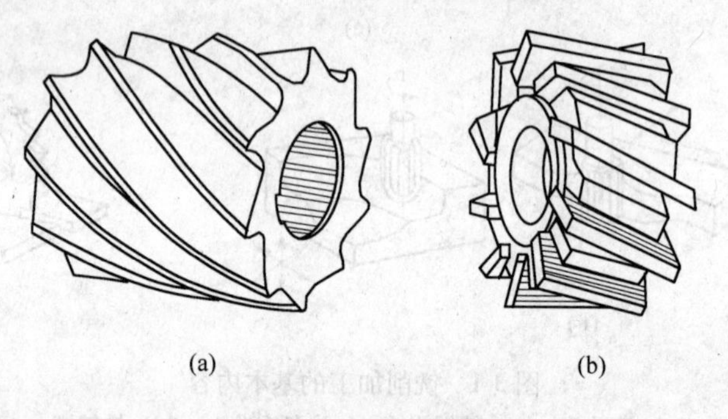

(a)　(b)

图 3-2　圆柱形铣刀
（a）整体式；（b）镶齿式

根据加工要求不同，圆柱铣刀有粗齿、细齿之分。粗齿圆柱形铣刀具有刀齿数少、刀齿强度高、容屑空间大、重磨次数多等特点，适用于粗加工。细齿圆柱形铣刀齿数多、工作平稳，适用于精加工。铣刀外径较大时，常制成镶齿的。

B　立铣刀

立铣刀是数控铣削中最常用的一种铣刀，其结构如图 3-3 所示，圆柱面上的切削刃是主切削刃，端面上分布着副切削刃，主切削刃一般为螺旋齿，这样可以增加切削平稳性，提高加工精度。由于普通立铣刀端面中心处无切削刃，所以立铣刀工作时不能做轴向进给，端面刃主要用来加工与侧面相垂直的底平面。

为了改善切屑卷曲情况，增大容屑空间，防止切屑堵塞，刀齿数比较少，容屑槽圆弧

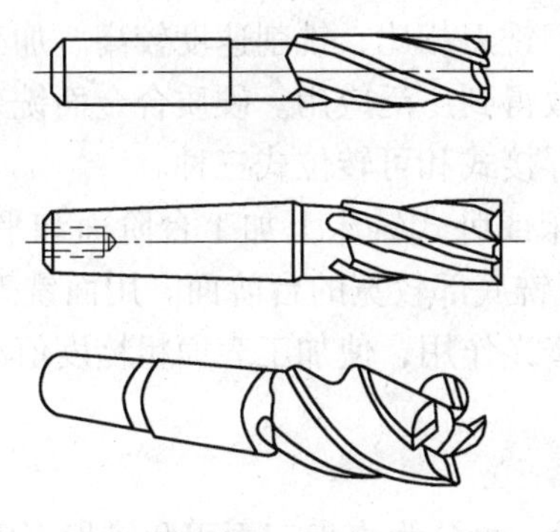

图 3-3　立铣刀

半径则较大。一般粗齿立铣刀齿数 $Z=3\sim4$，细齿立铣刀齿数 $Z=5\sim8$，套式结构 $Z=10\sim20$，容屑槽圆弧半径 $r=2\sim5$mm。当立铣刀直径较大时，还可制成不等齿距结构，以增强抗振作用，使切削过程平稳。

标准立铣刀的螺旋角 β 为 40°~45°（粗齿）和 30°~35°（细齿），套式结构立铣刀的 β 为 15°~25°。

直径较小的立铣刀，一般制成带柄形式。$\phi2\sim\phi71$mm 的立铣刀为直柄；$\phi6\sim\phi63$mm 的立铣刀为莫氏推柄；$\phi25\sim80$mm 的立铣刀为带有螺孔的 7：24 锥柄，螺孔用来拉紧刀具。直径大于 $\phi40\sim\phi160$mm 的立铣刀可做成套式结构。

立铣刀主要用于加工凹槽、台阶面以及利用靠模加工成形面。另外有粗齿大螺旋角立铣刀、玉米铣刀、硬质合金波形刃立铣刀等，它们的直径较大，可以采用大的进给量，生产率很高。

C　面铣刀

面铣刀如图 3-4 所示，主切削刃分布在圆柱或圆锥表面上，端面切削刃为副切削刃，铣刀的轴线垂直于被加工表面。按刀齿材料可分为高速钢和硬质合金两大类，多制成套式镶齿结构，刀体材料为 40Cr。

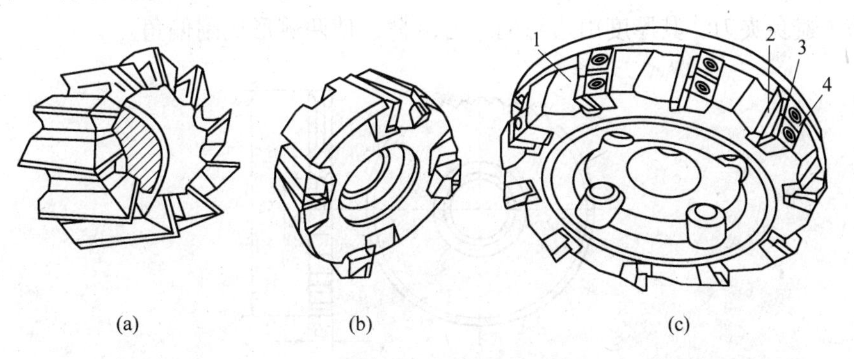

图 3-4　面铣刀

（a）整体式面铣刀；（b）镶焊接式硬质合金面铣刀；（c）机夹式可转位面铣刀

1—刀体；2—楔块；3—刀垫；4—刀片

高速钢面铣刀按国家标准规定，直径 $d=80\sim250$mm，螺旋角 $\beta=10°$，刀齿数 $Z=10\sim26$。

硬质合金面铣刀与高速钢铣刀相比，铣削速度较高、加工表面质量也较好，并可加工带有硬皮和淬硬层的工件，故得到广泛应用。硬质合金面铣刀按刀片和刀齿的安装方式不同，可分为整体式、机夹—焊接式和可转位式三种。

面铣刀主要用在立式铣床或卧式铣床上加工台阶面和平面，特别适合较大平面的加工，主偏角为 90°的面铣刀可铣底部较宽的台阶面。用面铣刀加工平面，同时参加切削的刀齿较多，又有副切削刃的修光作用，使加工表面粗糙度值小，因此可以用较大的切削用量，生产率较高，应用广泛。

D　三面刃铣刀

三面刃铣刀如图 3-5 所示，可分为直齿三面刃和错齿三面刃。它主要用在卧式铣床上加工台阶面和一端或两端贯穿的浅沟槽。三面刃铣刀除圆周具有主切削刃外，两侧面也有副切削刃，从而改善了切削条件，提高了切削效率，减小了表面粗糙度值。但重磨后宽度尺寸变化较大，镶齿三面刃铣刀可解决这一问题。

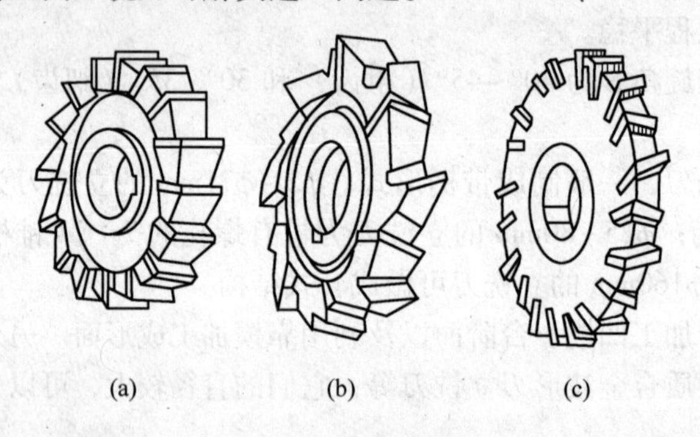

图 3-5　三面刃铣刀

（a）直齿；（b）交错齿；（c）镶齿

E　锯片铣刀

锯片铣刀如图 3-6 所示，锯片铣刀本身很薄，只在圆周上有刀齿，用于切断工件和铣窄槽。为了避免夹刀，其厚度由边缘向中心减薄，使两侧形成副偏角。

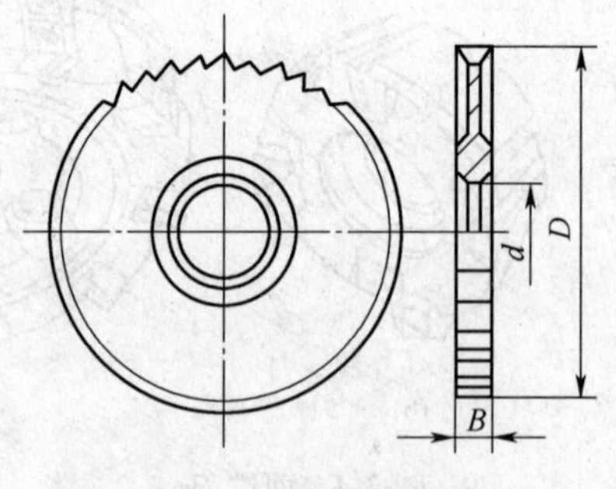

图 3-6　锯片铣刀图

F　键槽铣刀

键槽铣刀如图 3-7 所示。它的外形与立铣刀相似，不同的是它在圆周上只有两个螺旋刀齿，其端面刀齿的刀刃延伸至中心，既像立铣刀，又像钻头。因此在铣两端不通的键槽时，可以作适量的轴向进给。它主要用于加工圆头封闭键槽，使用它加工时，要作多次垂直进给和纵向进给才能完成键槽加工。

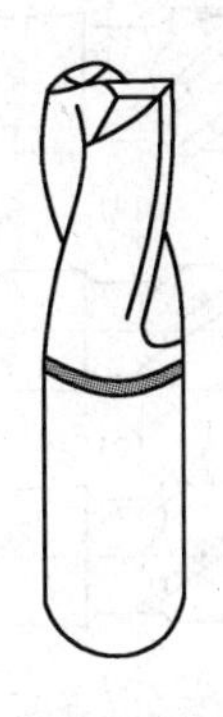

图 3-7　键槽铣刀

国家标准规定，直柄键槽铣刀直径 $d=2\sim22$mm，锥柄键精铣刀直径 $d=14\sim50$mm。键槽铣刀直径的偏差有 $e8$ 和 $d8$ 两种。键槽铣刀的圆周切削刃仅在靠近端面的一小段长度内发生磨损，重磨时，只需刃磨端面切削刃，因此重磨后铣刀直径不变。

G　角度铣刀

角度铣刀如图 3-8 所示。它主要用于加工带角度的沟槽和斜面。如图 3-8（a）所示为单角铣刀，圆锥切削刃为主切削刃，端面切削刃为副切削刃。如图 3-8（b）所示为双角铣刀，两圆锥面上的切削刃均为主切削刃。它又分为对称双角铣刀和不对称双角铣刀。

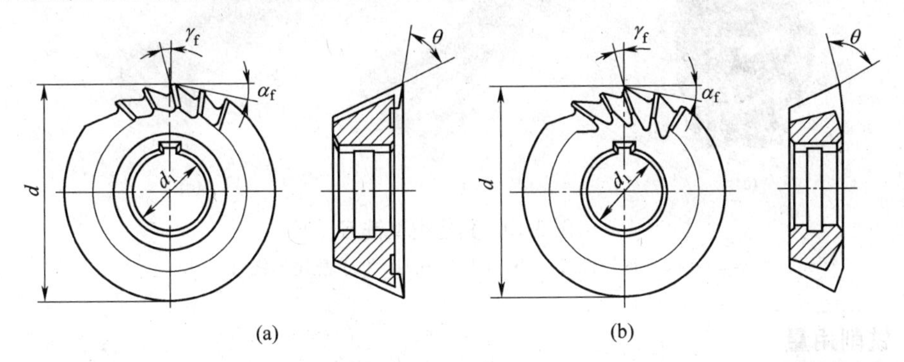

图 3-8　角度铣刀
（a）单角铣刀；（b）双角铣刀

国家标准规定，单角铣刀直径 $d=40\sim100$mm，两刀刃间夹角 $\theta=18°\sim90°$。不对称双角铣刀直径 $d=40\sim100$mm，两刀刃间夹角 $\theta=50°\sim100°$。对称双角铣刀直径 $d=50\sim100$mm，两刀刃间夹角 $\theta=18°\sim19°$。

H　模具铣刀

模具铣刀如图 3-9 所示，主要用于加工模具型腔或凸模成形表面。在模具制造中广泛应用。它是由立铣刀演变而成。高速钢模具铣刀主要分为圆锥形立铣刀（直径 $d=6\sim20$mm，半锥角 $\alpha/2=3°$、$5°$、$7°$和 $10°$）、圆柱形球头立铣刀（直径 $d=4\sim63$mm）和圆锥形球头立铣刀（直径 $d=6\sim20$mm，半锥角 $\alpha/2=3°$、$5°$、$7°$和 $10°$）。一般可按工件形状和尺寸来选择。

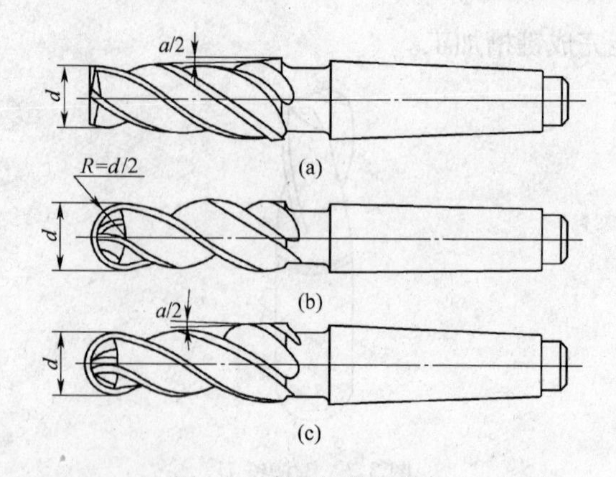

图 3-9　高速钢模具铣刀

（a）圆锥形立铣刀；（b）圆柱形球头立铣刀；（c）圆锥形球头立铣刀

I　其他铣刀

除以上几类铣刀外，其他还有成形铣刀、T 形槽铣刀、燕尾槽铣刀、仿形铣刀和指形铣刀等多种形式，如图 3-10 所示，主要应用于一些特殊表面加工。

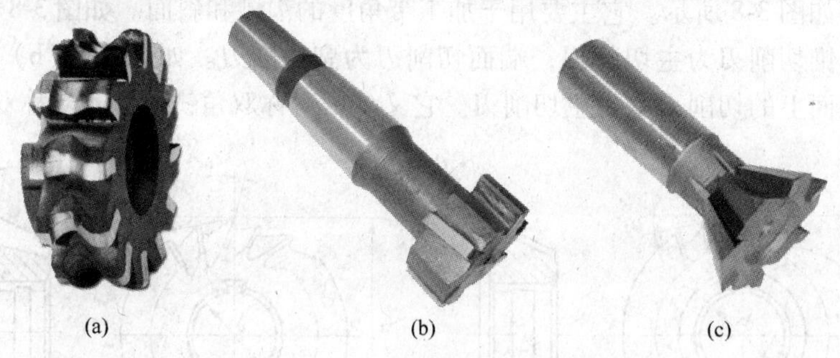

图 3-10　其他类型铣刀

（a）成形铣刀；（b）T 形槽铣刀；（c）燕尾槽铣刀

3.1.3　铣削用量

如图 3-11 所示，铣削用量有背吃刀量、侧吃刀量等几个方面。

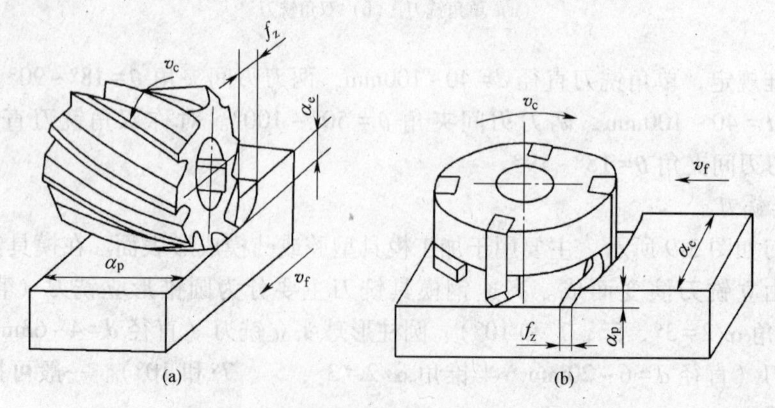

图 3-11　铣削用量

（a）圆周铣削；（b）端铣

3.1.3.1 背吃刀量 α_p

在通过切削刃基点并垂直于工作平面的方向上测量的吃刀量。端铣时，α_p为切削层深度；圆周铣削时，α_p为被加工表面的宽度。

3.1.3.2 侧吃刀量 α_e

在平行于工作平面并垂直于切削刃基点的进给运动方向上测量的吃刀量。端铣时，α_e为被加工表面的宽度；圆周铣削时，α_e为切削层深度。

3.1.3.3 进给参数

每齿进给量 f_z：指铣刀每转过一个齿相对工件在进给运动方向上的位移量，mm/z。

进给量 f：指铣刀每转过一转相对工件在进给运动方向上的位移量，mm/r。

进给速度 v_f：指铣刀切削刃基点相对工件的进给运动的瞬时速度，mm/min。

通常应根据具体加工条件选择 f_z，然后计算出 f，按 v_f调整机床，三者关系为：

$$v_f = fn = f_z Zn$$

式中 n——铣刀旋转速度，r/min；

Z——铣刀齿数。

3.1.3.4 铣削速度 v_c

指铣刀切削刃基点相对工件的主运动的瞬时速度，可按下式计算：

$$v_c = \frac{\pi dn}{1000}$$

式中 v_c——铣削速度，m/min 或 m/s；

d——铣刀直径，mm；

n——铣刀旋转速度，r/min。

3.1.3.5 铣削用量的选择

在保证加工质量和工艺系统刚性的前提下，首先应选用较大的铣削层宽度和铣削层深度，再选用较大的每齿进给量，最后确定铣削速度，具体方法如下：

（1）铣削层深度 α_p 和铣削层宽度 α_e 的选择。铣削层深度 α_p 可根据工件的加工余量和加工表面的精度来确定。当加工余量不大时，应尽量一次进给铣去全部加工余量。只有当工件的加工精度要求较高或加工表面粗糙度小于 Ra 6.3μm 时，才分粗、精铣两次进给。

（2）每齿进给量 α_f 的选择。粗铣时，进给量主要根据铣床进给机构的强度、刀轴尺寸、刀齿强度以及机床、夹具等工艺系统的刚性来确定。在强度、刚度许可的条件下，进给量应尽量取得大些。

精铣时，限制进给量提高的主要因素是表面粗糙度。为减少工艺系统的弹性变形，减小已加工表面的残留面积高度，一般采取较小的进给量。

（3）在 α_p、α_e、α_f 确定后，可在保证合理的刀具耐用度的前提下确定铣削速度 v_c。

粗铣时，确定铣削速度必须考虑到铣床功率的限制。精铣时，一方面应考虑提高工件的表面质量，另一方面要从提高铣刀耐用度的角度来考虑选择。

3.1.4　铣工操作安全规程与文明生产

3.1.4.1　防护用品的穿戴

（1）上班前穿好工作服、工作鞋，女工戴好工作帽。
（2）不准穿背心、拖鞋、凉鞋和裙子进入车间。严禁戴手套操作。
（3）高速铣削或刃磨刀具时应戴防护镜。

3.1.4.2　操作前的检查

（1）检查机床各手柄是否放在规定的位置上。
（2）检查各进给方向自动停止挡铁是否紧固在最大行程以内。
（3）启动机床检查主轴和进给系统工作是否正常、油路是否畅通。
（4）检查刀具、工件是否装夹牢固。

3.1.4.3　操作过程注意事项

（1）装卸工件、更换铣刀必须停机，防止工件、铣刀跌落损坏和碰伤工作台面。
（2）不得在机床运转时变换主轴转速和进给量。
（3）在铣削加工进给中不准触摸工件加工表面，机动进给完毕，应先停止进给，再停止铣刀旋转。
（4）主轴未停止不准测量工件。
（5）要用专用工具清除切屑，不准用嘴吹或用手抓。
（6）工作台面和各导轨面上不能直接摆放工具或量具。

【任务小结】

（1）铣床是用铣刀对工件进行铣削加工的机床。铣床除能铣削平面、沟槽、轮齿、螺纹和花键轴外，还能加工比较复杂的型面，效率较高，在机械制造和修理部门得到广泛应用。

（2）铣床工作时的主运动是主轴部件带动铣刀的旋转运动，进给运动是由工作台在3个互相垂直方向的直线运动来实现的。

（3）铣刀是铣削加工中所使用的刀具总称，是金属切削刀具中种类最多的刀具之一，根据加工对象不同，铣刀有许多不同的类型。

（4）铣削用量包括背吃刀量、侧吃刀量、进给量、铣削速度等。

【思考与训练】

（1）简述铣削加工的切削运动、加工范围、加工精度及加工特点。
（2）铣刀有哪些类型？
（3）试罗列出能分别用于加工平面、沟槽、成形面的铣刀名称。
（4）铣削用量有哪些？进给参数三者之间有何关系？

学习任务 3.2　铣床及日常维护保养

【学习任务】

（1）铣床结构、各部分作用及调整方式。

（2）铣床日常维护保养方法。

【任务描述】

近距离观察铣床，理解铣床分类方式。理解铣床各部分作用、传动原理及加工方式。

【相关知识】

3.2.1　铣床的种类

铣床的类型很多，主要以布局形式和适用范围加以区分。铣床的主要类型有卧式升降台铣床、立式升降台铣床、龙门铣床、万能工具铣床、圆台铣床、仿形铣床和各种专门化铣床。

3.2.1.1　卧式铣床

卧式铣床，如图 3-12 所示的主轴是水平安装的。卧式升降台铣床、万能升降台铣床

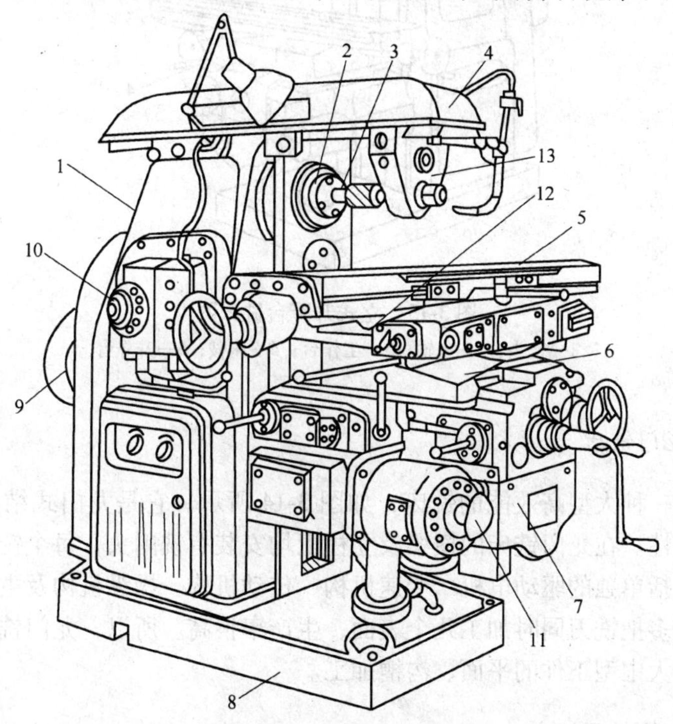

图 3-12　X6132 型卧式铣床

1—床身；2—主轴；3—铣刀芯轴；4—横梁；5—纵向工作台；6—床鞍；7—升降台；8—底座；9—主电动机；10—变速操纵部分；11—蘑菇形手柄；12—回转盘；13—支架

和万能回转头铣床都属于卧式铣床。卧式升降台铣床主要用于铣平面、沟槽和多齿零件等。万能升降台铣床由于比卧式升降台铣床多一个在水平面内可调整±45°范围内角度的转盘，它除完成与卧式升降台铣床同样的工作外，还可以让工作台斜向进给加工螺旋槽。万能回转头铣床除具备一个水平主轴外，还有一个可在一定空间内进行任意调整的主轴，其工作台和升降台分别可在三个方向运动，而且还可以在两个互相垂直的平面内回转，故有更广泛的工艺范围，但机床结构复杂，刚性较差。

3.2.1.2　立式铣床

立式铣床的主轴是垂直安装的。立铣头取代了卧铣的主轴悬梁、刀杆及其支撑部分，且可在垂直面内调整角度。立式铣床适用于单件及成批生产中的平面、沟槽、台阶等表面的加工；还可加工斜面；若与分度头、圆形工作台等配合，还可加工齿轮、凸轮及铰刀、钻头等的螺旋面，在模具加工中，立式铣床最适合加工模具型腔和凸模成形表面。

立式升降台铣床的外形如图3-13所示。

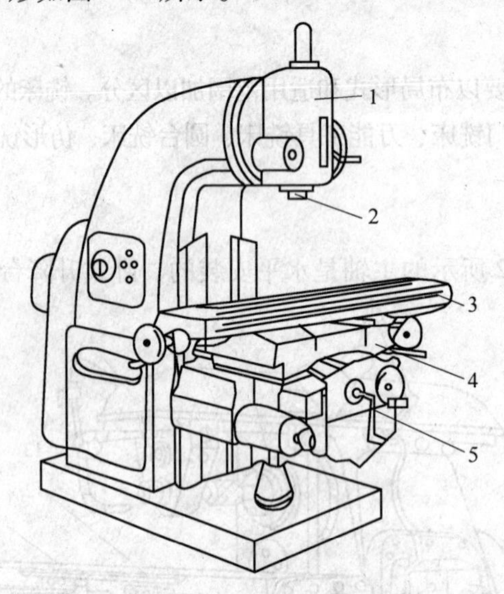

图3-13　立式升降台铣床图

1—铣头；2—主轴；3—工作台；4—床鞍；5—升降台

3.2.1.3　龙门铣床

龙门铣床是一种大型高效能的铣床，如图3-14所示。它是龙门式结构布局，具有较高的刚度及抗振性。在龙门铣床的横梁及立柱上均安装有铣削头，每个铣削头都是一个独立部件，其中包括单独的驱动电机、变速机构、传动机构、操纵机构及主轴部件等。在龙门铣床上可利用多把铣刀同时加工几个表面，生产率很高。所以，龙门铣床广泛应用于成批、大量生产中大中型工件的平面、沟槽加工。

3.2.1.4　万能工具铣床

万能工具铣床，如图3-15所示，常配备有可倾斜工作台、回转工作台、平口钳、分

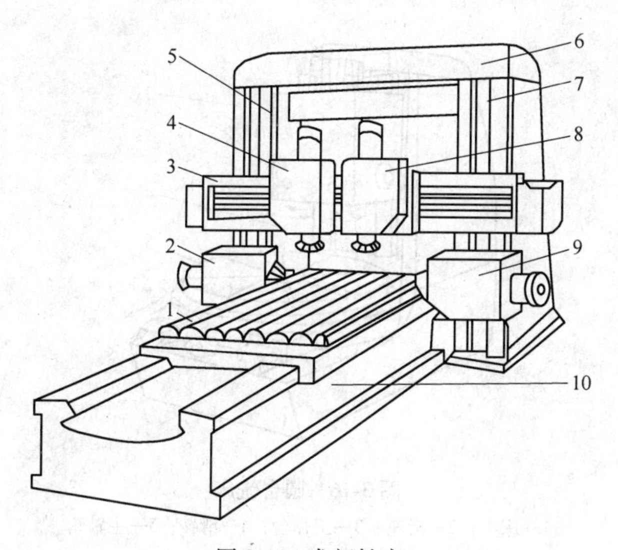

图 3-14　龙门铣床

1—工作台；2，9—水平铣头；3—横梁；4，8—垂直铣头；
5，7—立柱；6—顶梁；10—床身

度头、立铣头、插销头等附件，所以，万能工具铣床除能完成卧式与立式铣床的加工内容外，还有更多的万能性，故适用于工具、刀具及各种模具加工，也可用于仪器、仪表等行业加工形状复杂的零件。

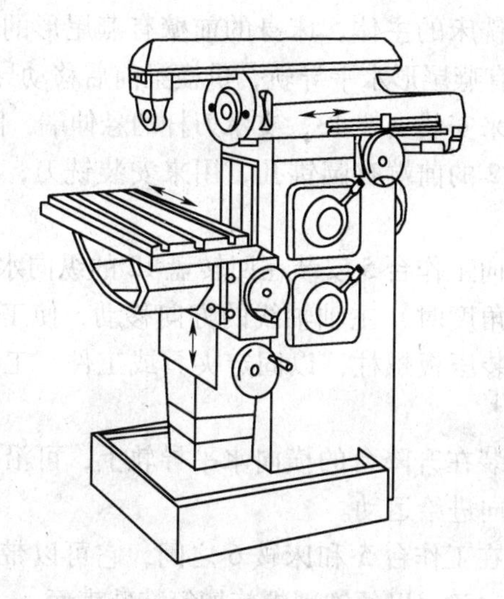

图 3-15　万能工具铣床

3.2.1.5　圆台铣床

圆台铣床的圆工作台可装夹多个工件作连续的旋转，使工件的切削时间与装卸等辅助时间重合，获得较高的生产率。圆台铣床又可分为单轴和双轴两种形式，如图 3-16 所示为双轴圆台铣床。它的两个主轴可分别安装粗铣和半精铣的端铣刀，同时进行粗铣和半精铣，使生产率更高。圆台铣床适用于加工成批大量生产中、小零件的平面。

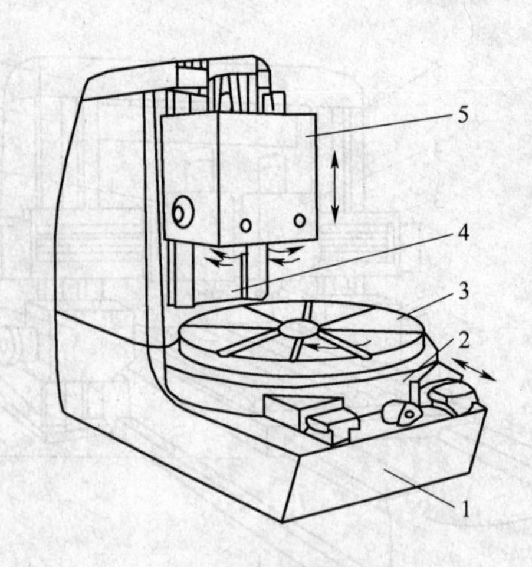

图 3-16　圆台铣床

1—床身；2—滑座；3—工作台；4—滑鞍；5—主轴箱

3. 2. 2　X6132 铣床各部分名称和用途

3. 2. 2. 1　X6132 外形结构

铣床的种类很多，现以 X6132 型卧式铣床为例，见图 3-12。介绍铣床各部分的名称和作用。

(1) 床身。床身 1 是铣床的主体，床身的前壁有燕尾形的垂直导轨，供升降台上下移动导向用；床身的上部有燕尾形水平导轨，供横梁前后移动导向用。

(2) 横梁。横梁 4 用来安装支架 13，支承刀杆的悬伸端，防止刀杆径向跳动。

(3) 主轴。空心主轴 2 的前端有圆锥孔，用来安装铣刀，并带着它们一起旋转，以便切削工件。

(4) 纵向工作台。纵向工作台 5 安装在回转盘 12 的纵向水平导轨上，可沿垂直于或交叉于（当工作台被扳转角度时）主轴轴线的方向移动，使工作台纵向进给运动。工作台上面有 T 形槽，用来安装压板螺柱，以固定夹具或工件。工作台前侧面有一条小 T 形槽，用来安装行程挡块。

(5) 床鞍。床鞍 6 安装在升降台的横向水平导轨上，可沿平行于主轴轴线方向（横向）移动，使工作台作横向进给运动。

(6) 回转盘。回转盘在工作台 5 和床鞍 6 之间，它可以带动工作台绕床鞍的圆形导轨中心，在水平面内转动±45°，以便铣削螺旋槽等特殊表面。

(7) 升降台。升降台 7 安装在床身前侧面垂直导轨上，可做上下移动，是工作台的支座。它的内部有进给电动机和进给变速机构，以使升降台、工作台、床鞍作进给运动和快速移动。升降台前面左下角有一蘑菇形手柄 11，用以变换进给速度。变速允许在机床运行中进行。

(8) 主轴变速机构。主轴变速机构安装在床身的侧面，扳动变速操纵手柄，通过拨叉拨动主传动机构的滑动齿轮，从而使主轴得到 18 种转速。铣床主轴的每分钟转速为 30 转、37. 5 转、47. 5 转、60 转、75 转、95 转、118 转、150 转、190 转、235 转、300 转、

375 转、475 转、600 转、750 转、950 转、1180 转、1500 转，均刻在变速手柄处的蘑菇状转速盘上。

（9）进给变速机构。进给变速用来变换工作台的进给速度，安装在升降台的左下边，由升降台内的进给电动机带动。它通过传动轴和一系列齿轮传动，可使工作台得到纵向和横向的 18 种每分钟进给量：23.5mm、30mm、37.5mm、47.5mm、60mm、75mm、95mm、118mm、150mm、190mm、235mm、300mm、375mm、475mm、600mm、750mm、950mm、1180mm。

（10）底座。底座 8 用来支持床身及盛放切削液。

3.2.2.2　X6132 万能升降台铣床技术参数

X6132 万能升降台铣床技术参数见表 3-1。

表 3-1　X6132 万能升降台铣床技术参数

名　称		技术参数
工作台尺寸（宽×长）/mm×mm		320×1250
主　轴	转速级数	18
	转速范围/$r \cdot min^{-1}$	30~1500
	锥孔锥度	7∶24
工作台最大行程/mm	纵　向	800
	横　向	300
	垂　直	400
进给量（21 级）/$mm \cdot min^{-1}$	纵　向	10~1000
	横　向	10~1000
	垂　直	3.3~333
快速进给量/$mm \cdot min^{-1}$	纵向与横向	2300
	垂　直	766.6
电动机功率	主电动机	7.5kW，1450r/min

3.2.3　铣床维护保养

3.2.3.1　铣床日常维护保养

A　润滑

润滑油是机床的“血液”。没有了润滑油的冷却、润滑，机床内部的零件就无法正常工作，机床的精度和使用寿命都会受到很大的影响，所以为铣床润滑是每天必做的一项重要工作，具体工作如下：

（1）班前、班后采用手拉油泵对工作台纵向丝杠和螺母、导轨面、横向溜板导轨等注油润滑，如图 3-17 所示。

（2）机床启动后，应检查油窗是否上油。

（3）工作结束后，擦净机床，然后对工作台纵向丝杠两端轴承、垂直导轨面、挂架

向油泵加注润滑油　　手拉油泵泵油润滑

图 3-17 手拉油泵润滑

轴承等采用油枪注油润滑，如图 3-18 所示。

图 3-18 采用油枪润滑

（4）X6132 型铣床润滑要求，如图 3-19 所示。

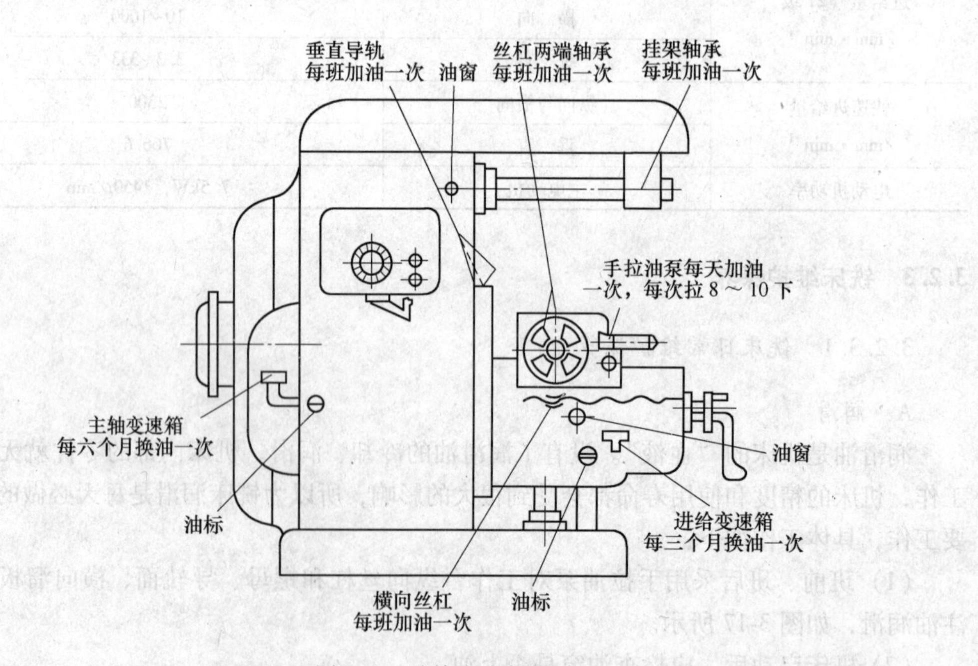

图 3-19 油枪注油润滑

B　机床滑动面的保养

机床启动前，要将机床各部位擦拭干净，并将导轨面、台面、丝杠等滑动面涂上润滑油；操作时不要将毛坯、工具及杂物放在导轨面或台面上；工作结束后，必须清除铁屑和油污，对各滑动部位擦净上油，以防生锈。

C　及时排除故障

操作时若发现机床有异常现象和不规则声响，应立即停止使用，并请机修工人及时排除故障。

D　严格执行岗位责任制

操作时要集中精力，在机床运转时绝对不能离开工作岗位，换班时应做好交接班工作。

E　工作前进行检查

工作前应先检查机床各手柄和旋钮是否处在合理位置，并检查机床各部机构和运动部件是否完好。

3.2.3.2　铣床的一级保养

铣床运转 500h 后，需要进行一级保养。对机床清洁、润滑和必要的调整，以保证铣床的加工精度和延长使用寿命。一级保养应以操作工人为主，并与维修工人配合进行。进行一级保养时，首先应切断电源，然后按规定进行保养工作。

A　一级保养的内容

(1) 铣床外部。铣床外表及各罩内外要擦拭干净，不能有锈蚀和油污；对机床附件进行清洁，并涂上润滑油；清洗丝杠及其他滑动部位，并涂上润滑油。

(2) 机床传动部分。修光导轨面上的毛刺，清洗镶条并调整松紧；调整丝杆与螺母之间的间隙和丝杠两端轴承的松紧；用三角带传动的，也要擦净并调整松紧。

(3) 铣床冷却系统。清洗过滤网和切削液槽，调换不合要求的切削液。

(4) 铣床润滑系统。检查手动油泵的工作情况、油质是否良好，泵周围要清洁无油污；油窗要明亮，油路要畅通无阻，油毡要清洗干净。

(5) 铣床电器部分。清扫电器箱，擦净电动机；检查电器装置是否牢固整齐，限位装置等是否安全可靠。

B　一级保养的操作步骤

(1) 擦净床身上的各部件，包括横梁、挂架、挂架轴承、横梁燕尾槽（若有镶条，需把镶条擦净并上油和调整松紧）、主轴孔、主轴前端和尾部、垂直导轨上部。这些部件如有毛刺需修光。

(2) 拆卸铣床工作台。铣床的一级保养中，主要工作是拆卸工作台，拆卸的方法和步骤：先快速向右进给到极限位置，拆卸左撞块；然后拆卸左面手柄、刻度环、离合器、螺母及推力球轴承。

(3) 清洗拆下的各部零件并修去毛刺。

(4) 检查和清洗工作台底座内的各部零件，检查手动油泵及油管是否正常。

(5) 安装工作台，工作步骤与拆卸时基本相反。

(6) 调整镶条松紧及推力球轴承的间隙。

(7) 调整丝杠与螺母之间间隙（单螺母不能调节），一般控制在 0.05~0.25 mm。

(8) 拆卸横向工作台的油毛毡、夹板和镶条并清洗干净。

(9) 前后摇动横向工作台，擦净横向丝杠和横向导轨，修光毛刺，再装上镶条和油毛毡等。

(10) 上下移动升降台，清洗垂直进给丝杠导轨和镶条等，并调整合适同时检查润滑油质量。

(11) 拆洗电动机罩及擦净电动机，清扫电器箱并进行检查。

(12) 将整台铣床外表擦净，检查润滑系统清洗冷却系统。

一级保养除对机床进行清洗外，对机床附件及机床周围均应擦洗清洁并定期进行。

【任务小结】

(1) 铣床的类型很多，主要以布局形式和适用范围加以区分。主要有卧式铣床、立式铣床、龙门铣床等。

(2) X6132 卧式升降台铣床应用较广，它由床身、横梁、主轴、纵向工作台、床鞍、回转盘、升降台、主轴变速机构、进给变速机构、底座等部分构成。

【思考与训练】

(1) 铣床主要有哪些类型？除书中介绍的以外，你还知道其他类型吗？

(2) 查阅资料，写出 X6132 卧式铣床所能提供的主轴转速及进给量级数。

(3) 如何进行铣床的日常保养？

学习任务 3.3　铣削四方体

【学习任务】

操作铣床，加工出如图 3-20 所示技术要求的四方体零件。

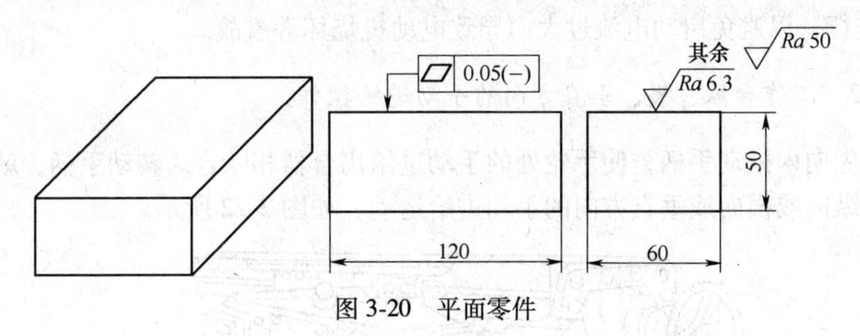

图 3-20　平面零件

【任务描述】

在掌握主轴变速方法，手动操纵纵、横、垂三方向工作台方法及铣刀装拆方法的基础上，加工出符合技术要求的平面零件。

【相关知识】

3.3.1　X6132 铣床的操纵

3.3.1.1　主轴变速（如图 3-21 所示）

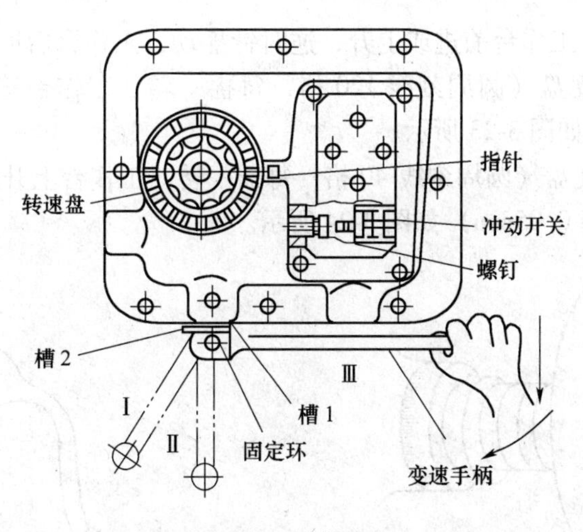

图 3-21　主轴变速

（1）将变速手柄向下压，使定位块脱出固定环的槽 1，然后，将手柄左推，使定位块进入固定环的槽 2 内，这时，手柄处于脱开的位置Ⅰ。

（2）转动转速盘，将所选择的转数对准指针。

（3）下压变速手柄，手柄从Ⅰ到Ⅱ处快速扳动，然后在Ⅱ处停顿一下，再将变速手柄慢慢推回Ⅲ处，这时，楔块嵌入槽1内，变速手柄回到原来位置。

注意事项：

在变速过程中，如果发现主轴箱内齿轮撞击声音过高，应停止扳动手柄并迅速将铣床电源断开，以防止打坏齿轮。操作时，连续变速不应超过三次，若必须再变速，应间隔5min后再进行，以避免启动电流过大而导致电动机烧坏等事故。

3.3.1.2 工作台纵、横、垂直方向的手动进给操作

操作时先向内推动手柄，使手轮处的手动进给离合器相啮合。转动手柄，就能带动工作台作相应纵向或横向或垂直方向的手动进给运动，如图3-22所示。

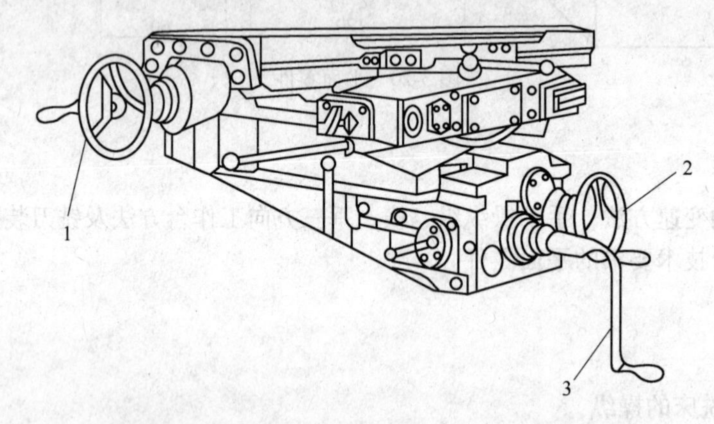

图3-22 工作台纵、横、垂直方向的手动进给操作

1—工作台纵向手动进给手柄；2—工作台横向手动进给手柄；3—工作台垂直方向手动进给手柄

顺时针转动手柄，工作台前进或上升，逆时针摇动，工作台后退或下降。

（1）纵、横向刻度盘（圆周刻线120格，每摇一转，工作台移动6mm，每摇一格，工作台移动0.05mm）如图3-23所示。

（2）垂直方向刻度盘（圆周刻线40格，每摇一转，工作台上升或下降2mm，每摇一格，工作台上升或下降0.05mm）如图3-24所示。

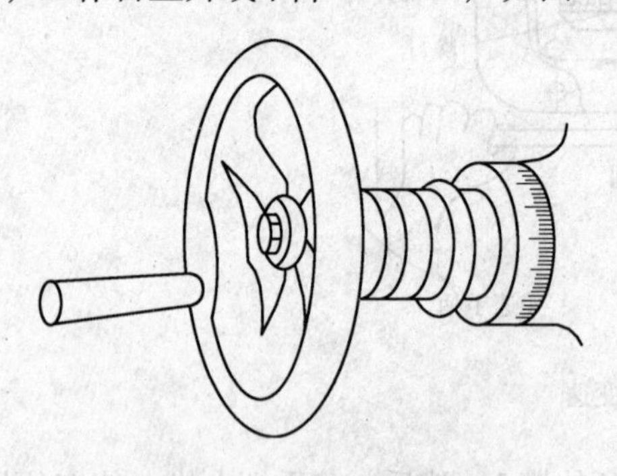

图3-23 纵、横向刻度盘

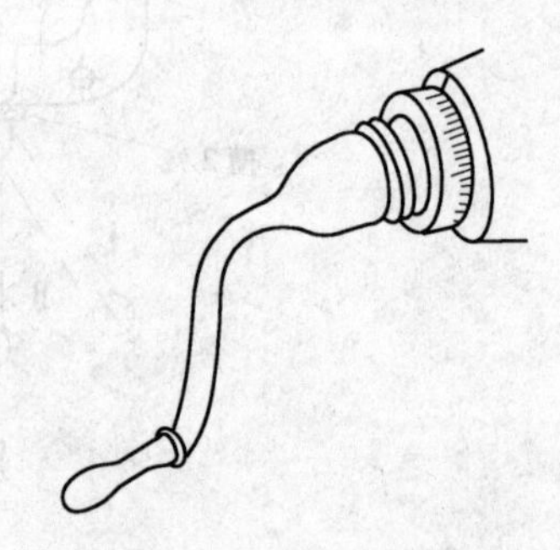

图3-24 垂直方向刻度盘

3.3.1.3　进给变速操作（如图 3-25 所示）

先将变速手柄 1 向外拉，再转动手柄，带动转速盘 2 旋转，转速盘上有 23.5～1180mm/min 共 18 种进给速度，当所需要的转速盘对准指示箭头 3 后，再将变速手柄推回到原位。

3.3.1.4　工作台纵向机动进给的操作（如图 3-26 所示）

纵向机动进给手柄有“向右进给”、“向左进给”和“停止”三个位置。手柄的指向就是工作台的进给方向。

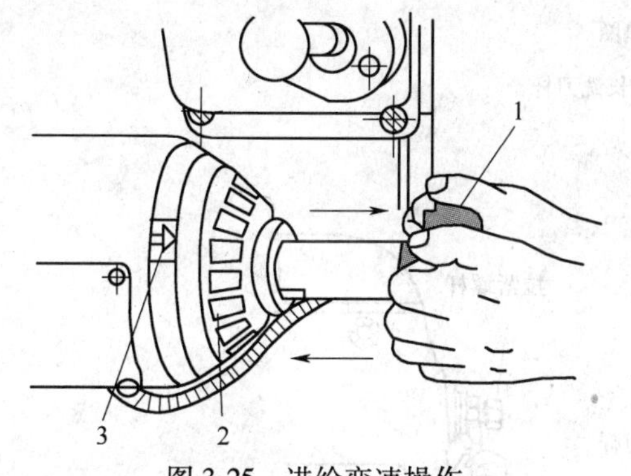

图 3-25　进给变速操作

1—变速手柄；2—转速盘；3—指示箭头

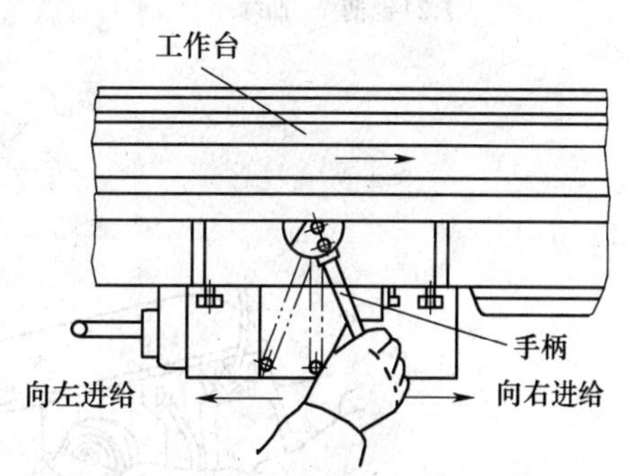

图 3-26　工作台纵向机动进给的操作

3.3.1.5　工作台横向及垂直方向的机动进给操作

该操纵手柄有五个位置，即“向里进给”、“向外进给”、“向上进给”、“向下进给”和“停止”。扳动手柄，手柄的指向就是工作台的机动送给方向，如图 3-27 所示。

注意事项：

操作时一次只能操纵一个手柄，实现一个方向的机动进给运动。为了保证机床设备的安全，X6132 型铣床的纵向与横向、垂直方向机动进给之间由电气系统保证互锁，而横向与垂直方向机动进给之间的互锁是由单手柄操纵的机械动作来控制和保证的。

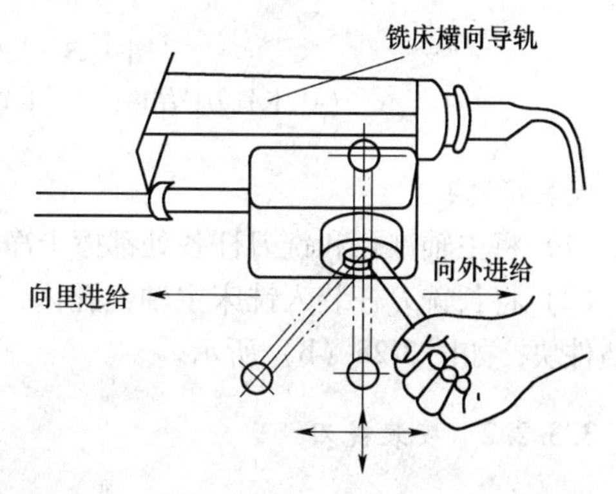

图 3-27　工作台横向及垂直方向进给的操作

在手动操作过程中，当转过了所需要的刻度时，应向回多摇几格，然后再转到所需的刻度。

3.3.2　卧式铣床上安装和拆卸铣刀

3.3.2.1　安装 7∶24 锥柄长铣刀杆

安装圆柱铣刀和圆盘形铣刀时，在卧式或万能铣床上使用 7∶24 锥柄长铣刀杆，如图

3-28（a）所示，长铣刀杆直径有 22mm、27mm、32mm、40mm 和 50mm 五种尺寸。

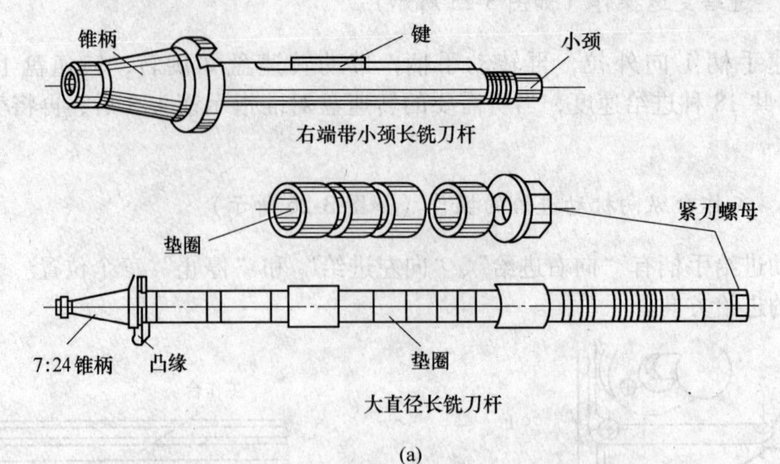

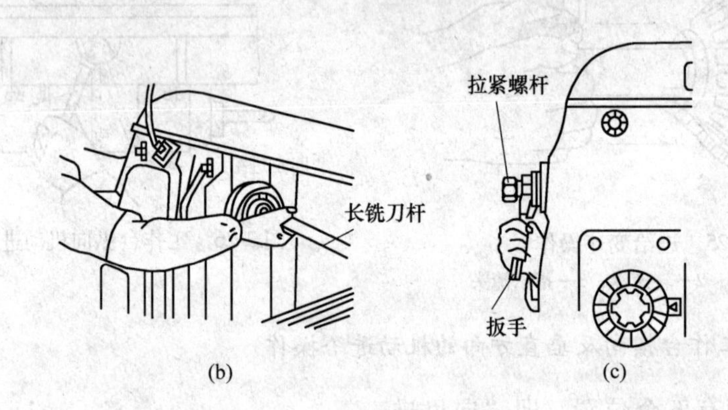

图 3-28　长铣刀杆及安装

（a）长铣刀杆结构；（b）长铣刀杆安装；（c）长铣刀杆紧固

安装步骤：

（1）将主轴锥孔和铣刀杆各处都擦干净，防止有脏物影响安装准确性。

（2）将长铣刀杆装入铣床主轴锥孔内，并使铣刀刀杆上凸缘的缺口对准铣床主轴端的凸件块，如图 3-28（b）所示。

3. 3. 2. 2　安装铣刀

（1）将垫圈和铣刀装到铣刀杆上，认真调节和确定铣刀在铣刀杆上的位置，如图 3-29（a）所示。

（2）将支架安装在悬梁燕尾槽导轨上，使长铣刀杆右端小颈插入支架孔内，长度要适宜，如图 3-29（b）所示。

（3）确定好支架位置，拧紧支架另一侧的螺母，将支架固定，如图 3-29（c）所示。

（4）用扳手调整好长铣刀杆右端小颈插入支架孔内后的配合间隙，调整好后，需注入适量的油，以保证两者间的润滑，如图 3-29（d）所示。

（5）将铣床主轴转速调整到最低转速位置，然后将紧刀螺母拧紧，固定铣刀，如图

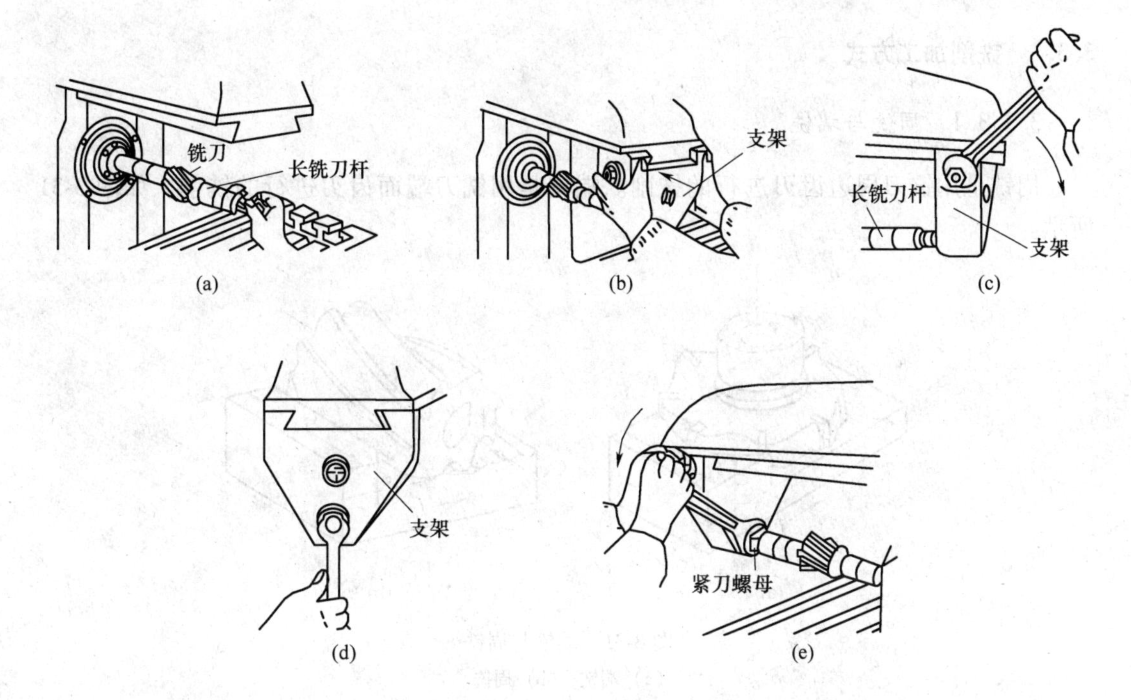

图 3-29　铣刀安装步骤

(a) 调整位置；(b) 安装支架；(c) 固定支架；(d) 调整间隙；(e) 固定铣刀

3-29（e）所示。

（6）将拉紧螺杆插入长铣刀杆后端的螺孔内，并旋进 6~7 扣，用扳手拧紧拉紧螺杆的背紧螺母，如图 3-29（e）所示。

3.3.2.3　拆卸铣刀和长铣刀杆

（1）铣床主轴转速调整到最低转速，将铣刀杆上的紧刀螺母拧松，即可松开铣刀，如图 3-30（a）所示。

（2）调大支架轴承间隙，松开并取下支架。接着拧下紧刀螺母，取下垫圈和铣刀，如图 3-30（b）所示。

（3）松开主轴后端拉近螺杆上的背紧螺母，并将其旋松一圈，如图 3-30（c）所示。

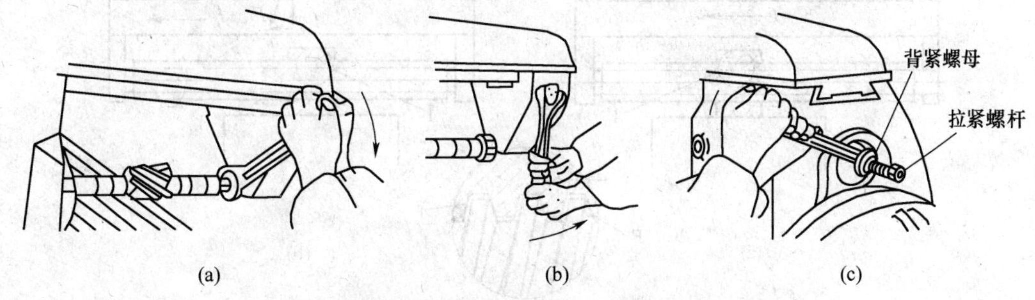

图 3-30　铣刀和长铣刀杆拆卸步骤

(a) 松开紧刀螺母；(b) 取下铣刀；(c) 松开拉紧螺母

3.3.3 铣削加工方式

3.3.3.1 周铣与端铣

周铣是用铣刀周边齿刃进行的铣削。端铣是用铣刀端面齿刃进行的铣削。如图 3-31 所示。

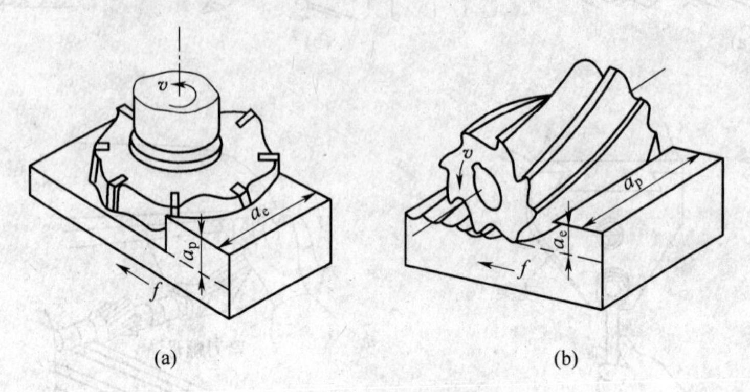

图 3-31 端铣与周铣
(a) 端铣；(b) 周铣

一般情况下，端铣时的生产效率和铣削质量都比周铣高。所以铣平面时，应尽可能采用端铣。但由于卧式铣床万能性好，便于实现组合铣削，目前工厂中使用较普遍，所以周铣应用也较广。此外，在铣削韧性很大的不锈钢等材料时，也可考虑采用大螺旋角铣刀进行周铣。

3.3.3.2 顺铣和逆铣

逆铣是在铣刀与工件已加工面的切点处，铣刀旋转切削刃的运动方向与工件进给方向相反的铣削，如图 3-32（a）所示。顺铣是在铣刀与工件已加工面的切点处，铣刀旋转切削刃的运动方向与工件进给方向相同的铣削，如图 3-32（b）所示。

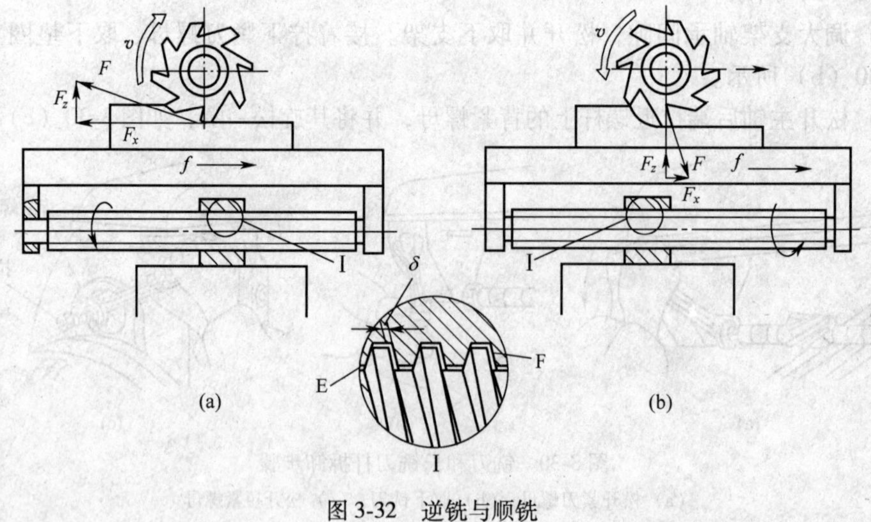

图 3-32 逆铣与顺铣
(a) 逆铣；(b) 顺铣

顺铣和逆铣比较如下：

（1）逆铣时，作用在工件上的力在进给方向上的分力 F_x 是与进给方向 f 相反，故不会把工作台向进给方向拉动一个距离，因此丝杠轴向间隙的大小对逆铣无明显的影响。而顺铣时，由于作用在工件上的力在进给方向的分力 F_x 是与进给方向 f 相同，所以有可能会把工作台拉动一个距离，从而造成每齿进给量的突然增加，严重时会损坏铣刀，造成工件报废或更严重的事故。因此在周铣中通常都采用逆铣。

（2）逆铣时，作用在工件上的垂直铣削力，在铣削开始时是向上的，有把工件从夹具中拉起来的趋势，所以对加工薄而长或不易夹紧的工件极为不利。另外，在铣削的中途，刀齿切到工件时要滑动一小段距离才切入，此时的垂直铣削力是向下的，而在将切离工件的一段时间内，垂直铣削力是向上的，因而工件和铣刀会产生周期性的振动，影响加工面的表面粗糙度。顺铣时，作用在工件上的垂直铣削力始终是向下的，有压住工件的作用，对铣削工件有利，而且垂直铣削力的变化较小，故产生的振动也小，能使加工表面的粗糙度值较小。

（3）逆铣时，由于刀刃在加工表面上要滑动一小段距离，刀刃容易磨损；顺铣时，刀刃一开始就切入工件，故刀刃比逆铣时磨损小，铣刀使用寿命长。

（4）逆铣时，消耗在工件进给运动上的动力较大，而顺铣时则较小。此外，顺铣时切削厚度比逆铣时大，切屑短而厚而且变形小，所以可节省铣床的功率。

（5）逆铣时，加工表面上有前一刀齿加工时造成的硬化层，因而不易切削；顺铣时，加工表面上没有硬化层，所以容易切削。

（6）对表面有硬皮的毛坯件，顺铣时刀齿一开始就切到硬皮，切削刃容易损坏，而逆铣则无此问题。

综上所述，尽管顺铣比逆铣有较多的优点，但由于逆铣时不会拉动工作台，所以一般情况下都采用逆铣进行粗加工。但当工件不易夹紧或工件薄而长时，宜采用顺铣。此外，当铣削余量较小，铣削力在进给方向的分力小于工件台和导轨面之间的摩擦力时，也可采用顺铣以获得较高精度和较小表面粗糙度值。

3.3.4　铣平面

铣平面可以用圆柱铣刀、端铣刀或三面刃盘铣刀在卧式铣床或立式铣床上进行铣削，如图 3-33 所示为在卧式铣床上安装圆柱铣刀铣削平面。也可以在卧式铣床上安装端铣刀，用端铣刀铣削，如图 3-34（a）所示；还可以在立式铣床上安装端铣刀，用立铣铣削，如图 3-34（b）所示。在此主要介绍用圆柱铣刀铣平面的方法。

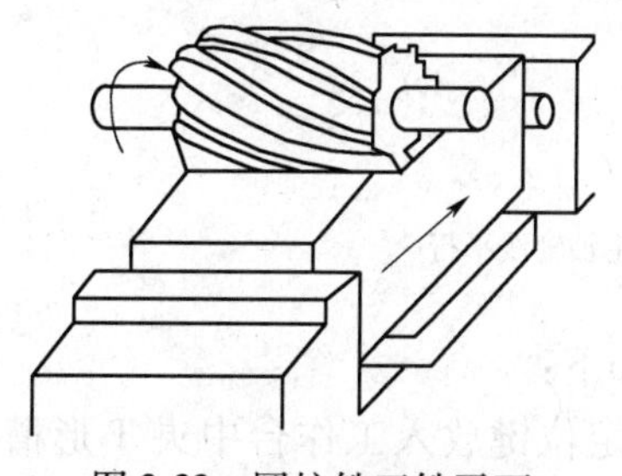

图 3-33　圆柱铣刀铣平面

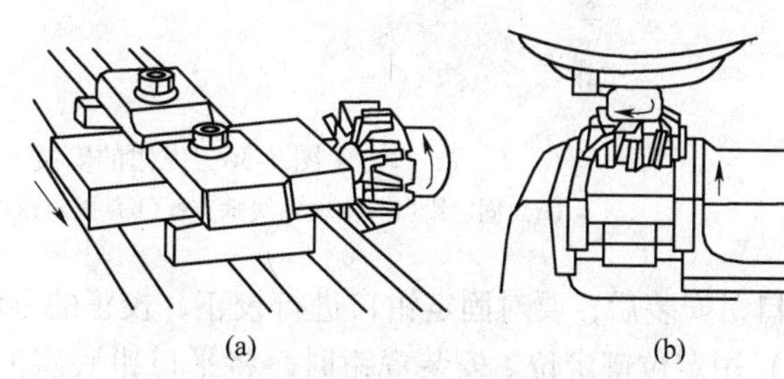

图 3-34　端铣刀铣平面

（a）端铣刀铣削；（b）立铣铣削

圆柱铣刀一般用于卧式铣床铣平面。铣平面用的圆柱铣刀，一般为螺旋齿圆柱铣刀。铣刀的宽度必须大于所铣平面的宽度。螺旋线的方向应使铣削时所产生的轴向力将铣刀推向主轴轴承方向。

圆柱铣刀有直齿和螺旋齿两种，螺旋齿圆柱铣刀在切削时，刀齿是逐渐切入工件的，所以切削时比较平稳。

3.3.4.1　铣刀的选择

用圆柱铣刀铣削平面时，铣刀的宽度应大于加工表面的宽度，这样可以在一次进给铣削中铣出整个加工表面，如图3-35所示。

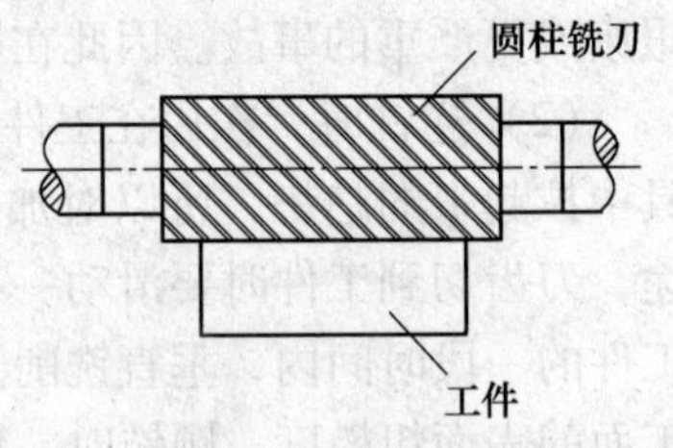

图3-35　圆柱铣刀选择

3.3.4.2　铣刀的安装

圆柱铣刀通过长刀杆安装在卧式铣床的主轴上，刀杆上的锥柄与主轴上的锥孔相配，并用一拉杆拉紧，刀杆上的键槽与主轴上的方键相配，用来传递动力。安装铣刀时，先在刀杆上装几个垫圈，然后装上铣刀。应使铣刀切削刃的切削方向与主轴旋转方向一致，同时铣刀还应尽量装在靠近床身的地方。再在铣刀的另一侧套上垫圈，然后用手轻轻旋上压紧螺母。再安装吊装，使刀杆前端进入吊架轴承内，拧紧吊架的紧固螺钉，然后拧紧刀杆螺母，将铣刀夹紧在刀杆上。

3.3.4.3　安装夹具——虎钳

在铣床上加工较小的平面时，一般用机用虎钳装夹。

安装虎钳时，虎钳钳口面平行于铣床主轴轴心，如图3-36（a）所示，即与铣床工作台横向移动方向相一致；也可使钳口面垂直于铣床主轴轴心线，如图3-36（b）所示，即与工作台纵向移动方向相一致。松开钳座上的螺母，可将上钳座转到任意角度的位置。

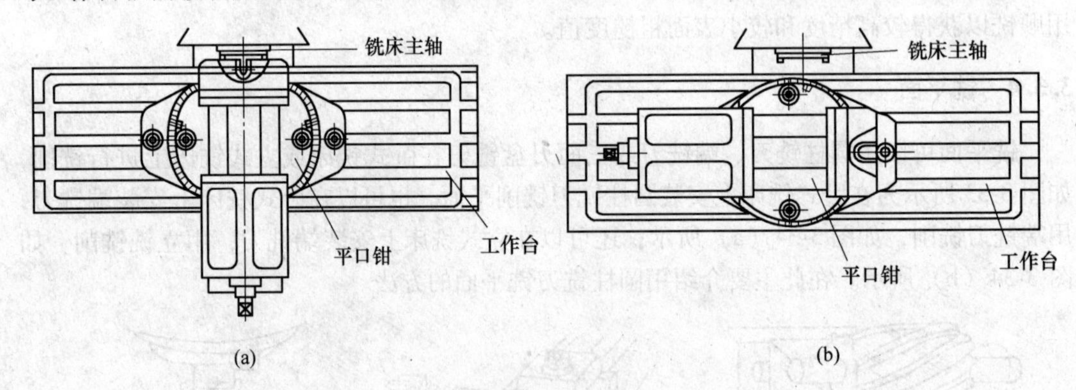

图3-36　虎钳的安装

（a）固定钳口与主轴轴线垂直；（b）固定钳口与主轴轴线平行

平口钳安装后，要对固定钳口进行校正，校正的方法如下：

（1）用定位键定位。安装虎钳时，将平口钳底座上的定位键放入工作台中央T形槽内，双手推动钳体，使两块定位键的同一侧面靠在工作台中央T形口的一侧面上，然后固定钳座，再用钳体上的刻线与底座上的刻线相配合，转动锥体，使固定钳口平面与铣床主轴轴心线平行或垂直。

（2）用划针校正固定钳口与铣床主轴轴心线垂直。加工较长工件时，固定钳口可与铣床主轴轴心线垂直安装。一般情况下可用划针校正，如图 3-37 所示。

（3）用角尺校正固定钳口与铣床主轴轴心线平行。加工工件长度较短，铣刀可在一次进给中铣出整个平面，或加工的部位要求与基准面垂直时，平口钳的固定钳口应与主轴轴心线平行安装。这时可用角尺对固定钳口进行校正，如图 3-38 所示。

（4）用百分表校正固定钳口与铣床主轴轴心线垂直或平行。加工较精密工件时，可用百分表对固定钳口进行校正。

用百分表校正固定钳口与铣床主轴轴心线垂直时，将磁性表座吸在横梁导轨面上，安装百分表，使表的测量杆与固定钳口铁平面垂直，表的测量触头触到钳口铁平面上，并使测量杆压缩 0.3~0.4mm，移动纵向工作台，观察表的读数，在钳口全长范围内一致，固定钳口就与铣床主轴轴中心线垂直，如图 3-39 所示。

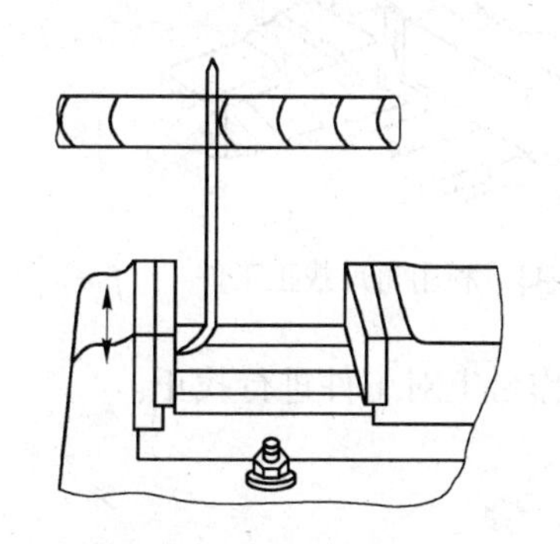

图 3-37　用划针校正固定钳口

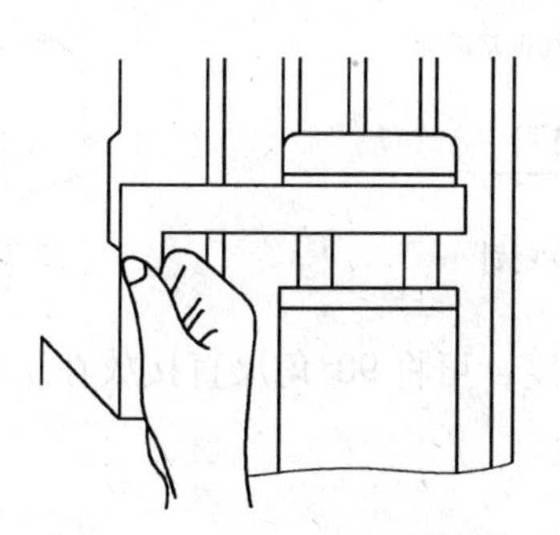

图 3-38　用角尺校正固定钳口

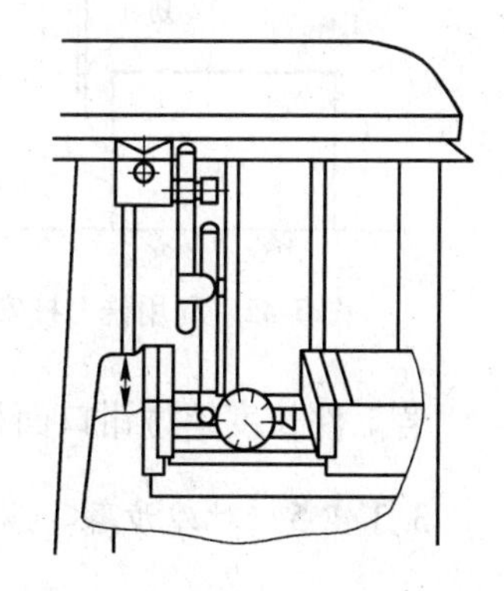

图 3-39　垂直方向校正固定钳口

用百分表校正固定钳口与铣床主轴轴心线平行时，可将磁性表座吸在床身的垂直导轨上，移动横向进给进行校正，如图 3-40 所示。

3.3.4.4　找正工件

工件装进台虎钳内，为了保证加工后的几何形状和装夹中的相互位置正确，还需要对工件进行找正，具体如下：

（1）使用划针进行找正。工件的毛坯垫上铜皮安装在虎钳内，使上平面和水平面平行。这时，将划针盘放在工作台上，工件夹紧，然后，移动划针盘，使划针尖与平面间的缝隙在各处都一样，上平面就与水平面平行了，如图 3-41 所示。

划针也可以夹紧在长铣刀杆上，如图 3-42 所示。使针尖与工件找正基准面间稍微留一个缝隙，需要找正基准面与某进给方向平行时，就移动那个方向的工作台。

（2）利用 90°角尺进行找正。角尺放在台虎钳导轨面上，并与工件侧面接触。若上下缝隙不一致时，轻轻敲击工件，直至角尺和工件接触后，上下缝隙一致为止，如图 3-43 所示。

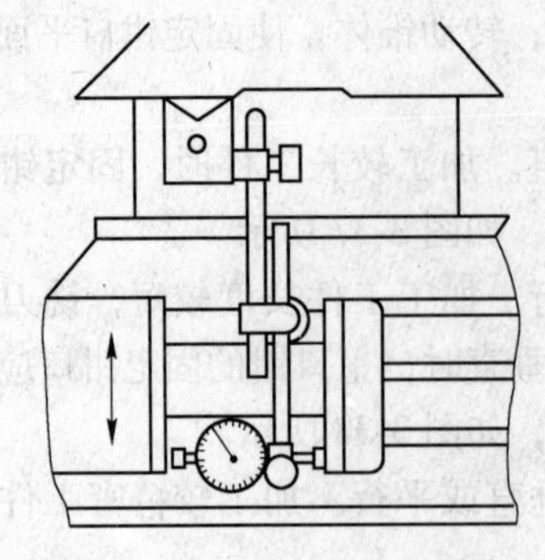

图 3-40　平行方向校正固定钳口

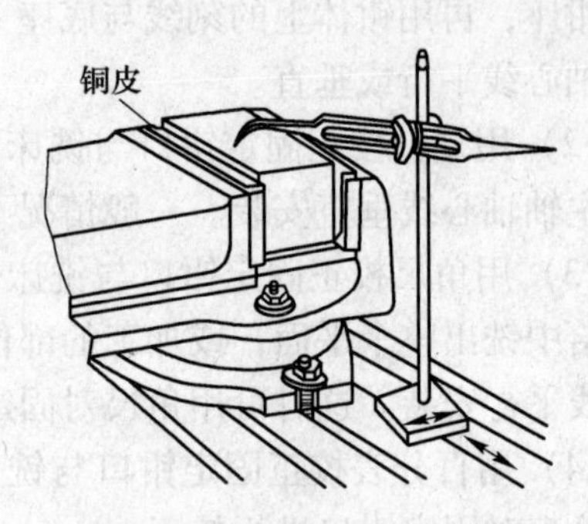

图 3-41　用划针找正工件

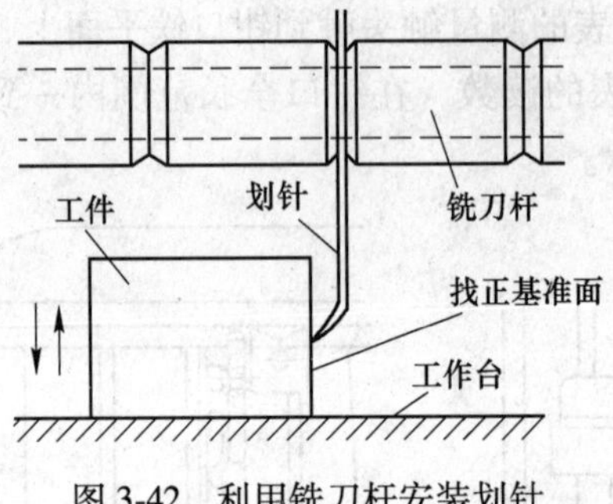

图 3-42　利用铣刀杆安装划针

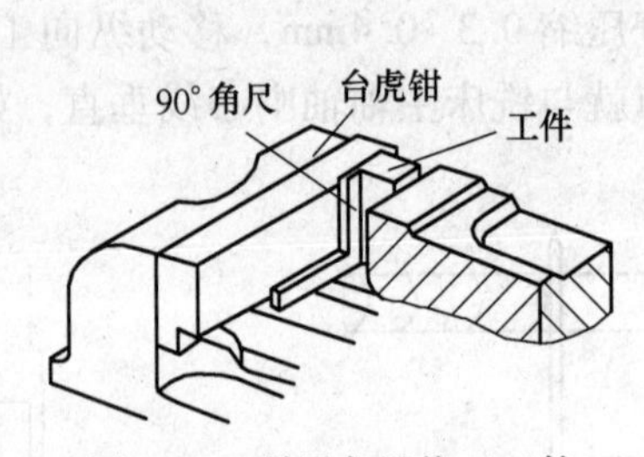

图 3-43　利用角尺找正工件

若工件长度超过钳口面长度，可将 90°角尺直接放在工作台上对工件进行找正。

3.3.4.5　对刀步骤

移动工作台使工件位于圆柱铣刀下面。对刀时，先启动主轴，再摇动升降刻度盘上作记号，然后降下工作台，再纵向退出工件，按坯件实际尺寸，调整铣削层深度。余量小时可一次进给铣削至尺寸要求；否则根据余量进行粗铣或精铣。对刀后，应采用逆铣法加工至图样要求，如图 3-44 所示。

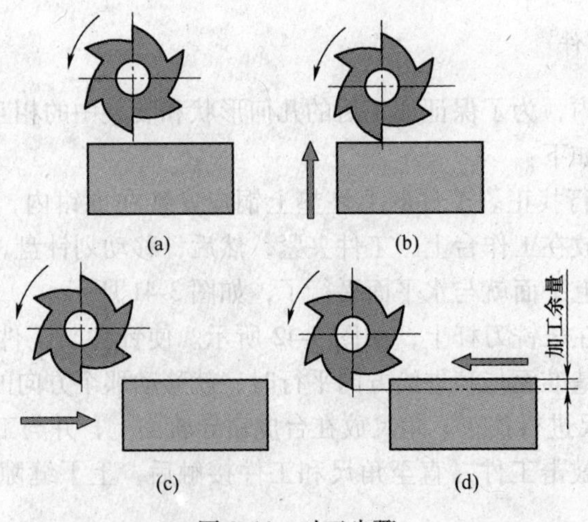

图 3-44　对刀步骤

(a) 使工件处于旋转的铣刀下；(b) 铣刀擦着工件；(c) 纵向退出铣刀；(d) 按照加工余量铣削

【任务实施】

一、操作技术要点

（1）初步掌握利用手动进给铣削平面的方法，要求操作姿势正确，并能正确安装平口钳和装夹工件。

（2）了解铣削速度的选择和计算。

二、刀、夹、量具

（1）圆柱铣刀、端铣刀。

（2）机用平口钳、平行垫铁。

（3）游标卡尺、外卡钳、钢尺。

三、操作过程

（1）安装机用平口钳并装夹工件。

（2）安装铣刀（卧式铣床用圆柱铣刀，立式铣床用端铣刀）。

（3）调整铣床主轴转速。

（4）用手动进给铣削本任务零件。

四、安全及注意事项

（1）工件必须装夹牢固，装夹毛坯工件时要在钳口与工件之间垫铜皮。

（2）主轴未停稳不准用手触摸工件表面。

（3）不准用手清除切屑。

（4）工作完毕，应做好机床维护保养、场地的清洁等工作。

五、质量检查内容及评分标准

质量检查及评分标准

班级		学生姓名		学习任务成绩	
课程名称	普通机床加工技术与实践	学习情境	情境 3 铣削加工	学习任务	铣削四方体

质 量 检 查 及 评 分 标 准

序号	质量检查内容	配分	评分标准	检查	得分
1	操作顺序	10	酌情给分		
2	操作姿势	10	酌情给分		
3	长、宽、高尺寸	30	一处超差扣 10 分		
4	平面度 0.05	10	超差不得分		
5	表面粗糙度	30	一处超差扣 5 分		
6	机床维护保养	10	酌情给分		
7	安全文明生产		违章扣分		

教师签字：

【任务小结】

（1）按工艺要求，正确调整主轴转速和进给量。

（2）正确安装刀具，是正确加工的保障。

（3）铣削方式有周铣和端铣、顺铣和逆铣等几种。尽管顺铣比逆铣有较多的优点，但由于逆铣时不会拉动工作台，所以一般情况下都采用逆铣进行粗加工。

（4）为了保证加工后的几何形状和装夹中的相互位置正确，必须要对夹具、刀具、工件进行找正。

【思考与训练】

（1）操作 X6132 铣床加工任务三工件，并能进行检验。

（2）平口钳在铣床上如何进行找正？

（3）铣刀及刀杆在卧式铣床上如何装、拆？

（4）试比较顺铣和逆铣。

学习任务 3.4　铣 削 螺 帽

【学习任务】

操作铣床，加工如图 3-45 所示螺帽零件。

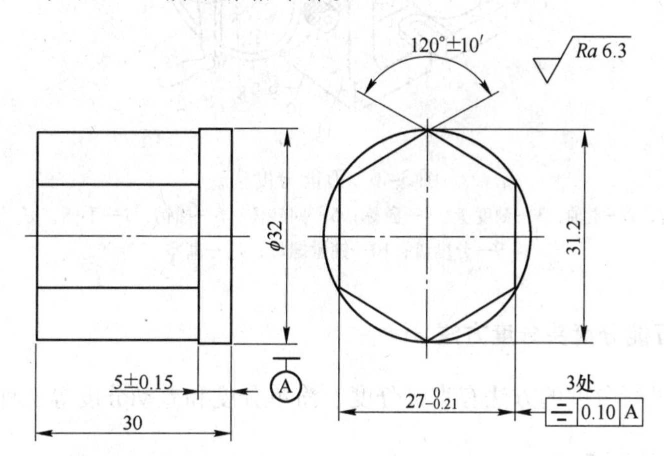

毛坯：35 钢，ϕ32mm×35mm

图 3-45　螺帽

【任务描述】

该零件为螺帽毛坯，主要由六方构成，夹角为 120°±10′，要求以分度头装夹，利用分度头进行分度加工。本任务主要学习铣床主要附件——分度头的使用方法。

【相关知识】

3.4.1　万能分度头

如图 3-46 所示为 FW250 型万能分度头的外形。

分度头通过基座 11 安装于铣床工作台，回转体 5 支承于底座并可回转−6°~+95°，主轴 2 的前端可装顶尖或卡盘以便于装夹工件，摇动手柄 7 可通过分度头内传动带动主轴旋转，脱开内部的蜗杆机构，也可直接转动主轴，转过的角度由刻度盘 3 上读出，分度盘 9 为一个有许多均布同心圆孔的圆盘，插销 6 可帮助确定选好的孔圈，分度叉 8 则可方便地调整所需角度。利用安装于铣床的分度头，可进行如下三方面工作：

（1）用分度头上的卡盘装夹工件，使工件轴线倾斜一所需角度，加工有一定倾斜角度的平面或沟槽（如铣削直齿圆锥齿轮的齿形）。

（2）与工作台纵向进给相配合，通过挂轮使工件连续转动，铣削螺旋沟槽、螺旋齿轮等。

（3）使工件自身轴线回转一定角度，以完成等分或不等分的圆周分度工作，如铣削方头、六角头、齿轮、链轮以及不等分的铰刀等。

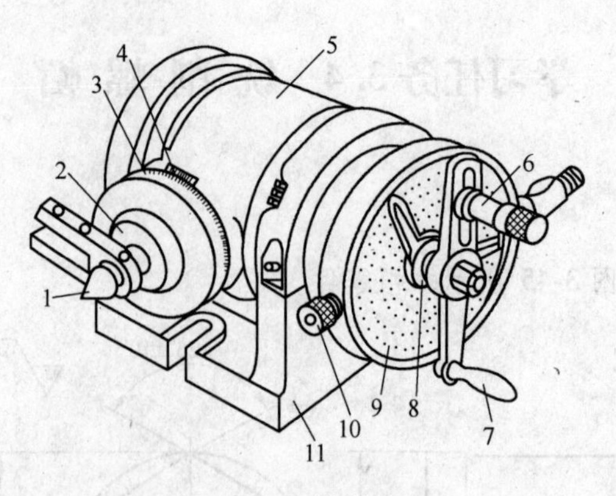

图 3-46　万能分度头

1—顶尖；2—主轴；3—刻度盘；4—游标；5—回转体；6—插销；7—手柄；8—分度叉；9—分度盘；10—锁紧螺母；11—基座

3.4.2　FW250 万能分度头分度方法

使用分度头进行分度的方法有直接分度、简单分度和差动分度等三种。

3.4.2.1　直接分度法

当工件等分数目较少，分度精度要求不高时，采用分度法。分度时，先将蜗杆脱开蜗轮，然后用手直接转动分度头主轴进行分度。分度头主轴的转角由装在分度头主轴上的刻度盘和固定在回转壳体上的游标直接读出。分度完毕后，应用锁紧装置将分度主轴紧固。

3.4.2.2　简单分度法

简单分度法是分度中最常用的一种方法。分度时，摇动手柄，带动主轴转动，借助于分度盘上孔圈，获得所需分度数。分度头内传动系统如图 3-47（b）所示。

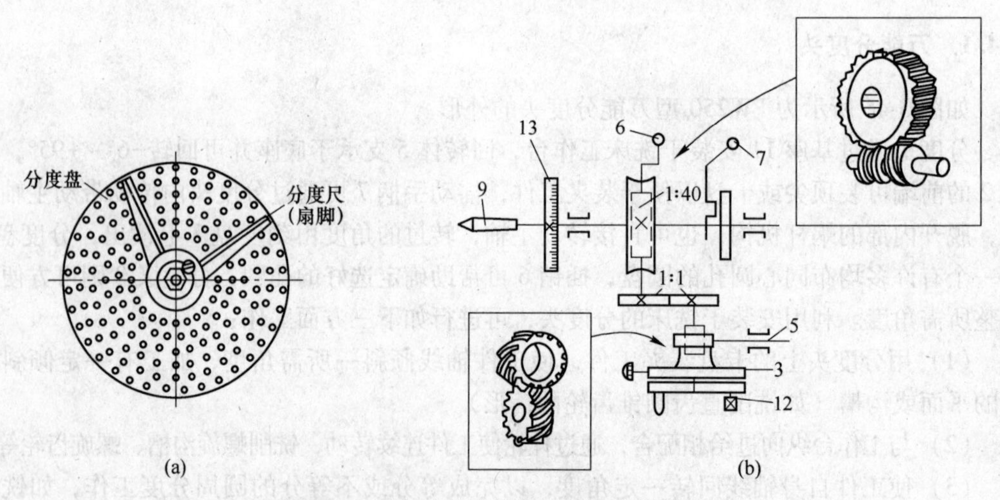

图 3-47　万能分度头的传动系统及分度盘

（a）分度盘；（b）分度头传动系统

3—分度盘；5—侧轴；6，7—手柄；9—主轴；12—定位销；13—刻度盘

由图分析可知，主轴与手柄的传动比为1/40，即当分度手柄转过40r时，主轴转1r。因此，所需分度数为z时，手柄的转动圈数n（r）应为：

$$n = \frac{40}{z} = a + \frac{p}{q}$$

式中　a——手柄转过的整圈数；

q——所选孔圈数；

p——插销在q孔圈中转过的孔眼数。

当工件所需分度数正好等于孔圈数时，所需分度数与40的约分数或其扩大数正好等于孔圈数时，可采用简单分度法进行分度。FW250型万能分度头备有两块分度盘，正反面都有数圈均布的孔圈，如图3-47（a）所示，常用分度盘其孔数分别为：

第一块：正面：24、25、28、30、34、37

反面：38、39、41、42、43

第二块：正面：46、47、49、51、53、54

反面：57、58、59、62、66

【例3-1】　在FW250型分度头上用三面刃铣刀铣削六角形螺母，当每铣完一个面以后，手柄应摇多少转再铣下一个表面？

解：已知$z=6$，代入公式后得：

$$n = \frac{40}{z} = \frac{40}{6} = 6\frac{2}{3} = 6\frac{16}{24}$$

即每铣完一个面后，分度手柄应在24孔圈上转过6r又16个孔距。

由上例可知，当分度手柄转数带分数时，可使分子分母同时缩小或扩大一个整倍数，使最后得到的分母值为分度盘上所具有的孔圈数。

注意，此方法只适用于$z \leqslant 60$的场合。另外，通过计算，若有多个孔圈数均可满足要求时，选用孔数多的孔圈进行分度，这样可提高分度精度。

3.4.2.3　*差动分度法*

由于分度盘的孔圈数有限，当无法满足简单分度的条件时，如z为67、71、73等大于63的质数时，可采用差动分度法。其工作原理如图3-48所示。

在分度头主轴后面装上交换齿轮轴Ⅰ，用交换齿轮a、b、c、d把主轴Ⅰ和侧轴Ⅱ联系起来。松开分度盘紧固螺钉，当分度手柄转动的同时，分度盘随着分度手柄及定位销以相反（或相同）方向转动，因此分度手柄的实际转数是分度手柄相对分度盘与分度盘本身转数之和。

设工件要求分度数为z，则分度主轴每次应转$1/z$转。这时手柄仍应转过$40/z$转，即插销J应由A点转动至C点，如图3-48（b）所示，用C点定位，但因分度盘在C处没有相应的孔可供辨识，因而不能用简单分度法实现分度。为了借分度盘上的孔圈，在分度盘上先选定一个接近所需分度数的孔圈z_0，选取z_0来计算手柄的转数，则手柄转数为$40/z_0$转，即插销从A点转至B点，用B点定位。这时如果分度盘是固定不动的，则手柄转数是$40/z_0$转而不是所要求的$40/z$转，其差值为（$40/z-40/z_0$）转。为补偿这一差值，使B

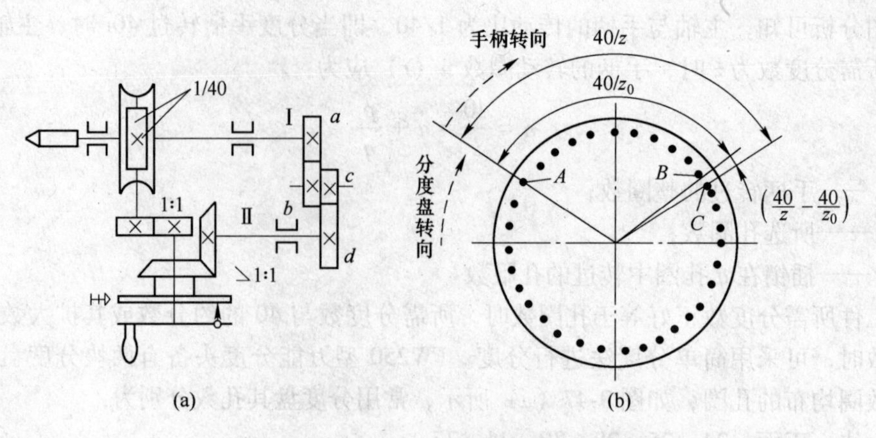

图 3-48 差动分度的传动原理及交换齿轮安装图
（a）传动原理；（b）交换齿轮安装示意

点的小孔转至 C 点以供插销 J 定位。为此可用配换齿轮将分度头主轴与分度盘连接起来，在分度过程中，当插销 J 自 A 点转 $40/z$ 至 C 点时，使分度盘转过（$40/z-40/z_0$）转，使孔恰好与插销 J 对准。这时手柄与分度盘之间的运动关系是：

$$\text{手柄转 } 40/z \text{ 转，分度盘转 } \frac{40}{z}-\frac{40}{z_0}=\frac{40(z_0-z)}{z_0 z}\text{ 转}$$

运动平衡式是：

$$\frac{40}{z}\times\frac{1}{1}\times\frac{1}{40}\times\frac{a}{b}\times\frac{c}{d}\times\frac{1}{1}=\frac{40(z_0-z)}{z_0\times z}$$

化简后得换置公式是：

$$\frac{a}{b}\times\frac{c}{d}=\frac{40}{z_0}(z_0-z)$$

式中 z——需实现的分度数；

z_0——假定的孔盘具有的分度数。

为了便于选用配换齿轮，z_0应选取接近于 z 的且与 40 有公因数的数值。

选取 $z_0>z$ 时，分度手柄与分度盘的旋转方向相同，配换齿轮的传动比为正值。

选取 $z_0<z$ 时，分度手柄与分度盘的旋转方向相反，配换齿轮的传动比为负值。

FW250 型分度头备有配换挂轮 12 个，齿数分别是 20、25、30、35、40、50、55、60、70、80、90、100；确定挂轮齿数的根本依据是挂轮组的传动比，并规定 $\frac{a}{b}\times\frac{c}{d}=\frac{1}{6}\sim 6$。

【例 3-2】 在铣床上用 FW250 型分度头铣削 $z=111$ 的齿轮，应如何进行分度？

解：$z=111$ 无法进行简单分度，所以采用差动分度。

（1）计算应选择的分度盘孔圈数 n，分度手柄应转过的整圈数 a，以及定位销 J 应转过的孔数 p：

取 $z_0=110$ 计算分度手柄应转的圈数

$$n_0=\frac{40}{z_0}=\frac{40}{110}=\frac{4}{11}=\frac{24}{66} \quad (\text{r}) \qquad \text{分度手柄 K 应转过的整圈数 } n_0$$

即每次分度，分度手柄带动定位销 J 在孔盘孔数为 66 的孔圈上转过 24 个孔距。

（2）计算交换齿轮齿数：

$$\frac{ac}{bd}=\frac{40\times(z_0-z)}{z_0}=\frac{40\times(110-111)}{110}=-\frac{40}{110}=-\frac{25}{55}\times\frac{40}{50}$$

即 $a=25$、$b=55$、$c=40$、$d=50$。

【任务实施】

一、操作技术要点

掌握在卧式铣床上利用分度头铣削六面体的方法。

二、刀、夹、量具

（1）三面刃铣刀。

（2）分度头、三爪卡盘。

（3）游标卡尺、千分尺、百分表、万能角度尺。

三、操作过程

（1）安装、找正分度头、三爪卡盘。

（2）安装零件并找正。

（3）调整工作台与工件的位置，使三面刃铣刀的侧刃触及工件外圆，将横向工作台移动 2.5mm，调整铣削深度。

（4）铣完第一面后，转动分度头 $6\frac{2}{3}$ 转，铣第二面，依次铣削完毕。

四、安全及注意事项

（1）要将工件装夹牢固，以防加工中松动。

（2）要注意分度头、工件与铣刀心轴、挂架之间的距离，防止加工中相撞。

五、质量检查及评分标准

质量检查及评分标准

班级		学生姓名		学习任务成绩	
课程名称	普通机床加工技术与实践	学习情境	情境 3 铣削加工	学习任务	铣削螺帽

质 量 检 查 及 评 分 标 准

序号	质量检查内容	配分	评分标准	检查	得分
1	$27_{-0.21}^{0}$	30	一处超差扣 10 分		
2	120°±10′	30	一处超差扣 5 分		
3	5±0.15	7	超差不得分		
4	对称度 0.1	21	一处超差扣 7 分		
5	表面粗糙度	12	一处超差扣 3 分		
6	安全文明生产		违章扣分		

教师签字：

【任务小结】

（1）利用万能分度头，铣床可进行分度、圆周加工等工作。

（2）使用分度头进行分度的方法有直接分度、简单分度和差动分度等三种。

【思考与训练】

（1）操作 X6132 铣床，完成任务 3.4 工件加工并能进行检验。

（2）万能分度头起什么作用？

（3）拟铣削齿数 z 分别为 26、44、101 直齿圆柱齿轮，试进行分度计算。

学习情境4 磨 削 加 工

【学习目标】

(一) 知识目标

(1) 知道磨床加工范围及特点。

(2) 能够进行磨床日常保养。

(3) 能操纵磨床进行简单零件加工。

(二) 技能目标

能根据生产条件和工艺要求，合理操作磨床；并能对磨床进行日常的维护保养。

学习任务4.1 磨削加工及安规

【学习任务】

(1) 磨削加工认识。

(2) 磨削运动及磨削用量的基本概念。

(3) 磨削加工安全操作规程。

【任务描述】

通过多媒体课件或现场参观等形式，让学生对磨削加工有一定的感性认识，进而产生学习兴趣。通过对磨削加工的介绍，与普通切削加工进行对比，了解磨削加工的特点及运动。根据磨削加工特点、机械加工的基本要求及生产管理的相应要求，使学生了解磨削安全操作规程。

【相关知识】

4.1.1 磨削加工范围及特点

4.1.1.1 磨削加工范围

磨削的应用范围很广，对内外圆、平面、成形面和组合面均能进行磨削，如图4-1所示。磨削时，砂轮的旋转为主运动，工件的低速旋转和直线移动（或磨头的移动）为进给运动。

4.1.1.2 磨削加工特点

用高速回转的砂轮或其他磨具对工件表面进行加工的方法称为磨削加工。磨削加工大

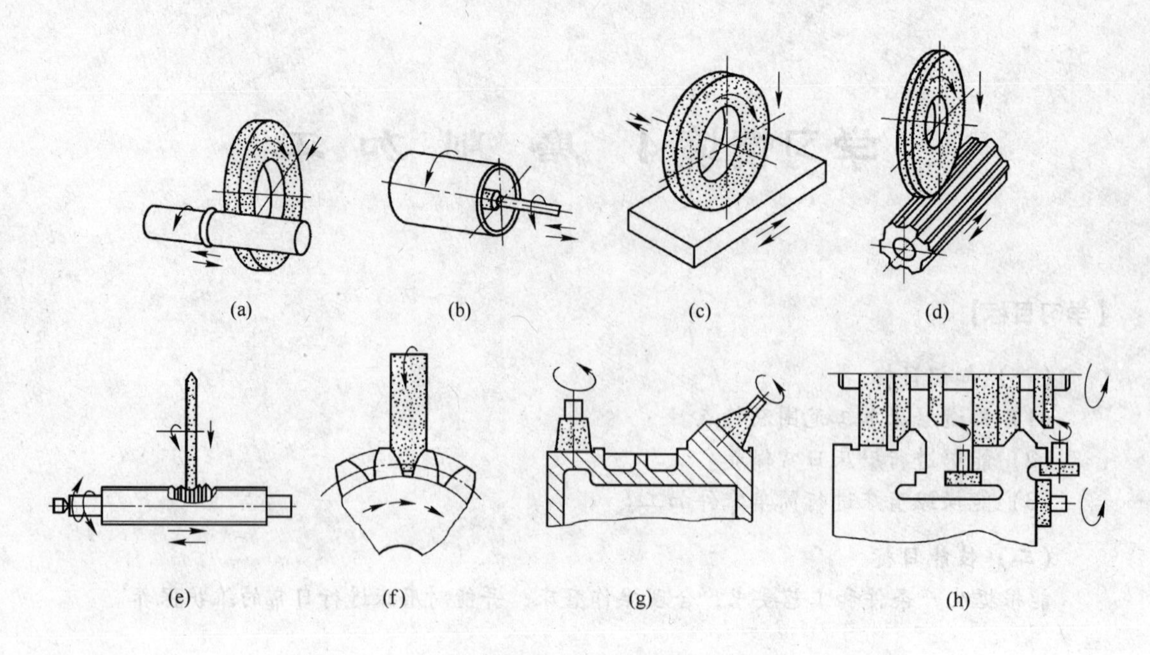

图 4-1　磨削的应用范围

(a) 磨外圆；(b) 磨内孔；(c) 磨平面；(d) 磨花键；(e) 磨螺纹；
(f) 磨齿轮；(g) 磨导轨面；(h) 组合磨导轨面

多数在磨床上进行。磨削加工可分为外圆磨削、内圆磨削、无心磨削和平面磨削等几种主要类型。此外还有对凸轮、螺纹、齿轮等零件进行加工的专用磨床。

磨削加工应用广泛，精磨时精度可达 IT7 ~ IT5 级，Ra0.8 ~ 0.04μm；可磨削普通材料，又可磨高硬度难加工材料，适应范围广；加工工艺范围广泛，可加工外圆、内孔、平面、螺纹、齿形等，不仅用于精加工，也可用于粗加工。但与切削加工相比，磨削加工主要有以下缺点：

(1) 磨削过程复杂，单位磨削力大。磨削加工常用的磨具是用结合剂或黏接剂将许多细微、坚硬和形状不规则的磨料磨粒按一定要求黏结制成的多孔隙组织，如图 4-2 所示。磨具的种类很多，有砂轮、油石、砂纸、砂布、砂带以及用油剂调制的研磨膏等。其中砂轮、油石称为固结磨具，砂纸、砂布和砂带称为涂覆磨具。

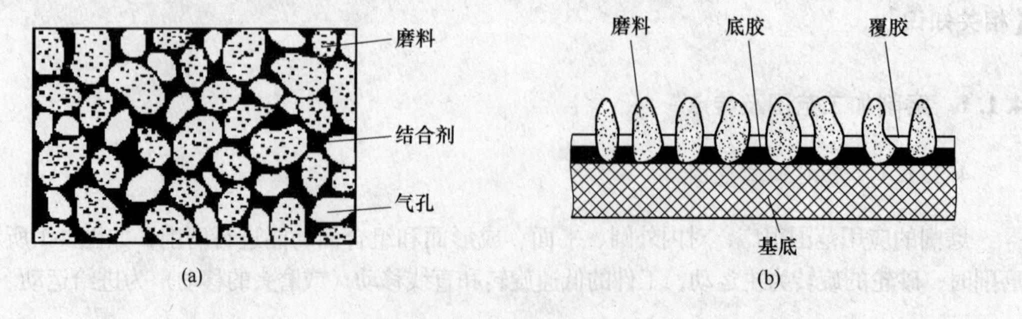

图 4-2　磨具结构示意图

(a) 固结磨具；(b) 涂覆磨具

由图 4-2 可见，磨粒形状、大小各异，使切削刃排列不规则，呈随机分布状态，一般都有钝圆半径，磨粒以较大的负前角进行切削，使磨削加工时产生的单位磨削力大。

磨粒的切削过程：砂轮表面凸起高度较大和较为锋利的磨粒，切入工件较深且有切屑产生，起切削作用；凸起高度较小和较钝的磨粒，只能在工件表面刻画细微的沟痕，工件材料被挤向两旁而隆起，此时无明显切屑产生，仅起刻划作用；比较凹下和已经钝化的磨粒，既不切削，也不刻划，只是从工件表面滑擦而过，起摩擦抛光作用。由此可见，磨削过程的实质是切削、刻划和摩擦抛光的综合作用过程，因此可获得较小的表面粗糙度。

(2) 背向力大。磨粒以负前角切削、刻划及摩擦抛光时，产生大的背向力，约为主切削力的 2~3 倍，这是磨削加工的一个显著特点。大的背向力使系统弹性变形，直接影响工件的形状精度和表面质量。因此，磨削尤其是精磨时，需要在最后进行一定次数的光磨，或采用辅助支撑，以消除或减小因背向力所引起的形状误差。

(3) 磨削速度高、磨削温度高。磨削属于高速切削，且挤压摩擦严重，产生大量的切削热；切屑与工件分离时间短、砂轮导热性又很差，使大量的切削热传入工件而导致磨削温度高。当局部温度很高时，表面易产生热变形，甚至烧伤。为此，磨削时需施加大量切削液，以降低磨削温度。

(4) 表面变形强化和残余应力严重。与刀具切削相比，虽然磨削的表面变形强化和残余应力层要浅得多，但程度却更为严重。这对零件的加工工艺、加工精度和使用性能均有一定的影响。例如，磨削后的机床导轨面，刮削修整就比较困难。残余应力使零件磨削后变形，丧失已获得的加工精度，有时还导致细微裂纹，影响零件的疲劳强度。及时用金刚石工具修整砂轮，施加充足的切削液，增加光磨次数，均可在一定程度上减小表面变形强化和残余应力。

(5) 不宜精加工韧性较大的有色金属。

4.1.2　砂轮的特性及选择

砂轮是磨削加工中常用的磨具，是由磨料和结合剂构成的具有一定形状和尺寸的多孔性结构。砂轮的特性由磨料、粒度、结合剂、硬度、组织及形状尺寸等因素所决定。

4.1.2.1　磨料

目前生产中使用的砂轮都是用人造磨料制造的。人造磨料有氧化物、碳化物、高硬磨料三类。

A　氧化物类（刚玉类）

氧化物类磨料的主要成分是 Al_2O_3，其硬度比碳化物类磨料低，但韧性好、强度高，主要用于磨削各种钢材。

B　碳化物类

碳化物系磨料的主要成分是 SiC，其硬度比氧化物系磨料高，磨粒锋利。其刀尖圆弧半径小，但韧性差，崩碎后能在晶面上产生新的尖锐刃口，它的导热性好，主要用于磨削脆性材料及非金属材料，如铸铁、硬质合金、宝石、玻璃等。

C　高硬磨料类

高硬磨料类主要有人造金刚石和立方氮化硼。人造金刚石韧性差，对铁族金属亲和作用大，热稳定性差，所以不宜用来加工钢料，主要用于磨削高硬度的脆性材料，如硬质合金、宝石、半导体材料等。立方氮化硼的硬度略低于人造金刚石，而它们的耐热性比人造金刚石好，且对铁族金属的化学惰性大、颗粒锋利、强度好，因此适于加工既硬又韧的材料，如高温合金、高速钢等。

常用磨料的代号及适用范围见表 4-1。

表 4-1　常用磨料的代号及适用范围

类　别	磨料名称	代 号	适 用 范 围
氧化物	棕刚玉	A	磨碳素钢、合金钢、可锻铸铁
	白刚玉	WA	磨淬火钢、高速钢、高碳钢
	铬刚玉	PA	磨高速钢、不锈钢等
碳化物	黑色碳化硅	C	磨铸铁、黄铜等脆性材料
	绿色碳化硅	GC	磨硬质合金、陶瓷、玻璃等
高硬磨料	人造金刚石	RJ	磨硬质合金、宝石、半导体材料等
	立方氮化硼	CBN	磨高温合金、高速钢等

4.1.2.2　粒度

粒度是指磨料颗粒的大小。磨粒尺寸大于 40μm 的磨料，用筛选法分级。以磨粒刚能通过筛网每英寸长度的孔数来表示磨料的粒度。例如 80 粒度，是指磨粒刚刚能通过每英寸长度上有 80 个孔眼的筛网。当磨粒的直径小于 40μm 时，这些磨粒称为微粉，用显微镜测量其尺寸分级，如尺寸为 28μm 的微粉，其粒度号表示为 W28。

粒度对磨削生产率及加工表面质量有很大影响。一般来说，粗磨采用粒度号小的磨粒（粗粒度），精磨采用粒度号大的磨粒（细粒度）；当工件材料软、塑性大以及砂轮与工件接触面积大时，为了避免堵塞砂轮，宜采用粒度号小的砂轮；为了提高廓形精度，成形磨削宜采用粒度号大的砂轮。

4.1.2.3　结合剂

结合剂的作用是将磨料黏结在一起，使砂轮具有一定的形状。砂轮的强度、硬度、耐热性在很大程度上取决于结合剂的性能。常用的结合剂有以下四种：

（1）陶瓷结合剂（V）。化学稳定性好、耐热、耐水、耐腐蚀、气孔率大，磨削效率高；但脆性大，不宜制成薄片，不宜高速，不能用于切割砂轮。

（2）金属结合剂（M）。常用青铜、镍等，强度韧性高，成形性好，但自锐性差，适于金刚石、立方氮化硼砂轮。

（3）橡胶结合剂（R）。主要成分是人造橡胶。与树脂结合剂比较，强度高弹性好，耐冲击，适于抛光轮、导轮及薄片砂轮；但耐腐蚀耐热性差（200℃），自锐性好，气孔小、磨削生产率低，故不宜用于粗加工砂轮。

（4）树脂结合剂（B）。强度高弹性好，耐冲击，适于高速磨或切槽切断等工作，但耐腐蚀耐热性差，自锐性好。

4.1.2.4　硬度

砂轮的硬度是指砂轮工作时在磨削力作用下磨粒脱落的难易程度。

取决于结合剂的结合能力及所占比例，与磨料硬度无关。硬度高，磨料不易脱落；硬度低，自锐性好。

硬度分 7 大级（超软、软、中软、中、中硬、硬、超硬），16 小级。

砂轮硬度选择原则：

磨削硬材，选软砂轮；磨削软材，选硬砂轮；磨导热性差的材料，不易散热，选软砂轮以免工件烧伤；砂轮与工件接触面积大时，选较软的砂轮；成形磨精磨时，选硬砂轮；粗磨时选较软的砂轮。

4.1.2.5　组织

反映砂轮中磨料、结合剂和气孔三者体积的比例关系，即砂轮结构的疏密程度，分紧密、中等、疏松三类 13 级。组织号越小，磨料所占比例越大，表明组织越紧密，气孔越少；反之，组织号越大，表明组织越疏松，气孔越多。

紧密组织：成形性好，加工质量高，适于成形磨、精密磨削和强力磨削。

中等组织：适于一般磨削工作，如淬火钢、刀具刃磨等。

疏松组织：不易堵塞砂轮，适于粗磨、磨软材、磨平面、内圆等接触面积较大时，磨削热敏感性强的材料或薄件。

一般砂轮若未标明组织号，即为中等组织。

4.1.2.6　形状尺寸

砂轮的形状和尺寸均已标准化，可根据磨削工件的要求选用。常用砂轮的形状、代号及应用见表 4-2。

表 4-2　常用砂轮形状及应用

代号	名　称	断面形状	应　用	代号	名　称	断面形状	应　用
1	平行砂轮	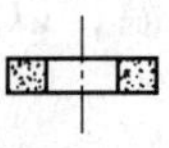	磨外圆、内孔、平面及刃磨刀具	6	杯形砂轮	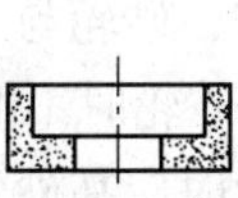	端磨平面、刃磨刀具后刀面
2	筒形砂轮		端磨平面	11	碗形砂轮	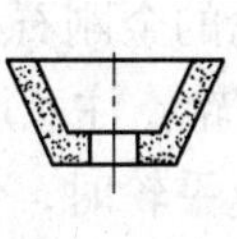	端磨平面、刃磨刀具后刀面
4	双斜边砂轮	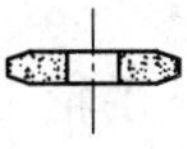	磨齿轮及螺纹	12	碟形一号砂轮	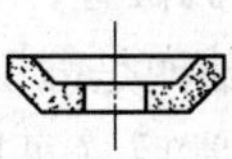	刃磨刀具前刀面
41	薄片砂轮	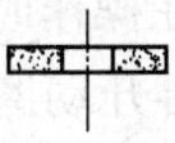	切断、切槽				

4.1.2.7　*砂轮代号*

按 GB2484—1984 规定，砂轮代号标志顺序如下：砂轮形状、尺寸、磨料、粒度、硬度、组织、结合剂和最高线速度。砂轮标志方法见示例。

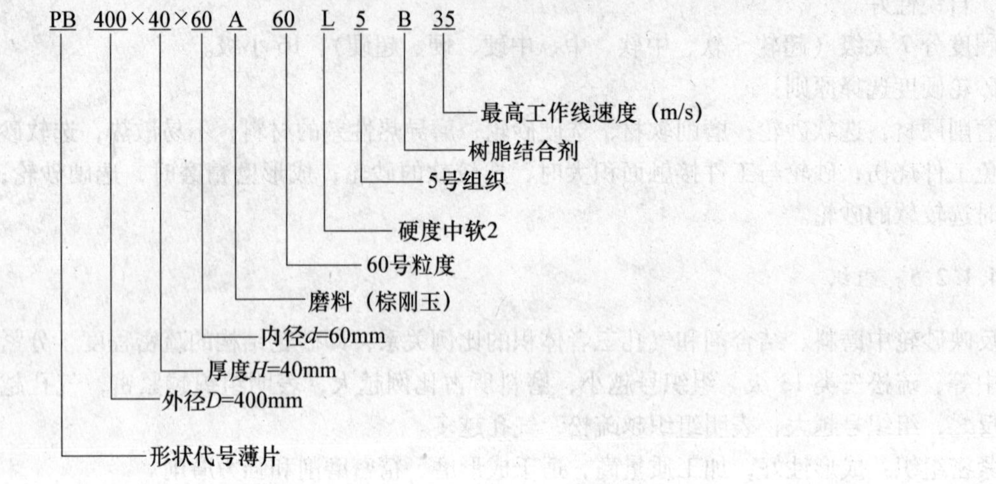

4.1.3　磨削加工安全操作规程

具体操作如下：

（1）操作人员须经考试合格取得操作证，方准进行操作，操作者应熟悉本机的性能、结构等，并遵守安全及交接班制度。

（2）开机前应先检查各部位是否正常，按磨床润滑图表的规定进行给油保养。

（3）开工前，应按规定穿戴好防护用品，对照交接班记录簿，对磨床各部位进行详细检查，发现问题应及时逐级报告，异状未经排除不得开车工作。

（4）正确使用夹具装夹工件，做到牢固可靠。

（5）接通总电源，顺次启动油泵等电机，注意运转状态，发现异常应立即关闭电源，经检查处理后方准开车。

（6）开始工作，砂轮与工件接触要缓慢，使砂轮本身逐渐升温，以免砂轮发生破裂，工作中工件未离开砂轮时不准停车。

（7）更换砂轮时应在砂轮与法兰盘之间加垫合适的纸垫，并均匀牢靠地夹紧，再通过静平衡，然后使机床空运转 3~5min，未发现异状方能投入使用。合理选用磨削量。

（8）修正砂轮的金刚石必须尖利。修整时注意吃刀量一般为 0.02~0.05mm。严禁用手持金刚石修整砂轮，注意用冷却液冷却。

（9）使用变速手轮时，位置要放准确，以免损坏传动齿轮。

（10）当出现运转异响、轴承或油温过高，砂轮运转不正常，手轮、手闸、变速手柄失灵时，应立即停机检查，不得硬行扳动等。

（11）磨头主轴如是静压轴承结构的，除遵守上述规程外，在操作时应先启动静压供油系统，待压力正常后（可用手扳动砂轮主轴达到轻松自如）再开动磨头。经常注意供油压力和油液清洁，停车时先停主轴。停止后再停静压供油系统。

（12）禁止在工作台面与油漆表面放置金属物品。

（13）禁止在工作台面及床体上敲打、拆装、矫直工件。

（14）磨床发生事故后，应保持现场，切断电源，迅速报告，妥善处理。

（15）工作完毕，应将砂轮退离工件，先关闭冷却液，将砂轮空转使其干燥，并将各手柄置于空挡位置上，切断电源，清扫机床及环境，做好日常保养，认真填写交接班记录簿等有关记录。

【任务小结】

（1）磨削加工虽然适用广泛，但不适用有色金属的加工。

（2）在操作过程中，必须按机床操作规程严格执行，保证安全。

（3）砂轮是由磨料和结合剂构成的具有一定形状和尺寸的多孔性结构。砂轮的特性由磨料、粒度、结合剂、硬度、组织及形状尺寸等因素所决定。

【思考与训练】

（1）什么是磨削加工，磨削加工有哪些类型？

（2）磨削加工有哪些特点？

（3）砂轮的主要参数有哪些？

（4）何为砂轮的硬度？它和材料硬度有何不同？

学习任务 4.2　磨床及日常维护保养

【学习任务】

(1) 磨床的种类及基本结构。

(2) 磨床日常维护保养。

【任务描述】

(1) 轴类零件主要由回转体表面构成，其轴颈部位常因尺寸精度及表面粗糙度要求高而在精加工时采用磨削加工；机床导轨面的精度对机床精度有主要影响，以前采用刨削→刮研的方式，现多采用刨削→磨削，以提高加工效率。对于这两种表面在磨削时应分别选用哪种类型的磨床呢?

(2) 要保证机床的加工精度及使用寿命，日常的维护保养是必不可少的。对于磨床的日常维护保养应注意哪些方面?

【相关知识】

磨床是用磨料或磨具（砂轮，砂带，油石和研磨料）为工具进行切削加工的机床。广泛用于零件的精加工，尤其是淬硬钢件、高硬度特殊材料及非金属材料（如陶瓷）的精加工。

4.2.1　磨床的种类

磨床种类很多，其主要类型有：外圆磨床，内圆磨床，平面磨床，工具磨床，刀具和刃具磨床及各种专门化磨床，如曲轴磨床、凸轮磨床、齿轮磨床、螺纹磨床等。此外还有珩磨机，研磨机和超精加工机床等。

4.2.1.1　外圆磨床

主要用于磨削内、外圆柱和圆锥表面，也能磨阶梯轴的轴肩和端面，精度可达到 IT6～IT7 级，*Ra* 在 1.25～0.08μm 之间。

外圆磨床的主要类型有：普通外圆磨床、万能外圆磨床，无心外圆磨床、宽砂轮外圆磨床和端面外圆磨床等。

如图 4-3 所示为 M1432A 型万能外圆磨床。主要用于磨削内、外圆柱面、圆锥面及阶梯轴轴肩和端平面，磨削精度等级可达 IT7～IT6，表面粗糙度 *Ra* 为 1.25～0.08μm。机床通用性好，但生产率较低。

普通外圆磨床与万能外圆磨床相比，头架、砂轮架不能转位，无内圆磨头，工艺范围窄，但刚度高，旋转精度好，适于中、大批量磨削外圆柱面、小锥度外圆锥面及阶梯轴轴肩，生产率较高。

无心外圆磨床，如图 4-4 所示。工件不需夹持，放在砂轮和导轮之间，连续磨削，操作简单，生产率高，易实现自动化，适于大批量磨削无中心孔的轴、套、销等零件；磨削

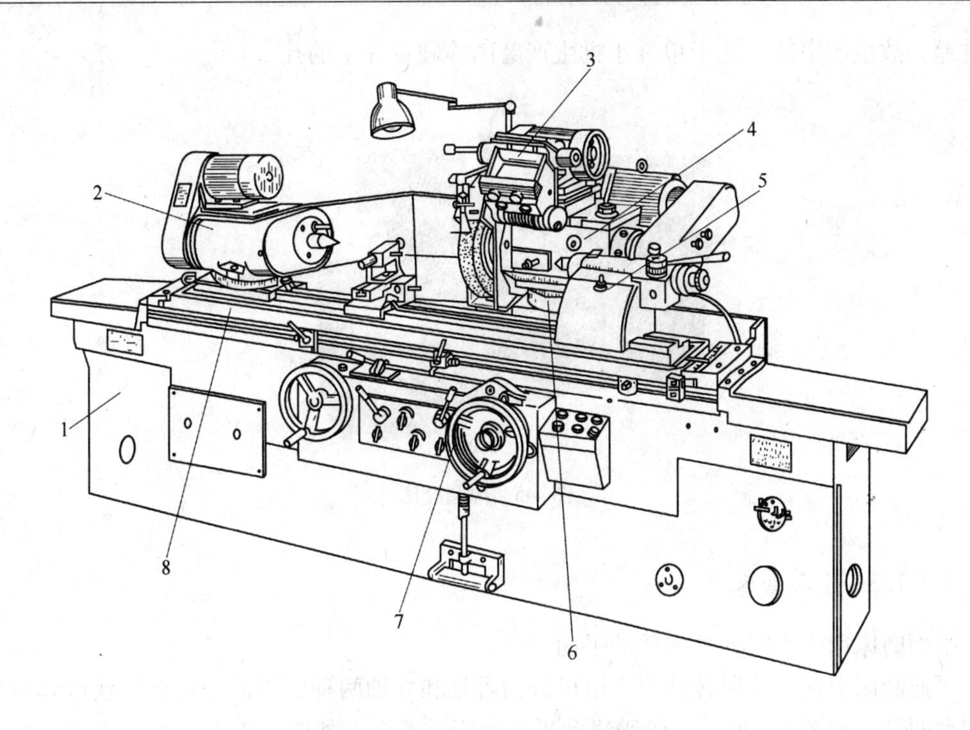

图 4-3　M1432A 型万能外圆磨床

1—床身；2—头架；3—内圆磨具；4—砂轮架；5—尾座；6—滑鞍；7—横向进给手轮；8—工作台

表面尺寸精度，几何形状精度较高，表面粗糙度 *Ra* 小；但不能加工断续表面，如花键、单键槽表面，不能加工带平面的圆柱表面，也不能用于磨削同轴度要求较高的阶梯轴外圆表面。

图 4-4　无心外圆磨床

4.2.1.2　内圆磨床

内圆磨床，如图 4-5 所示。主要用于磨削各种内孔（包括圆柱孔和圆锥孔、通孔、盲孔和阶梯孔等）。主要类型有普通内圆磨床、无心内圆磨床、行星内圆磨床及专用内圆磨床。内圆磨削因砂轮直径小，线速度较低，砂轮轴细长，刚性差，进给量小，冷却、排屑条件差，故生产率低，适于单件小批生产磨削淬硬零件上的孔。

图 4-5　内圆磨床

4.2.1.3　平面磨床

平面磨床用于磨削各种零件的平面。

平面磨床根据砂轮回转轴线方位可分为卧轴和立轴两种，根据工作台形状可分为矩台和圆台两种。如图 4-6 所示为卧轴矩台平面磨床示意图，如图 4-7 所示为立轴圆台平面磨床示意图。

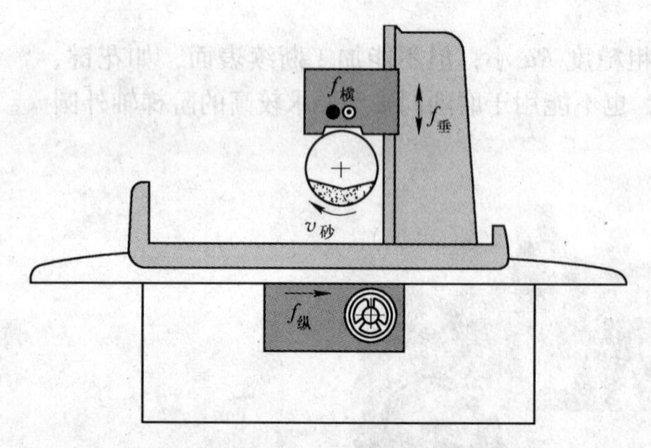

图 4-6　卧轴矩台平面磨床示意图

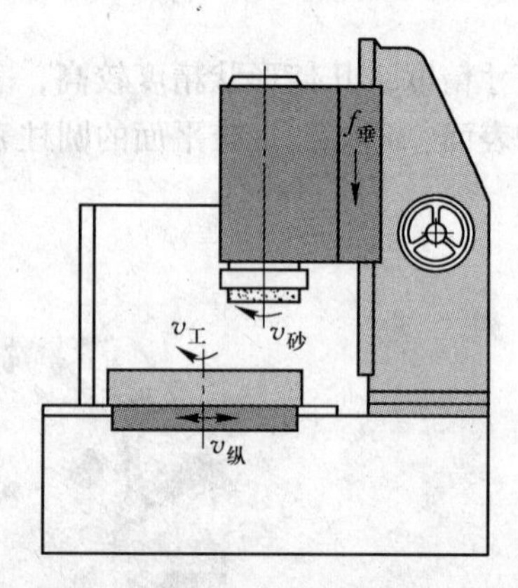

图 4-7　立轴圆台平面磨床示意图

磨床的布局结构差异较大，此处以 M1432A 型万能外圆磨床为例简要说明磨床的结构及操作方法。

4.2.2　M1432A 型万能外圆磨床

4.2.2.1　机床的组成与布局

如图 4-3 所示为 M1432A 型万能外圆磨床的外形及布局图，机床由床身、头架、砂轮架、工作台、内圆磨装置及尾座等部分组成。

床身 1 是磨床的基础支撑件，工作台 8、砂轮架 4、头架 2、尾座 5 等部件均安装于此，同时保证工作时部件间有准确的相对位置关系。床身内为液压油的油池。

头架 2 用于安装工件并带动工件旋转作圆周进给。它由壳体、头架主轴组件、传动装置与底座等组成。主轴带轮上有卸荷机构，以保证加工精度。

砂轮架 4 用于安装砂轮并使其高速旋转。砂轮架可在水平面内一定角度范围（±30°）内调整，以适于磨削短锥的需要。砂轮架由壳体、砂轮组件、传动装置和滑鞍组成。主轴组件的精度直接影响到工件加工质量，故应具有较好的回转精度、刚度、抗震性及耐磨性。

工作台 8 由上、下两层组成。上下工作台可在水平面内相对回转一个角度（±10°），用于磨削小锥度的长锥面。头架 2 和尾座 5 均装于工作台上，并随工作台作纵向往复运动。

内磨装置 3 由支架和内圆磨具两部分组成。内磨支架用于安装内圆磨具，支架在砂轮架上以铰链连接方式安装于砂轮架前上方，使用时翻下，不用时翻向上方。内圆磨具是磨内孔用的砂轮主轴部件，安装于支架孔中，为了方便更换，一般做成独立部件，通常一台机床备用几套尺寸与极限工作转速不同的内圆磨具。尾座 5 主要是和头架 2 配合用于顶夹工件。尾座套筒的退回可手动或液动。

4.2.2.2　M1432A 型万能外圆磨床的用途和运动

M1432A 型万能外圆磨床，主要用于磨削圆柱形或圆锥形的内外圆表面，还可以磨削阶梯轴的轴肩和端平面等，如图 4-8 所示。该机床工艺范围较宽，但磨削效率不高，适用于单件小批生产，常用于工具车间和机修车间。

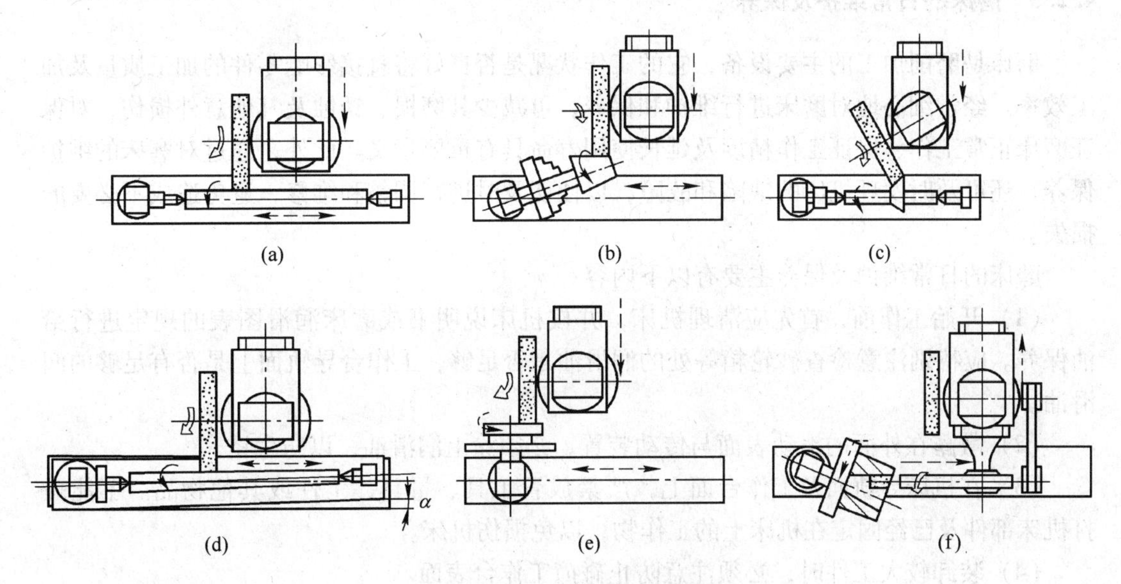

图 4-8　万能外圆磨床的用途
（a）磨外圆柱面；（b），（c）磨短外圆锥面；
（d）磨长外圆锥面；（e）磨端平面；（f）磨圆锥孔

根据外圆磨床的用途，应具备如下运动：

（1）磨外圆时砂轮的旋转主运动。

（2）磨内孔时砂轮的旋转主运动。

（3）工件低速旋转做圆周进给运动。

（4）工件往复做纵向进给运动。

（5）砂轮横向进给运动（往复纵磨时，为周期间歇进给；横磨时，为连续进给，如图4-8所示）。

此外，机床还具有两个辅助运动：为装卸和测量工件方便所需的砂轮架横向快速进退运动；为装卸工件所需的尾架套筒伸缩运动。

4.2.2.3　M1432A 型万能外圆磨床主要技术参数

M1432A 型万能外圆磨床主要技术参数，见表4-3。

表4-3　M1432A 型万能外圆磨床主要技术参数

名　称	技 术 参 数
外圆磨削直径/mm	$\phi8\sim\phi320$
最大外圆磨削长度/mm	1000、1500、2000
内孔磨削直径/mm	$\phi13\sim\phi100$
最大内孔磨削长度/mm	125
外圆砂轮转速/$r\cdot min^{-1}$	1670
内孔砂轮转速/$r\cdot min^{-1}$	10000、15000

4.2.3　磨床的日常维护及保养

磨床是磨削加工的主要设备，它的工作状况是否良好将直接影响零件的加工质量及加工效率。经常细心地对磨床进行维护和保养，可减少其磨损、锈蚀及其他意外损伤，对保证磨床正常工作、保证工作精度及延长使用寿命具有重要意义。此外，通过对磨床的维护保养，还可及时发现机床的缺陷和故障，以便能及时进行调整和维修，避免造成不必要的损失。

磨床的日常维护及保养主要有以下内容：

（1）开始工作前，首先应清理机床，并按机床说明书或磨床润滑图表的规定进行给油保养。应特别注意检查砂轮箱等处的润滑油是否足够，工作台导轨面上是否有足够的润滑油。

（2）敞露在外面的滑动表面与传动装置，必须涂上润滑油，以防生锈。

（3）在机床导轨面及工作台面上，严禁放置工具、量具、工件或其他物品。不能敲打机床部件及已经固定在机床上的工作物，以免损伤机床。

（4）装卸较大工件时，必须注意防止碰撞工作台表面。

（5）在工作台上调整尾座、头架等的位置时，必须先将台面及接缝处的磨屑、砂粒等去除、清理干净，并涂上润滑油后方可移动部件。

（6）机床工作时应随时注意砂轮主轴轴承温度，如发现温度过高，应立即停车检查原因。

（7）保持磨床外形整洁。工作中尽量避免碰撞磨床外部表面，以免油漆脱落而造成锈蚀。

（8）离开磨床时必须停车，以免磨床因无人控制而发生事故。

（9）工作结束后，必须清除磨床上的磨屑和冷却液，将工作台面、导轨面等清理干净，然后涂油。

（10）必须注意对磨床各种附件的维护保养，以免损坏或丢失。

【任务小结】

（1）磨床种类很多，其主要类型有外圆磨床、内圆磨床、平面磨床等。

（2）M1432A 型万能外圆磨床由床身、头架、砂轮架、工作台、内圆磨装置及尾座等部分组成。

（3）M1432A 机床工艺范围较宽，但磨削效率不高，适用于单件小批生产，常用于工具车间和机修车间。

（4）对磨床进行维护和保养，对保证磨床正常工作、保证工作精度及延长使用寿命具有重要意义。

【思考与训练】

（1）磨床有哪些类型？各适合加工哪种表面？

（2）平面磨削的方法及各自的特点？

（3）M1432A 磨床由哪些部分组成？各部分起何作用？

（4）M1432A 磨床运动形式有哪些？工艺范围如何？

（5）磨床如何保养？正确进行磨床的日常保养。

学习任务 4.3 短 轴 磨 削

【学习任务】

操纵磨床，完成如图 4-9 所示短轴零件加工。

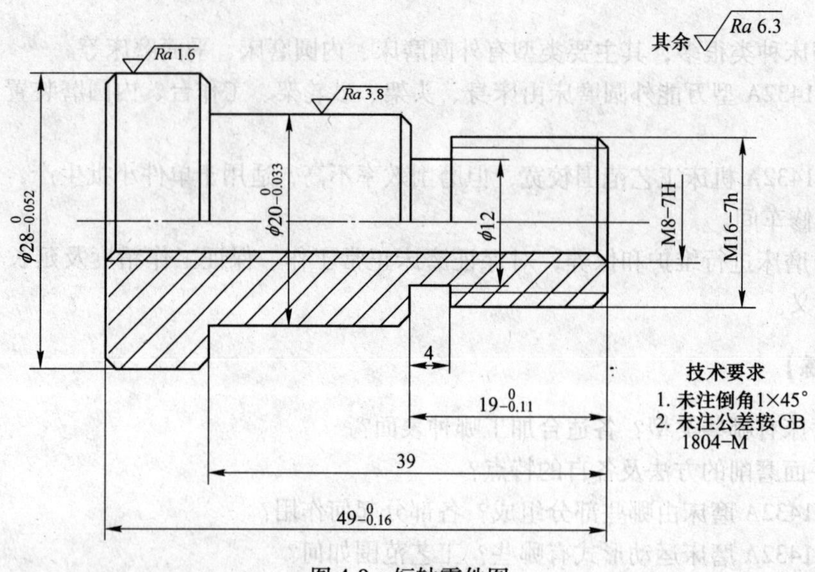

图 4-9 短轴零件图

【任务描述】

该零件已在车床上完成大部分加工，现需在磨床上对 $\phi 28_{-0.052}^{\ 0}$ 轴段进行精加工，材料为 45 钢。通过对零件的磨削加工，熟悉磨床的基本操作；并且通过操作调整磨削用量，对比磨削效果。

【相关知识】

4.3.1 磨削运动及磨削用量

4.3.1.1 磨削运动

磨削时，一般有 4 个运动，如图 4-10 所示。

A 主运动

砂轮的旋转运动，称为主运动。主运动速度是砂轮外圆的线速度（m/s）：

$$v = \frac{\pi d n}{1000}$$

式中 d ——砂轮直径，mm；

n ——砂轮转速，r/s 。

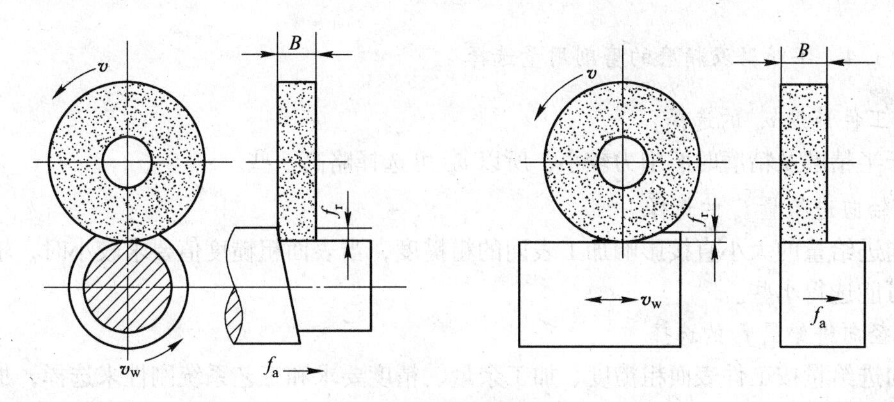

图 4-10　磨削时的运动

B　径向进给运动

径向进给是砂轮切入工件的运动。径向进给量 f_r 是指工作台每双（单）行程内工件相对于砂轮径向移动的距离，单位为 mm/(d · str)(mm/str)。当做连续进给时，单位为 mm/s 。一般情况下，f_r = 0.005mm/(d · str) ~ 0.02mm/(d · str)。

C　轴向进给运动

轴向进给运动即工件相对于砂轮的轴向运动。轴向进给量 f_a 是指工件每转一圈或工作台每双行程内工件相对于砂轮的轴向移动距离，单位为 mm/r 或 mm/ (d · str)。一般情况下 $f_a = (0.2 \sim 0.8)B$ ；B 为砂轮宽度，单位为 mm。

D　工件的圆周（或直线）进给运动

工件速度 v_w 指工件圆周进给运动的线速度，或工件台（连同工件一起）直线进给运动速度，单位为 m/s 。

4.3.1.2　磨削用量选择的一般原则

磨削用量的选择原则是：在保证工件表面质量的前提下尽可能提高生产率。也就是在保证磨削温度较低、磨削表面粗糙度较小的条件下，尽可能选择较大的径向进给量 f_r 、轴向进给量 f_a 和工件速度 v_w 。一般磨床的磨削速度 v 是固定不变的，所以无需选择。磨削用量的选择步骤是：先选择较大的工件速度 v_w ，再选择轴向进给量 f_a ，最后选择径向进给量 f_r 。

4.3.1.3　粗磨时磨削用量的选择

A　工件速度 v_w 的选择

工件速度 v_w 宜选大些。因为粗磨时对工件表面粗糙度要求不高，且大的 v_w 可以减轻表面的磨削烧伤。但 v_w 也不宜过大，否则会使工件产生振动，工件表面产生多角形。工件直径越大，砂轮和工件接触越长，磨削热量大，工件转速应当低些。

B　轴向进给量 f_a 的选择

一般取 $f_a = (0.5 \sim 0.8)B$ ，B 为砂轮宽度。

C　径向进给量 f_r 的选择

根据选定的砂轮耐用度计算。

4.3.1.4 半精磨及精磨的磨削用量选择

A 工件速度 v_w 的选择

由于半精磨及精磨时磨削力较小，所以 v_w 可选择略高一些。

B 轴向进给量 f_a 的选择

轴向进给量的大小直接影响加工表面的粗糙度，当表面粗糙度值要求较小时，轴向进给量尽可能选得小些。

C 径向进给量 f_r 的选择

径向进给量按工件表面粗糙度、加工余量、精度要求和工艺系统刚性来选择，加工要求越高、余量越小、工艺系统刚性小、材料导热系数小，则 f_r 越小。

4.3.2 磨削方法

4.3.2.1 外圆磨削

外圆磨削利用砂轮外圆周面来磨削工件的外回转表面。它不仅能加工圆柱面，还可加工圆锥面、端面（台阶部分）及一些特殊表面等。按不同进给方向又可分为纵磨法和横磨法，如图 4-11 所示。

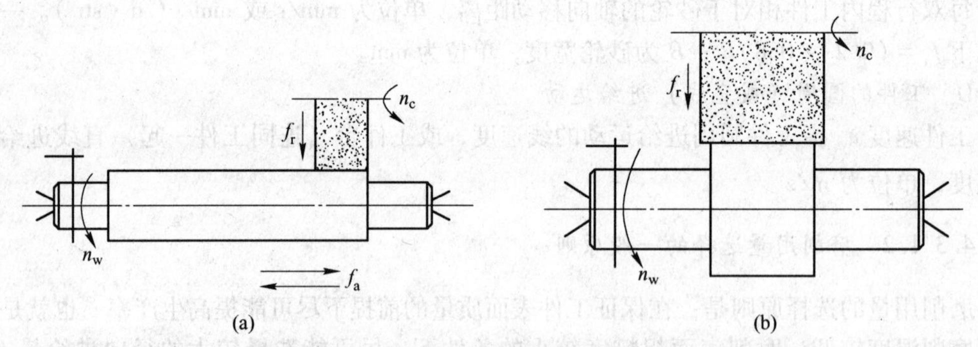

图 4-11 外圆磨削

（a）纵磨法磨外圆；（b）横磨法磨外圆

纵磨法磨削外圆时，磨深小、磨削力小、散热好，磨削精度较高，表面粗糙度较小；但由于工作行程次数多，生产率较低；它适于在单件小批生产中磨削较长的外圆表面。

横磨法磨削的生产效率高，但加工精度低，表面粗糙度较大；这是因为横向进给磨削时工件与砂轮接触面积大，磨削力大、发热量多、磨削温度高、工件易发生变形和烧伤；它适于在大批大量生产中加工刚性较好的工件外圆表面。如将砂轮修整成一定形状，还可以磨削成形表面。

外圆磨削还可采用斜向进给同时磨削外圆和端面，如图 4-12 所示。

4.3.2.2 无心外圆磨

磨削时工件放在砂轮与导轮之间的托板上，不用中心孔支撑，而由工件的被磨削外圆面作为定位面，故称无心磨。无心磨削导轮是用摩擦系数较大的橡胶结合剂制作的磨粒较粗的砂轮，其转速很低（20～80mm/min），靠摩擦力带动工件旋转，实现圆周进给运动；

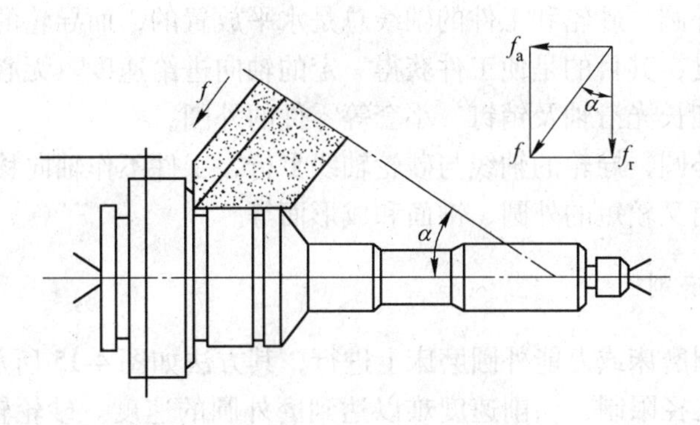

图 4-12 斜向进给同时磨削外圆和端面

砂轮的转速很高，从而在砂轮和工件间形成很大的相对速度，即磨削速度。工件的中心应高于磨削砂轮与导轮的中心连线（高出工件直径的 15%~25%），如图 4-13 所示。

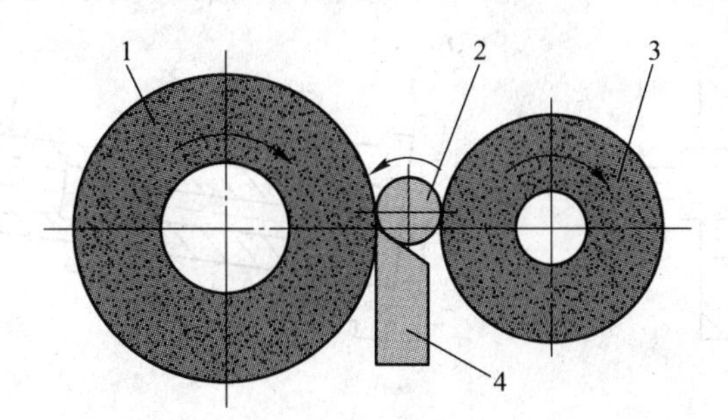

图 4-13 无心外圆磨示意图

1—砂轮；2—工件；3—导轮；4—托板

无心磨削在无心磨床上进行，其方法也有纵磨法和横磨法两种，如图 4-14 所示。

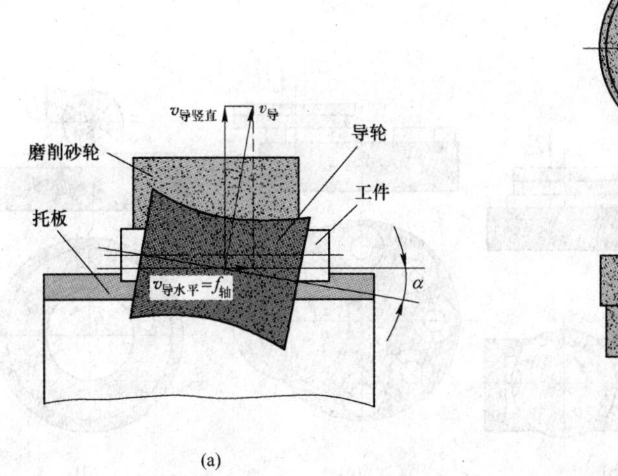

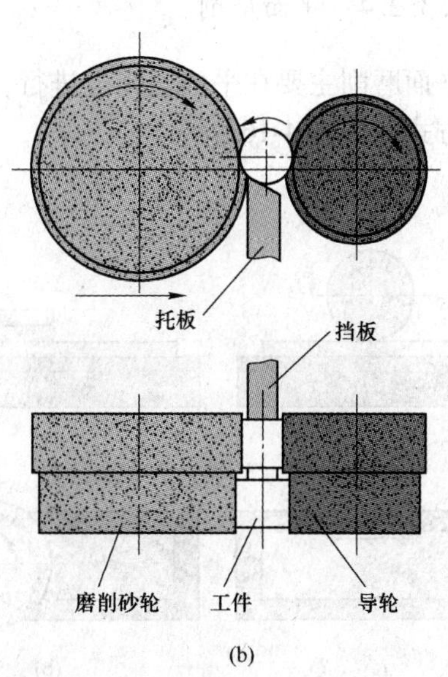

图 4-14 无心外圆磨方法

（a）无心纵磨法磨外圆；（b）无心横磨法磨外圆

无心纵磨法磨外圆，砂轮和工件的轴线总是水平放置的，而导轮的轴线通常要在垂直平面内倾斜一个角度，其目的是使工件获得一定的轴向进给速度。无心纵磨法主要用于大批大量生产中磨削细长光滑轴及销钉、小套等零件的外圆。

无心横磨法磨外圆，导轮的轴线与砂轮轴线平行，工件不作轴向移动。无心横磨法主要用于磨削带台肩而又较短的外圆、锥面和成形面等。

4.3.2.3　内圆磨削

内圆磨削在内圆磨床或万能外圆磨床上进行，其方法如图 4-15 所示。与磨外圆相比，由于磨内圆砂轮受孔径限制，切削速度难以达到磨外圆的速度。砂轮轴直径小，悬伸长，刚度差，易弯曲变形和振动，故只能采用很小的背吃刀量；砂轮与工件成内切圆接触，接触面积大，磨削热多，散热条件差，表面易烧伤。因此，磨内圆比磨外圆生产率低得多，加工精度和表面质量也较难控制。

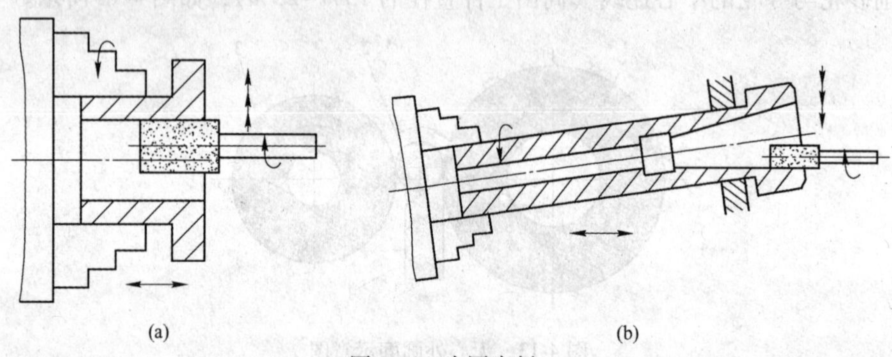

图 4-15　内圆磨削
（a）磨圆柱孔；（b）扳转工作台磨锥孔

4.3.2.4　平面磨削

平面磨削主要在平面磨床上进行，有端面磨削（简称端磨）和周边磨削（简称周磨）两种方式，如图 4-16 所示。

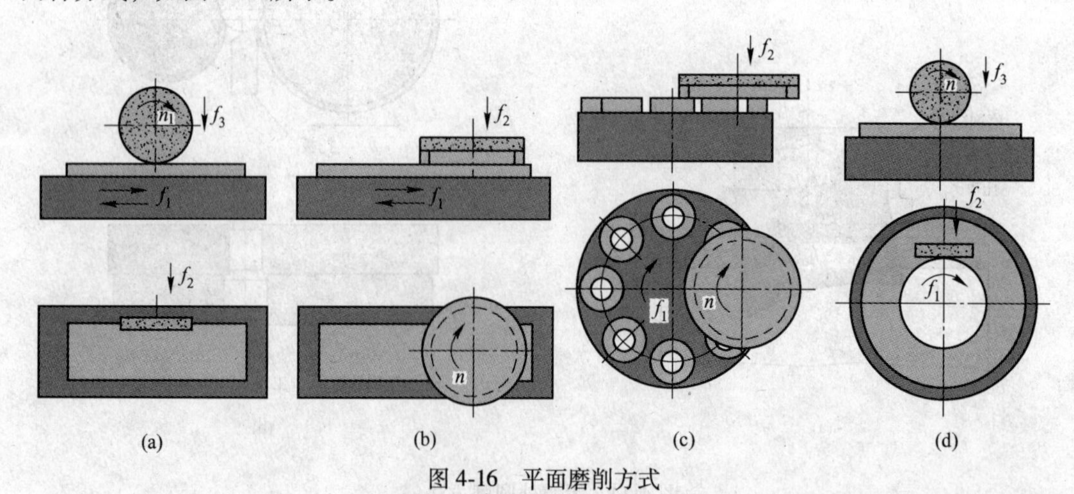

图 4-16　平面磨削方式
（a）矩台磨床周磨平面；（b）矩台磨床端磨平面；（c）圆台磨床端磨多个工件；（d）圆台磨床周磨平面

端面磨削的砂轮直径比较大，能一次磨出工件的较大宽度或全宽，磨削面积大，且砂轮轴伸出短，刚性好，磨削用量较大，生产率高；但砂轮与工件接触面大，散热、排屑条件差，冷却困难，所以加工精度较低，表面粗糙度值较大，适于粗磨或半精磨。

周边磨削，砂轮和工件接触面较小，发热量少，冷却和排屑条件较好，可获得较高的加工精度和较小的表面粗糙度值；但刚性小，磨削用量较小，生产率低，适于精磨。

4.3.3　磨床常用附件及夹具

4.3.3.1　内、外圆磨削常用附件与夹具

外圆磨削时，常用一端夹持或两端顶持的方式装夹工件。故三爪卡盘、四爪卡盘、心轴、顶尖、花盘等为外圆磨削时的常用附件及夹具。对顶安装工件时，磨削前应对工件中心孔进行修研。修研工具一般采用四棱硬质合金顶尖。内圆磨削时，也要求工件被加工孔回转中心与机床主轴回转中心一致，故三爪卡盘等也常用于内圆磨。内、外圆磨削时，也可采用专用夹具夹持工件，该类夹具大多为定心夹具。

4.3.3.2　平面磨削常用附件及夹具

平面磨削时，常用的附件有磁性吸盘、精密平口钳、单向（双向）电磁正弦台、正弦精密平口钳、单向正弦台虎钳等。

磁性吸盘比平口钳有更广的平面磨削范围，适合于扁平工件的磨削。

精密平口钳装在磁力工作台上，经校正方向后可用于磨削工件垂直面或进行成形磨削，安装磁力工作台难以吸住的细小工件或非导磁材料的工件。正弦精密平口钳，如图4-17所示，则用于磨削零件上的斜面，最大倾斜角为45°。单向磁力正弦台更适合扁平零件上斜面的加工。

图4-18所示，斜面磨削常用角度导磁体的上、下面（A）和两侧面（B），以及β角的两斜面，均能经过精密磨削。角度导磁体需校正，安装于磁力台上，以吸住工件，并磨削其斜面，适用于磨削带斜面、批量较大的工件。

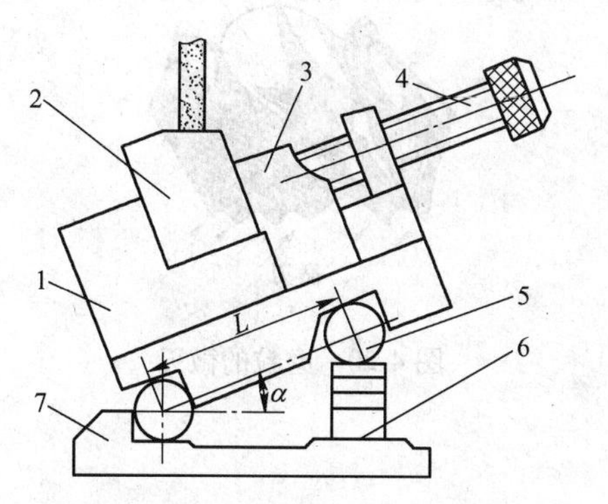

图4-17　正弦精密平口钳结构

1—精密平口钳；2—工件；3—活动钳口；4—螺杆；5—正弦圆柱；6—量块；7—底座

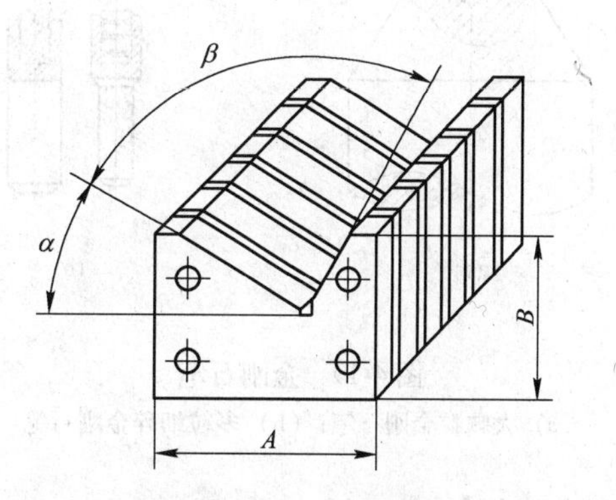

图4-18　角度导磁体

（α：15°，30°，45°等；β：90°）

4.3.4 砂轮的磨损与修整

4.3.4.1 砂轮的磨损

砂轮工作一定时间后，也会因钝化而丧失磨削能力。造成砂轮钝化的原因主要有：磨粒在磨削中高温高压及机械摩擦作用下被磨平而钝化；磨粒因磨削热的冲击而在热应力下破碎，磨粒在磨削力作用下脱落不均而使砂轮轮廓变形；磨屑在磨削中的高温高压下嵌入砂轮气孔而使砂轮钝化。

砂轮磨损后，会使工件的磨削表面粗糙，表面质量恶化，加工精度降低，外形失真，还会引起振动和发生噪声，此时，必须及时修整砂轮。

4.3.4.2 砂轮修整

砂轮修整方法主要有单颗（或多颗）金刚石车削法、金属滚轮挤压法、碳化硅砂轮磨削法和金刚石滚轮磨削法等多种。金刚石滚轮修整效率高，一般用于成形砂轮的修整；金属滚轮挤压法、碳化硅砂轮修整一般宜用于成形砂轮；车削法修整是最常用的方法，用于修整普通圆柱形砂轮或型面简单、精度要求不高的砂轮。

车削法修整是用单颗金刚石或多颗细碎金刚石笔，如图 4-19 所示、金刚石粒状修整器（金刚石不经修磨，一直用至消耗完）作刀具对砂轮进行车削的方法。用单颗金刚石笔修整时，应按具体要求合理选择修整进给量和修整深度，方能达到修整目的。

当修整进给量小于磨粒平均直径时，砂轮上磨粒的微刃性好，如图 4-20 所示，砂轮切削性能好，工件表面粗糙度小。但修整进给量很小时，修整后的砂轮磨削时生热多，易使工件表面出现烧伤与振纹。因此，粗磨和半精磨时，为防止烧伤，可采用较大砂轮修整进给量。砂轮修整深度过大，则会使整个磨粒脱落和破碎，砂轮磨耗增大，同时砂轮不易修整平整。

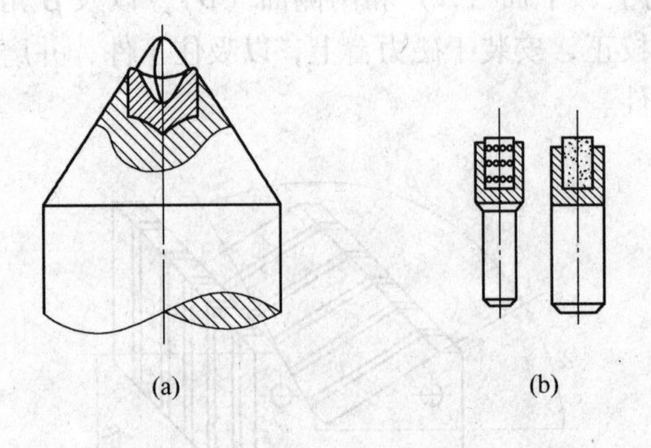

图 4-19 金刚石笔

（a）大颗粒金刚石笔；（b）多粒细碎金刚石笔

图 4-20 磨粒的微刃

【任务实施】

一、操作技术要点

掌握在万能外圆磨床上磨削外圆的方法。

二、刀、夹、量具

（1）砂轮。

（2）三爪卡盘、顶尖。

（3）游标卡尺、螺旋千分尺、百分表。

三、操作过程

（1）安装、找正工件。

（2）调整相关磨削用量。

（3）按要求进行加工。

（4）测量工件。

四、安全及注意事项

（1）工件应安装牢固，避免发生事故。

（2）切削液必须充分。

五、质量检查及评分标准

质量检查及评分标准

班级		学生姓名		学习任务成绩	
课程名称	普通机床加工技术与实践	学习情境	情境 4 磨削加工	学习任务	短轴磨削

质 量 检 查 及 评 分 标 准

序号	质量检查内容	配分	评分标准	检查	得分
1	$\phi 28_{-0.052}^{\ 0}$	30	超差不得分		
2	表面粗糙度 $Ra1.6$	30	超差不得分		
3	正确安装工件	20	酌情给分		
4	正确操作磨床	20	酌情给分		
5	安全文明生产		违章扣分		
6					

教师签字：

【任务小结】

（1）磨削时，一般有 4 个运动，即主运动、径向进给运动、轴向进给运动、工件的圆周（或直线）进给运动。

（2）磨削用量选择原则是尽可能选择较大的径向进给量、轴向进给量和工件速度。一般磨削速度无需选择。

（3）外圆磨削按不同进给方向又可分为纵磨法和横磨法。

（4）无心磨削也有纵磨法和横磨法两种方法。

（5）砂轮磨损后，应及时修整砂轮。砂轮修整方法主要有单颗（或多颗）金刚石车削法、金属滚轮挤压法、碳化硅砂轮磨削法和金刚石滚轮磨削法等多种。

【思考与训练】

（1）正确操纵磨床，加工任务4.3零件。

（2）磨削用量有哪些，其选择原则是什么？

（3）常用磨削方法有哪些？

（4）常用磨床附件有哪些？M1432A加工外圆时，工件一般如何装夹？

（5）砂轮为何要修整？如何修整？

学习情境5　钻 削 加 工

【学习目标】

（一）知识目标

（1）知道钻床加工范围及特点。

（2）能够进行钻床日常保养。

（3）能操纵钻床进行简单零件加工。

（二）技能目标

能根据生产条件和工艺要求，合理操作钻床，并能对钻床进行日常的维护保养。

学习任务5.1　钻削加工及安全操作规程

【学习任务】

（1）钻削加工的特点。

（2）钻削运动及钻削用量的基本概念。

（3）钻削加工安全操作规程。

【任务描述】

通过多媒体课件或现场参观等形式，使学生对钻削加工有一定的感性认识，进而产生学习兴趣。通过对钻削加工的介绍，了解钻削加工的特点及运动。根据钻削加工特点、机械加工的基本要求及生产管理的相应要求，使学生了解钻削安全操作规程。

【相关知识】

5.1.1　钻削加工范围及特点

用钻头或铰刀、锪刀在工件上加工孔的方法统称钻削加工，主要用来加工工件形状复杂、没有对称回转轴线的工件上的孔，如箱体、机架等零件上的孔。钻削除钻孔、扩孔、铰孔外，还可以进行攻螺纹、锪孔、刮平面等，如图5-1所示。它可以在台式钻床、立式钻床、摇臂钻床上进行，也可以在车床、铣床、铣镗床等机床上进行。

5.1.1.1　钻孔

用钻头在实体材料上加工圆孔的方法称为钻孔。

钻孔时，工件固定，钻头安装在钻床主轴上。钻头与主轴一起做旋转运动为主运动，

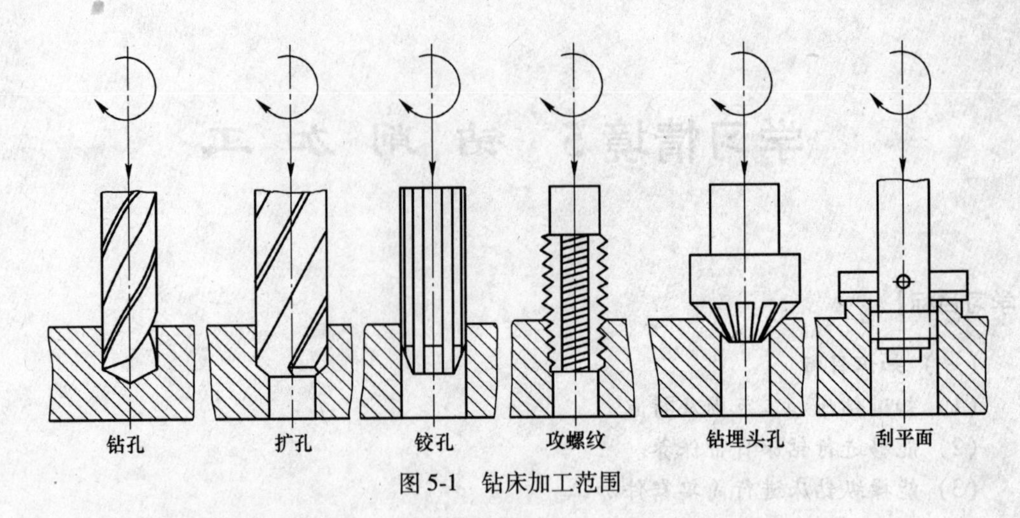

图 5-1　钻床加工范围

钻头沿轴线方向移动为进给运动，如图 5-2 所示。

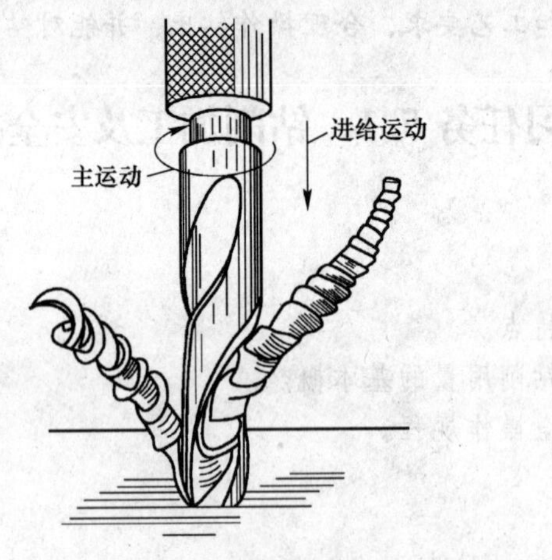

图 5-2　钻削运动

钻孔时，钻头处于半封闭空间内，切削量大，转速高，排屑困难，造成钻孔加工精度不高，一般为 IT11~IT12 级。表面粗糙度为 *Ra* 50~12.5μm，常用于加工要求较低的孔或作为孔的粗加工。

机加工中钻孔刀具常用麻花钻，其结构如图 5-3 所示。

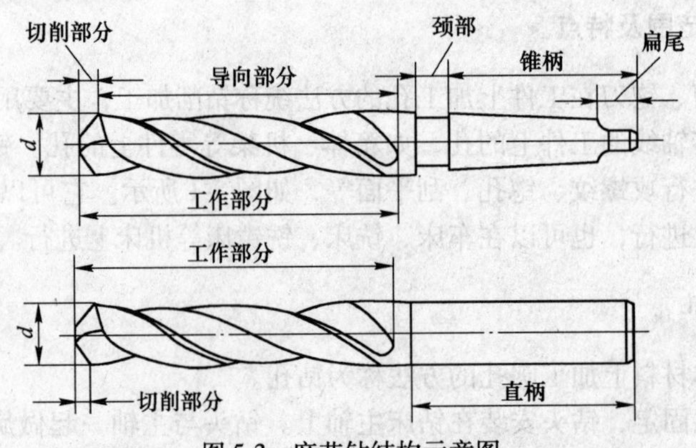

图 5-3　麻花钻结构示意图

麻花钻是钻孔最常用的刀具。麻花钻的直径规格为 0.1~100mm，其中较为常用的是 3~50mm 。麻花钻切削部分的结构如图 5-4 所示，它有两条对称的主切削刃、两条副切削刃和一条横刃。麻花钻钻孔时，相当于两把反向的车孔刀同时切削。

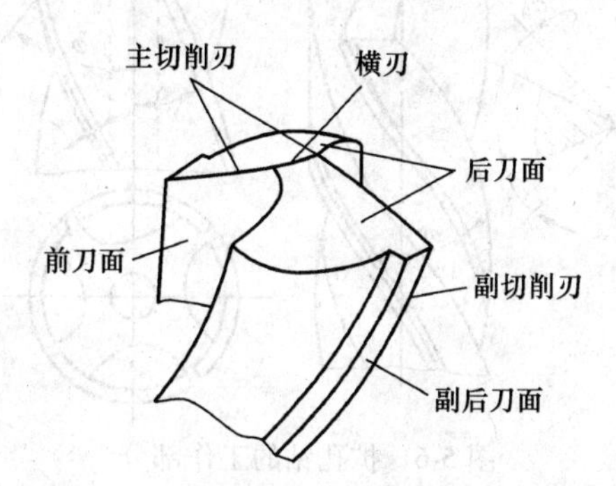

图 5-4　麻花钻切削部分构成示意图

由于麻花钻的结构和钻孔的切削条件存在“三差一大”（即刚度差、导向性差、切削条件差和轴向力大）的问题，再加上钻头的两条主切削刃手工刃磨难以准确对称，从而致使钻孔具有钻头易引偏、孔径易扩大和孔壁质量差等工艺问题。

5.1.1.2　扩孔

扩孔是用扩孔工具将工件上已加工孔径扩大的操作。

常用的扩孔工具有麻花钻（见图 5-3）和扩孔钻，扩孔钻按刀体结构可分为整体式和镶片式两种；按装夹方式可分为直柄、锥柄和套式三种，部分扩孔钻结构如图 5-5 所示。

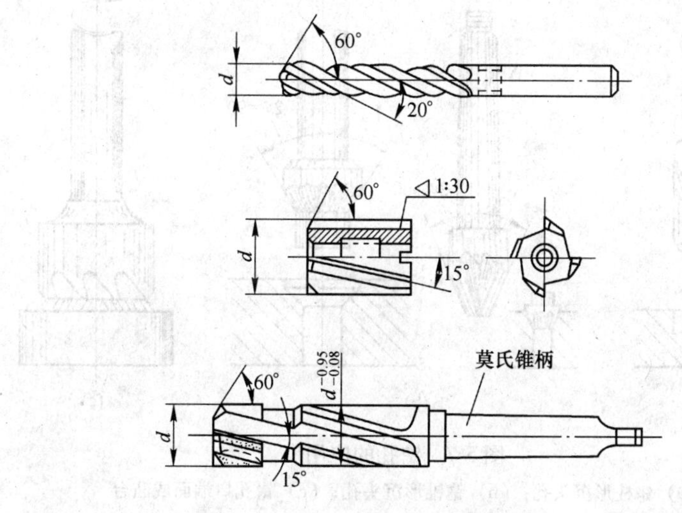

图 5-5　部分扩孔钻的结构

扩孔钻可做成多刀齿，齿数较多（一般 3~4 个齿），导向性好，切削平稳；切削刃只有外缘处的一小段，没有横刃，可避免横刃对切削的不良影响，如图 5-6 所示。用扩孔钻扩孔，由于扩孔钻钻心粗，刚性好，且具有切削阻力小；产生的切屑小、排屑容易；因而可选择较大的切削用量。生产率高，加工质量好，精度可达 IT10~IT9，表面粗糙度值可达 $Ra25 \sim Ra6.3$，常作为孔的半精加工及铰孔前的预加工。

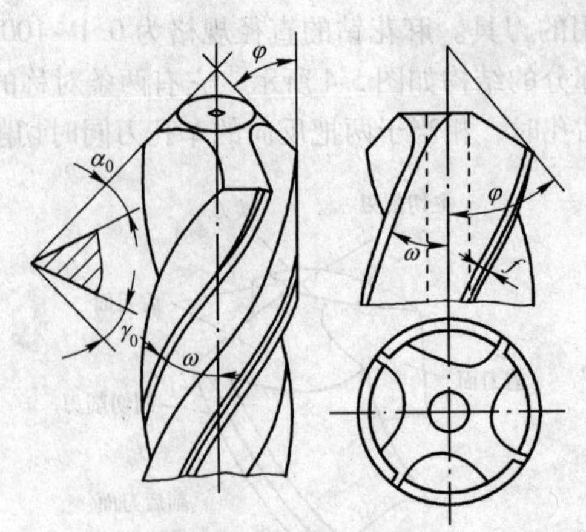

图 5-6　扩孔钻的工作部分

扩孔钻的直径规格为 10～100mm，其中常用的是 15～50mm。直径小于 15mm 的一般不扩孔。扩孔的余量一般为孔径的 1/8。

5.1.1.3　锪孔

锪孔是在钻孔的基础上，利用锪钻（或改制钻头）对孔口形状的加工。锪孔的目的是保证孔端面与孔中心线的垂直度，以便与孔连接的零件位置正确，连接可靠。

常见的锪孔形式有：锪柱形沉头孔，锪锥形沉头孔，锪孔口端面或凸台，锪孔形式及相应的锪钻，如图 5-7 所示。

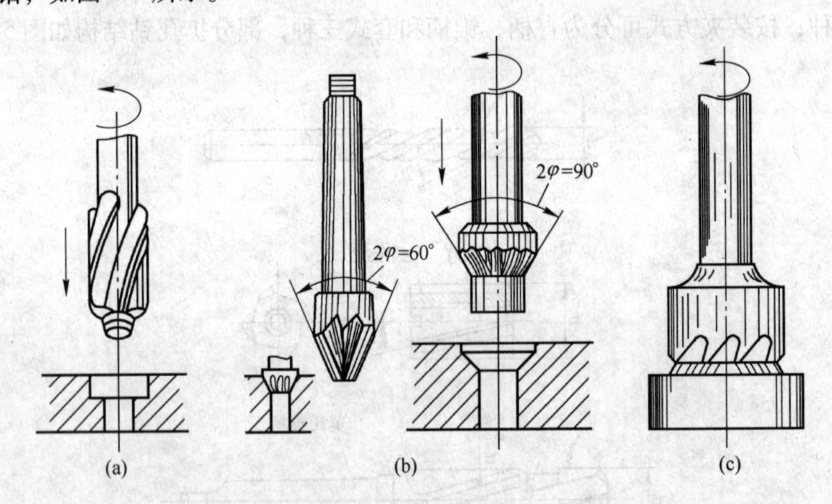

图 5-7　锪孔的应用

（a）锪柱形沉头孔；（b）锪锥形沉头孔；（c）锪孔口端面或凸台

锪孔方法与钻孔方法基本相同，但锪孔时的主要问题是所加工的表面容易出现振痕，影响到锪削质量，要特别注意。

5.1.1.4　铰孔

用铰刀从工件孔壁上切除微量的金属层，以提高孔的尺寸精度和降低表面粗糙度的加工方法称为铰孔。铰削可提高孔的尺寸精度和降低表面粗糙度数值。一般铰孔的尺寸公差可达到 IT7～IT9 级，表面粗糙度可达 $Ra\,3.2\mu m$～$Ra\,0.8\mu m$，甚至更小。

铰孔的方法分为手铰和机铰两种，如图 5-8 所示。所使用的铰刀结构有一定差异，如图 5-9 所示的整体圆柱铰刀。

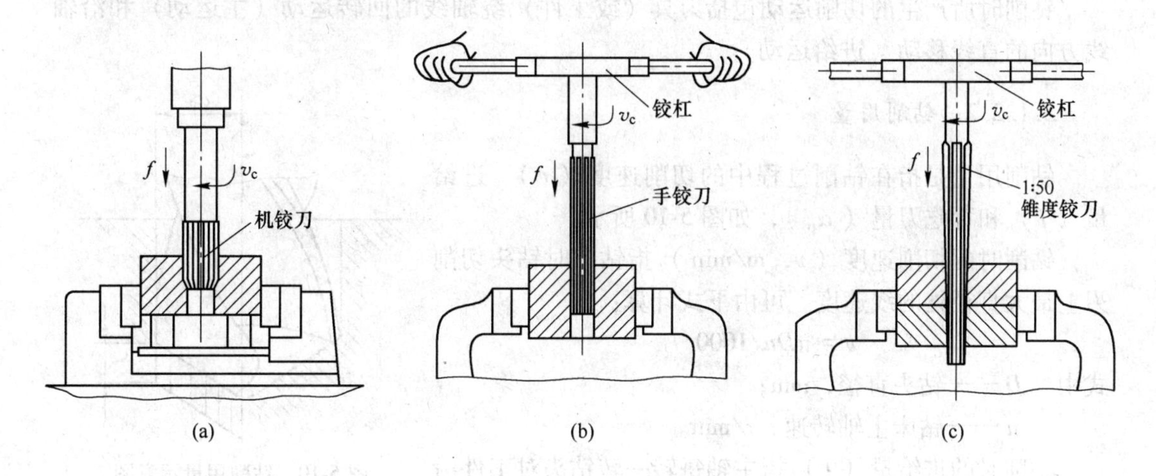

图 5-8　铰孔的方法

（a）机铰圆柱孔（在钻床上）；（b）手铰圆柱孔（在虎钳上）；（c）手铰圆锥孔（在虎钳上）

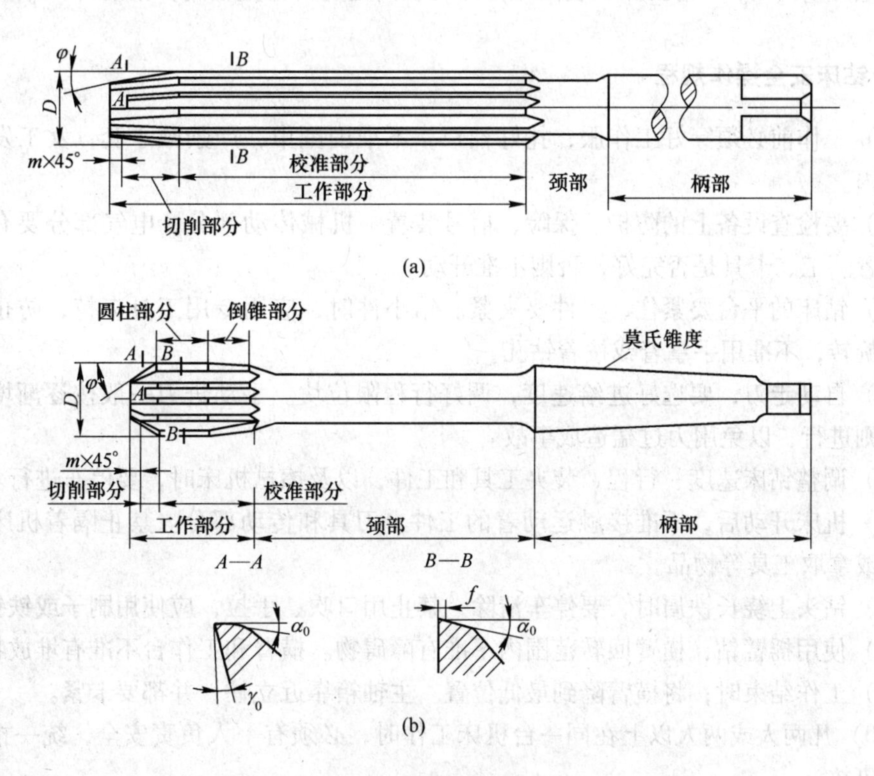

图 5-9　整体圆柱铰刀

（a）手用铰刀；（b）机用铰刀

5.1.2 钻削运动及钻削用量

5.1.2.1 钻削运动

钻削时所产生的切削运动包括刀具（或工件）绕轴线的回转运动（主运动）和沿轴线方向的直线移动（进给运动）。

5.1.2.2 钻削用量

钻削用量是指在钻削过程中的切削速度（v）、进给量（f）和背吃刀量（α_p），如图5-10所示。

钻削时的切削速度（v，m/min）指钻孔时钻头切削刃上最大直径处的线速度。可由下式计算：

$$v = \pi Dn/1000$$

式中 D——钻头直径，mm；

n——钻床主轴转速，r/min。

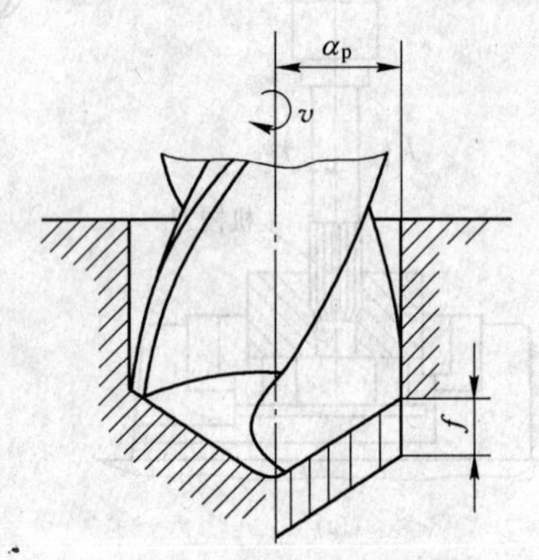

图5-10 钻削用量示意图

钻削时的进给量（f）指主轴每转一转钻头对工件沿主轴轴线相对移动量，单位为mm/r。

背吃刀量（α_p）指已加工表面与待加工表面之间的垂直距离，钻削时，$\alpha_p = \frac{D}{2}$。

5.1.3 钻床安全操作规程

（1）工作前必须穿好工作服，扎好袖口，不准围围巾，严禁戴手套，女工发辫应挽在帽子内。

（2）要检查设备上的防护、保险、信号装置。机械传动部分、电气部分要有可靠的防护装置。工、卡具是否完好，否则不准开动。

（3）钻床的平台要紧住，工件要夹紧。钻小件时，应用专用工具夹持，防止被加工件带起旋转，不准用手拿着或按着钻孔。

（4）自动走刀，要选好进给速度，调好行程限位块。手动进刀一般按逐渐增压和减压的原则进行，以免用力过猛造成事故。

（5）调整钻床速度、行程、装夹工具和工件，以及擦拭机床时，要停车进行。

（6）机床开动后，不准接触运动着的工件、刀具和传动部分。禁止隔着机床转动部分传递或拿取工具等物品。

（7）钻头上绕长铁屑时，要停车清除，禁止用口吹、手拉，应使用刷子或铁钩清除。

（8）使用摇臂钻，横臂回转范围内不准有障碍物。横臂和工作台不准有堆放物。

（9）工作结束时，将横臂降到最低位置。主轴箱靠近立柱，并都要卡紧。

（10）凡两人或两人以上在同一台机床工作时，必须有一人负责安全，统一指挥，防止发生事故。

（11）发现异常情况应立即停车，请有关人员进行检查。

（12）机床运转时，不准离开工作岗位，因故要离开时必须停车并切断电源。

（13）工作完后，关闭机床总闸，擦净机床，清扫工作地点。

【任务小结】

（1）钻削加工包钻、扩、铰、锪等加工，主要用来加工工件形状复杂、没有对称回转轴线的工件上的孔。

（2）钻削用量是指在钻削过程中的切削速度、进给量和背吃刀量。

（3）在操作过程中，必须按机床操作规程严格执行，保证安全。

【思考与训练】

（1）什么是钻削加工？按工艺特征分，钻削加工有哪些类型？

（2）用麻花钻钻孔有哪些特点？

（3）钻孔时，钻削用量包含哪些内容？

（4）钻、扩、铰、锪加工的应用范围有哪些？

学习任务 5.2　钻床及日常维护保养

【学习任务】

（1）钻床的种类及钻削方法。

（2）钻床日常维护保养知识。

【任务描述】

（1）孔加工是零件表面加工的重要内容之一，如果在毛坯制备时没有制出底孔，就需要利用钻削加工的方式在零件上钻孔，可使用的机床种类较多，如车床、铣床、镗床、钻床等，其他机床在相应的任务中有介绍，此处主要考虑钻床。那么常用的钻床有哪些类型，其适用范围及特点又是怎样的，应如何选择呢？

（2）要保证机床的加工精度及使用寿命，日常的维护保养是必不可少的。对于钻床的日常维护保养应注意哪些方面？

【相关知识】

5.2.1　钻床类型

钻削可以在车床、铣床、钻床、组合机床和加工中心等机床上进行，但多种情况下，尤其当生产批量较大时，一般在钻床上进行。

钻床是进行孔加工的主要机床之一。其主运动是主轴的旋转运动，主轴向工件的移动为进给运动，加工中工件不动。钻床种类较多，主要有立式钻床、台式钻床、摇臂钻床、深孔钻床、中心孔钻床、数控钻床等。

5.2.1.1　立式钻床

如图 5-11（a）所示为 Z535 立式钻床外形图。

它由垂直布置的主轴、主轴箱、进给箱、立柱、水平布置的工作台等组成。主轴与工作台间距离可沿立柱导轨调整上、下位置以适应不同高度的工件，主轴轴线位置固定，加工中靠移动工件位置使主轴对准孔的中心，主轴可机动或手动进给。在立式钻床上可对中小型工件完成钻孔、扩孔、铰孔、攻螺纹、锪沉头孔、锪孔口端面等工作。

立钻的主运动是由电机经变速箱（主轴箱）驱动主轴旋转，为了使主轴既可以进行旋转的主运动，又可以进行垂直方向的移动进给运动，其结构如图 5-11（b）所示，当机动进给时，由进给箱传来的运动通过小齿轮驱动主轴套筒上的齿条，使主轴随着套筒齿条做轴向移动，完成轴向机动进给；当需手动进给时，断开机动进给，扳动手柄，使小齿轮旋转，从而带动齿条上下移动，完成手动进给。

由于立钻的进给箱和工件台均只能调整上下位置，因此在立钻上加工完一个孔后再钻另一个孔时，需要搬动工件，使刀具与另一个孔对准，这对于大而重的工件，操作很不方便，所以立钻只适用于单件、小批生产中加工中小型零件。

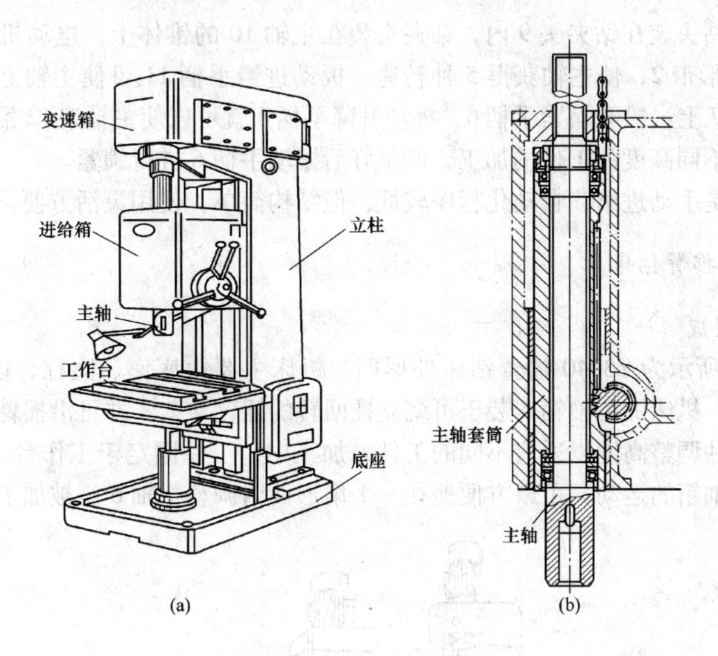

图 5-11　Z535 立式钻床
（a）外形图；（b）主轴结构

5.2.1.2　台式钻床

台式钻床是一种放在桌子上使用的小型钻床。它可加工的孔径一般小于 16mm。主要采用手动进给，是钻小直径孔的主要设备。因孔径较小，所以主轴转速往往较高，最高可达每分钟数万转。

如图 5-12 所示为 Z4012 型台式钻床外形图，它主要由电动机、主轴、工作台、立柱、钻夹头、锁紧手柄、升降手柄、进给手柄等组成。

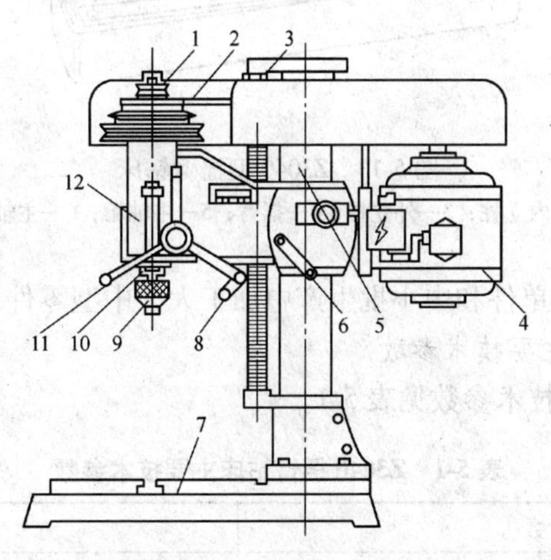

图 5-12　Z4012 台式钻床
1—塔轮；2—V 形带；3—丝杠架；4—电动机；5—立柱；6—锁紧手柄；7—工作台；
8—升降手柄；9—钻夹头；10—主轴；11—进给手柄；12—主轴架

钻孔时，钻头装在钻夹头 9 内，钻夹头装在主轴 10 的锥体上。电动机 4 通过一对五级塔轮 1 和 V 形带 2，使主轴获得 5 种转速。扳动进给手柄 11 可使主轴上下运动。工件安装在工作台 7 上，松开缩紧手柄 6，摇动升降手柄 8 就可以使主轴架 12 沿立柱 5 上升或下降，以适应不同高度的工件的加工，调整好后搬动手柄 6 进行锁紧。

台钻通常是手动进给，自动化程序较低，但结构简单，使用灵活方便。

5. 2. 1. 3　摇臂钻床

A　机床组成

如图 5-13 所示为 Z3040 摇臂钻床外形图。机床主要由底座、立柱、摇臂、主轴箱、工作台等组成。机床的主轴箱 5 装于可绕立柱回转的摇臂 4 上，并可沿摇臂水平移动，摇臂还可以沿立柱调整高度以适应不同的工件，加工中，工件固定于工作台 7 或底座 1 上，通过摇臂和主轴箱的运动，可以方便地在一个扇形面内调整主轴 6 至被加工孔的位置。

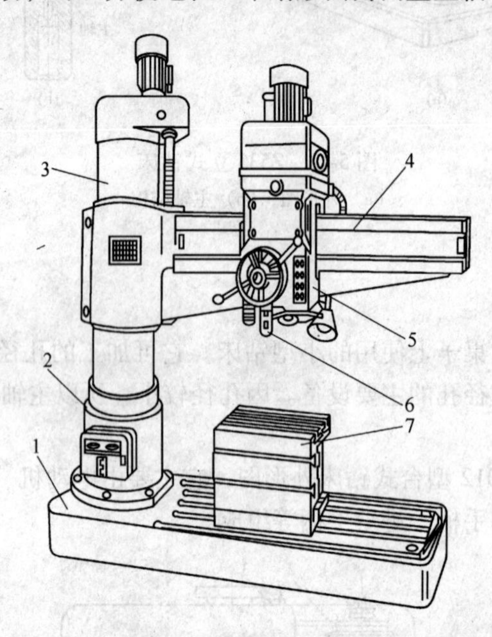

图 5-13　Z3040 型摇臂钻床

1—底座；2—内立柱；3—外立柱；4—摇臂；5—主轴箱；6—主轴；7—工作台

摇臂钻床广泛应用于单件和中小批生产中加工大、中型零件。

B　Z3040 摇臂钻床主要技术参数

Z3040 摇臂钻床主要技术参数见表 5-1。

表 5-1　Z3040 摇臂钻床主要技术参数

参　　数	规　　格
主轴锥孔	莫氏 4 号
主轴转速级数及转速范围	16 级　25~2000r/min
工作台尺寸/mm×mm	500×630

续表5-1

参 数	规 格
主轴行程/mm	315
主轴进给级数及范围	16级 0.04~3.2mm/r
主轴箱水平移动距离/mm	900
最大钻孔直径/mm	40
主轴中心线至立柱母线最大距离/mm	1250
主轴中心线至立柱母线最小距离/mm	350
主轴端面至底座工作面最大距离/mm	1250
主轴端面至底座工作面最小距离/mm	350
主电机功率/kW	3

5.2.2 钻床的日常维护及保养

5.2.2.1 日常保养

A 班前保养

(1) 对重要部位进行检查。

(2) 擦净外露导轨面并按规定润滑各部。

(3) 空运转并查看润滑系统是否正常。加注各部位。

B 班后保养

(1) 做好床身及部件的清洁工作，清扫铁屑及周边环境卫生。

(2) 擦拭机床。

(3) 清洁工、夹、量具。各部件归位。

5.2.2.2 定期保养

A 床身及外表

(1) 擦拭工作台、床身导轨面、各丝杆、机床各表面及死角、各操作手柄及手轮。

(2) 导轨面去毛刺。

(3) 清洁，无油污。

(4) 拆卸清洗油毛毡，清除铁片杂质。

(5) 除去各部锈蚀，保护喷漆面，勿碰撞。

(6) 停用、备用设备导轨面、滑动面及各部手轮手柄及其他暴露在外易生锈的各种部位应涂油覆盖。

B 主轴箱

(1) 清洁，润滑良好。

(2) 传动轴无轴向窜动。

(3) 更换磨损件。

(4) 检查压板松紧至合适。

C　工作台及升降台

（1）清洁，润滑良好。

（2）调整夹条间隙。

（3）检查并紧固工作台压板螺丝，检查并紧固各操作手柄螺丝螺帽。

（4）调整螺母间隙。

（5）清除导轨面毛刺。

（6）对磨损件进行修理或更换。

（7）清洗调整工作台、丝杆手柄及柱上镶条。

D　刀具

每日检查刀具是否复原。

5.2.2.3　记录

将保养中已解决与未解决的主要问题记录入档，作为下次保养或安排检修计划的资料。

【任务小结】

（1）钻床主要有立式钻床、台式钻床、摇臂钻床等。

（2）Z535 立式钻床主要由主轴、主轴箱、进给箱、立柱、水平布置的工作台等组成。

（3）Z3040 摇臂钻床主要由底座、立柱、摇臂、主轴箱、工作台等组成。

（4）台式钻床可加工的孔径一般小于 16mm。

（5）要保证机床的加工精度及使用寿命，日常的维护保养是必不可少的。

【思考与训练】

（1）钻床有哪些类型？各类型使用范围如何？

（2）对比立式钻床与摇臂钻床结构，哪种更适合加工平面上的阵列孔？

（3）如何钻一般工件上的孔？

（4）钻床应如何保养？

（5）能对常用钻床进行日常保养。

学习任务5.3 垫板加工

【学习任务】

操纵钻床，加工如图5-14所示垫板零件。

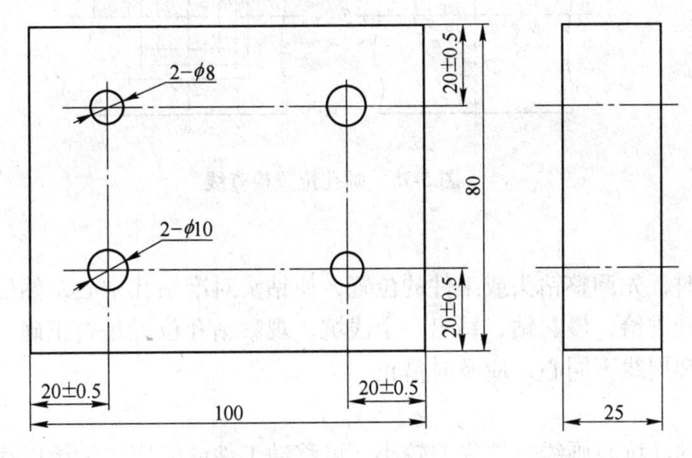

图5-14 垫板零件

【任务描述】

该零件由2组孔组成，分别是对角分布的2个$\phi8$孔和2个$\phi10$孔，各孔定位尺寸为(20±0.5)mm。根据零件的外形特征及孔在零件上的位置，应选用哪类机床较好？根据孔的尺寸要求应如何选择机床型号及刀具？选取怎样的钻削用量？怎样加工来保证孔的位置？

【相关知识】

5.3.1 钻孔方法

钻孔方法与生产类型有关。当生产类型为大批大量生产时，可利用专用夹具来保证加工位置正确；当生产类型为单件小批量生产时，则要借助画线来保证加工位置的正确。

5.3.1.1 一般工件的加工

A 画线

钻孔前应在工件上画出所要钻孔的十字中心线，然后打上样冲眼，样冲眼位置的正确与垂直直接关系到起钻的定心位置。为便于及时检查和借正钻孔的位置，可画出几个大小不等的检查圆；对于位置要求较高的孔，为避免样冲眼产生的偏差，可在画十字中心线时，同时画出大小不等的方框，作为钻孔时的检查线，如图5-15所示；在工件的毛坯表面上画线或孔的位置要求不高时，可在孔的圆周上（90°位置）打四个样冲眼，作钻孔后的检查用。孔中心的样冲眼作为钻头定心用，应大而深，使钻头在钻孔时不要偏离中心。

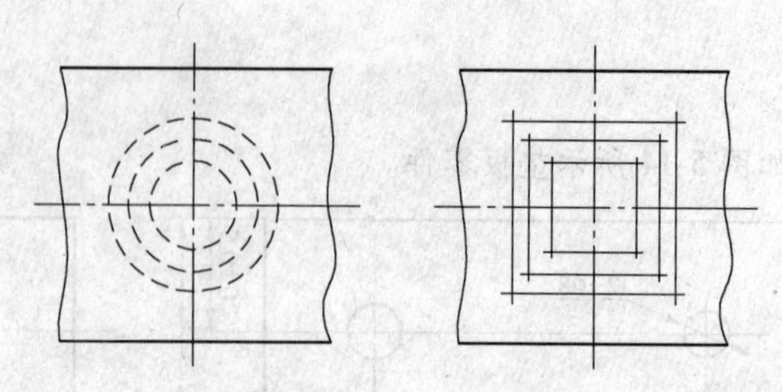

图 5-15　画孔位置检查线

B　起钻

钻孔开始时，先调整钻头或工件的位置，使钻头对准钻孔中心，然后启动主轴，待转速正常后，手动进给，慢起钻，钻出一个浅坑，观察钻孔位置是否正确。如果钻出的浅坑与所画的钻孔圆周线不同心，应及时借正。

C　借正

如果钻出的浅坑与画线位置偏差较小，可移动工件或钻床主轴予以找正，使浅坑与画线中心同轴。若钻头较大，或浅坑偏得较多，用移动工件或钻头的方法很难取得效果，这时可在原中心位置上用样冲加深样冲眼深度或用油槽錾錾几条沟槽，如图 5-16 所示，以减少此处的切削阻力使钻头移偏过来，达到找正的目的。

但无论采取哪种方法借正，都必须在浅坑外圆小于钻头直径之前完成，否则，纠偏就非常困难。

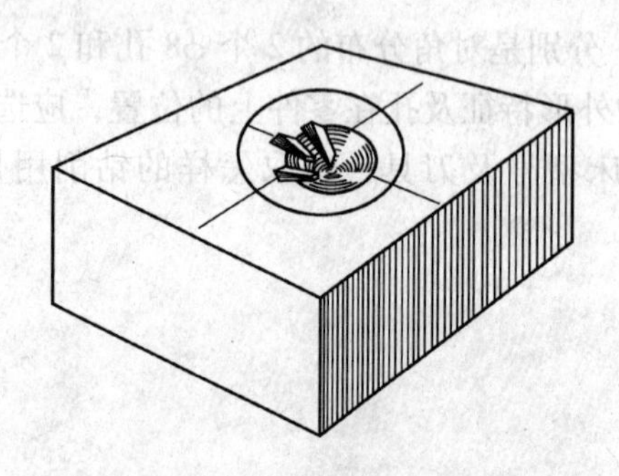

图 5-16　用錾槽方式纠正钻偏的孔

D　进给操作

当起钻达到钻孔位置要求后，即可按要求完成钻孔。手动进给时，应注意进给力不能使钻头发生弯曲，避免钻孔轴线歪斜，如图 5-17 所示，或折断钻头。钻深孔或小直径孔时，进给量要小，并经常退钻排屑，防止切屑阻塞而折断钻头；当孔将要钻穿时，应减小进给量，如果采用自动进给方式钻孔，此时最好改为手动进给，以防孔将钻穿时，轴向阻力突然减小造成进给机构弹性恢复使钻头以很大进给量自动切入，造成钻头折断或钻孔质量降低，或使工件随钻头转动造成事故。

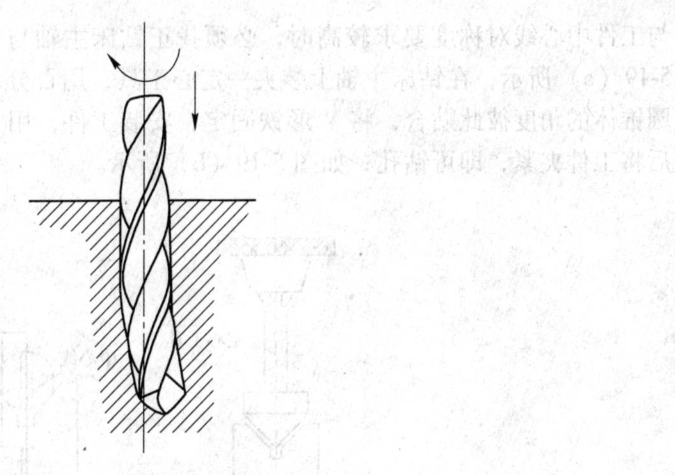

图 5-17　钻孔轴向歪斜

5.3.1.2　薄板的钻孔方法

（1）在薄钢板上钻孔时，由于工件刚性差，易变形和振动。用标准麻花钻钻孔，工件受到轴向力作用变形，不易钻入。当钻穿时，工件回弹，使麻花钻突然钻入过多，造成扎刀或将钻头折断，因此需将钻头修磨成薄板钻，如图 5-18 所示。薄板群钻的特点口诀："迂回、钳制靠三尖，内定中心外切圈，压力减轻变形小，孔形圆整又安全。"这种钻头的特点是采用多刃切削，横刃短以减小轴向力，有利于薄板钻孔。

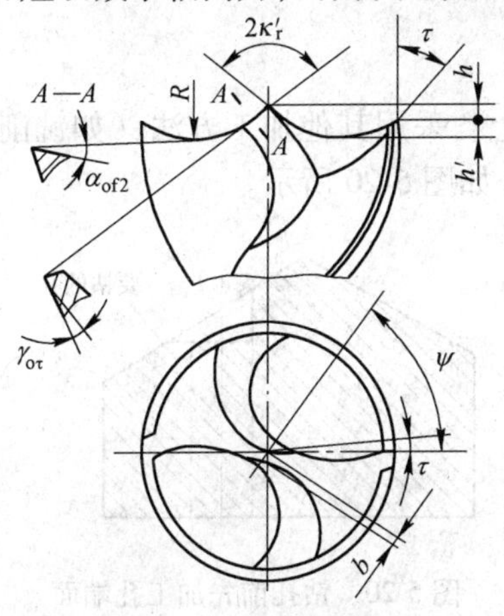

图 5-18　薄板钻

（2）在薄钢板上钻孔时，工件刚性差，易变形和振动，用标准麻花钻钻孔，工件受到轴向力作用变形，可以在工件下面垫上木板，将薄板放在木板上钻孔。

5.3.1.3　盲孔的钻孔方法

钻盲孔时，可按钻孔深度调整挡块，并通过测量实际尺寸来控制钻孔深度；或利用钻床上的刻度盘来控制钻孔深度。

5.3.1.4　在圆柱形工件上钻孔

在轴、套类工件上钻与轴线垂直且通过圆心的孔，一般用 V 形铁装夹，当孔的中心与工件中心线对称度要求较高时，必须找正钻床主轴与工件轴线在同一铅垂面上。如图 5-19（a）所示，在钻床主轴上装夹一定心工具，用百分表找正，然后调整 V 形铁与工具圆锥体的角度彼此贴合，将 V 形铁固定，安装工件，用角尺找正工件端面的钻孔中心线后将工件夹紧，即可钻孔，如图 5-19（b）所示。

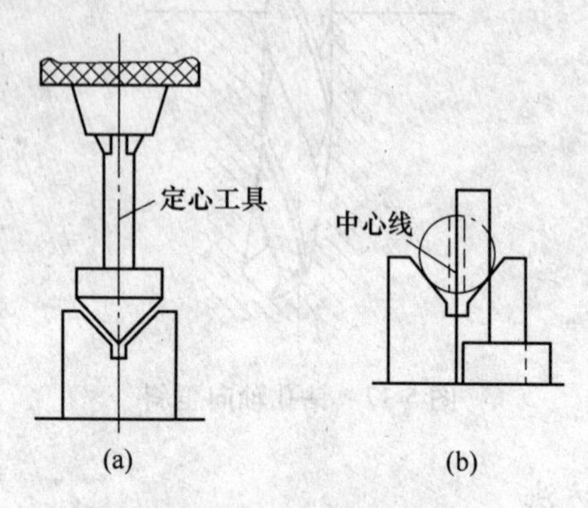

图 5-19　圆柱形工件上钻孔

（a）找正主轴；（b）找正工件

5.3.1.5　在斜面上钻孔

在斜面上钻孔，起钻时会使钻头径向力不对称，产生滑移和偏斜，操作不当会使钻头折断。

斜面钻孔方法如下：

（1）在要钻孔处的斜面上，采用其他加工方法（如铣削、錾削）加工出与孔轴线相垂直的平面，然后画线钻孔，如图 5-20 所示。

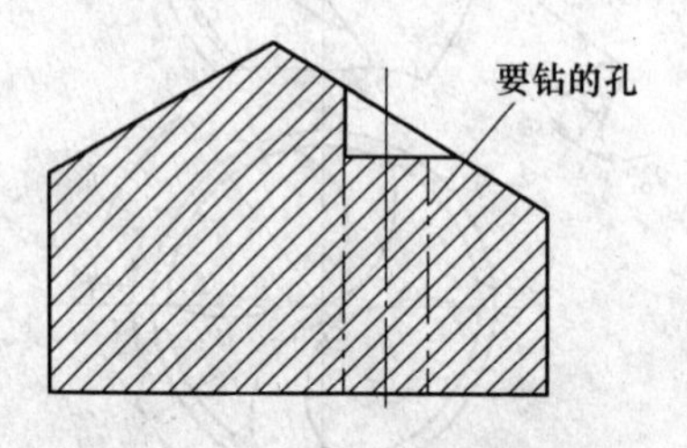

图 5-20　钻孔前先加工孔端面

（2）采用专用夹具，利用钻套增强钻头刚性、引导钻孔位置，保证钻孔质量。

5.3.2　钻头的装夹

装夹钻头时，根据钻头柄部的形状和直径大小不同，常采用钻夹头、钻套进行装夹或直接装入钻床主轴锥孔内。

5.3.2.1　用钻夹头装夹

钻夹头用于装夹直径不大于 13mm 的直柄钻头。用钻夹头装夹钻头时，夹持长度不应小于 15mm，如图 5-21 所示。

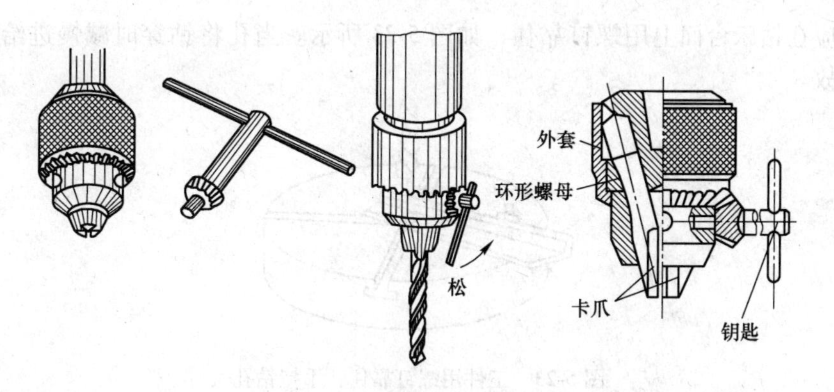

图5-21　用钻夹头装夹钻头

5.3.2.2　用锥套装夹或直接装夹

当钻头锥柄的莫氏锥度与钻床主轴锥孔的尺寸及锥度一致时，可直接将钻头插入到主轴锥孔内。当锥度不一致时，应加锥套进行过渡连接，如图5-22所示。不论是否加锥套，在装夹前都必须将锥柄和主轴锥孔擦干净，并使扁尾与主轴上的腰形孔对准，然后利用加速冲力一次装接，才能保证连接可靠。拆卸钻头或锥套时，要用斜铁敲入腰形孔内，斜铁斜面向下，这样利用斜面的推力使其分离，即可拆下钻头或锥套，如图5-22所示。

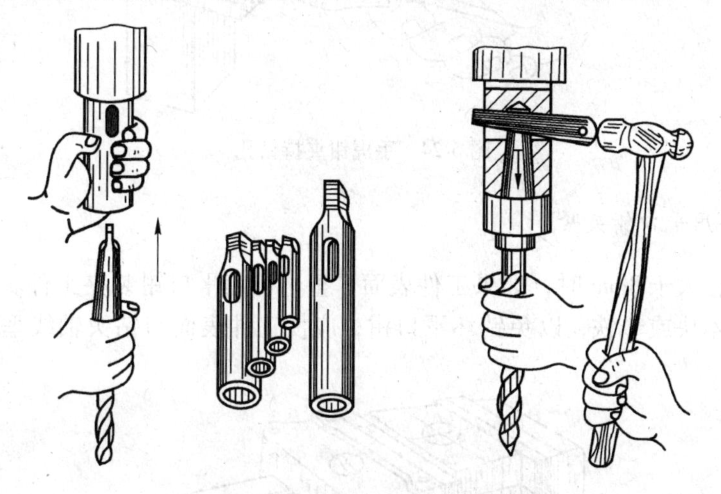

图5-22　锥柄钻头的装拆

5.3.3　工件的装夹

钻孔时，应根据工件的形状及要求、钻孔直径的大小选择装夹方法和夹具，以保证钻孔质量及安全。

5.3.3.1　直接用手握持

在钻8mm以下的小孔，工件又可以用手握牢时，在确保安全的前提下，可用手握住工件钻孔。此方法比较方便，但工件上锋利的边、角必须倒钝。有些长工件虽可用手握住，但还应在钻床台面上用螺钉靠住，如图 5-23 所示。当孔将钻穿时减慢进给速度，以防发生事故。

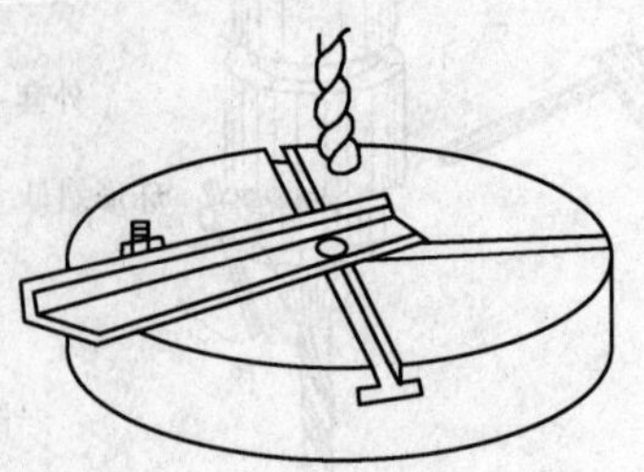

图 5-23 工件用螺钉靠住，手持钻孔

5.3.3.2 用手虎钳夹紧

在小型工件或板上钻小孔时，若不能或不便用手直接握住工件钻孔，可用手虎钳夹紧工件，然后将工件钻孔部位放置在垫铁上，手持手虎钳柄部钻孔，如图 5-24 所示。

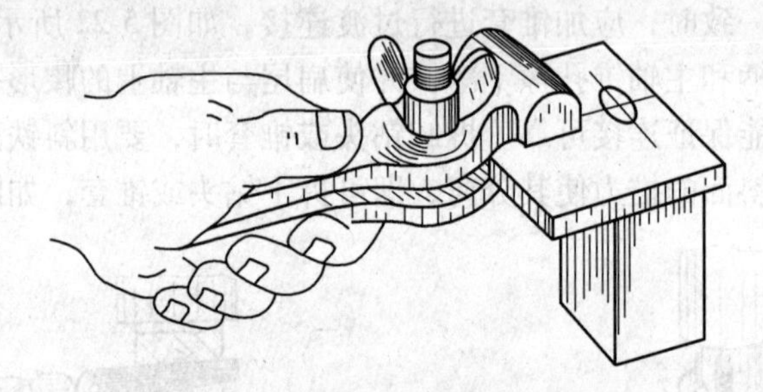

图 5-24 手虎钳夹持钻孔

5.3.3.3 用平口钳夹紧

当钻孔直径大于 8mm 时，如果工件表面平整，可用平口钳装夹工件。装夹时，应在工件下面放置木块或垫铁，以免钻坏平口钳；应使工件表面与钻头轴线垂直。如图 5-25 所示。

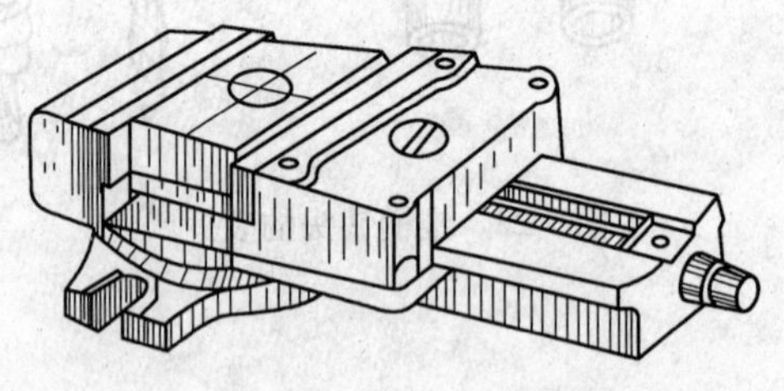

图 5-25 用平口钳夹紧

当钻孔直径小于 12mm 时，平口钳可以不固定；钻孔直径大于 12mm 时，必须用螺栓将平口钳固定在工作台上。

5.3.3.4 用螺栓压板夹紧

钻直径大于 10mm 的孔或不适合用平口钳夹持的工件，可直接用压板、螺栓把工件固定在钻床工作台上，如图5-26所示。使用压板时要注意以下几点：

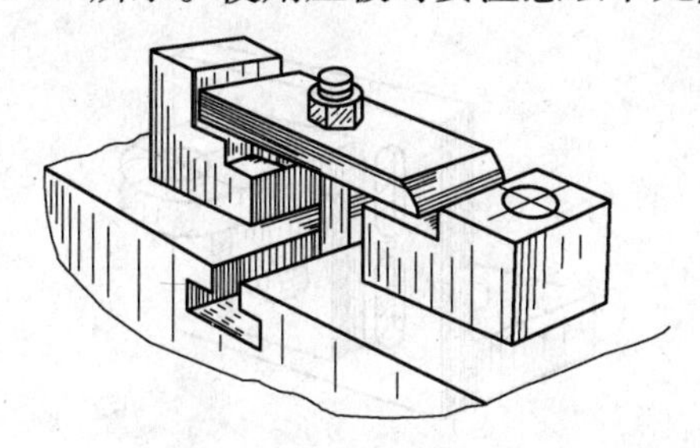

图5-26 用螺栓、压板夹紧

（1）压板厚度与螺栓直径要相适应，不能造成压板弯曲变形而影响夹紧力。

（2）为保证夹紧可靠，应使螺栓尽量靠近工件，这样压紧力较大。

（3）垫铁高度应略高于工件的压紧表面，这样即使压板略有变形，着力点也不会偏在工件边缘处，可避免工件在夹紧过程中产生位移。

（4）对于已精加工过的压紧表面，在与压板接触的位置上应垫以软铁、铜皮等物，以免压出印痕。

5.3.3.5 用三爪卡盘夹紧

在圆柱形工件的端面上钻孔，可用三爪自定心卡盘夹紧工件，如图5-27所示。

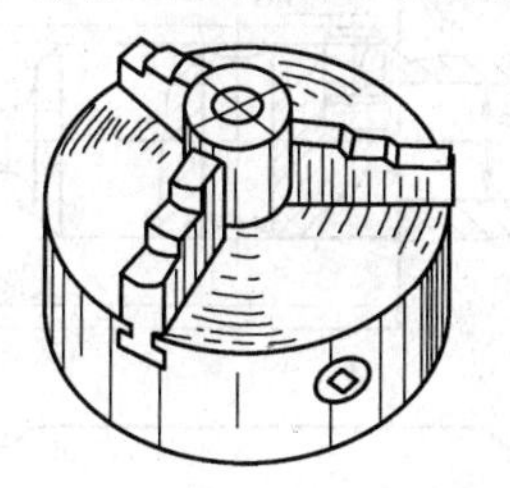

图5-27 用三爪卡盘夹紧

5.3.3.6 用V形铁夹紧

在轴、管、套等圆柱形工件上钻孔时，可用带夹紧装置的V形铁夹紧，也可用V形铁配以螺栓、压板夹紧，如图5-28所示。

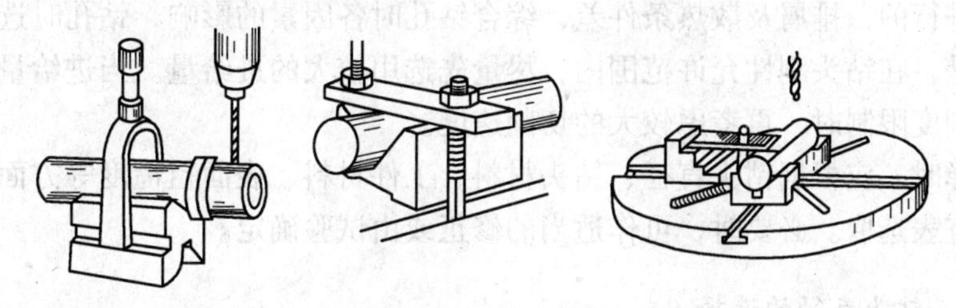

图5-28 用V形铁夹紧

5.3.3.7 用角铁装夹

当工件底面不平或工件的加工基准在侧面时，可用角铁装夹，如图5-29所示。此时钻削的轴向力作用在角铁安装平面外侧，角铁必须固定在钻床工作台上。

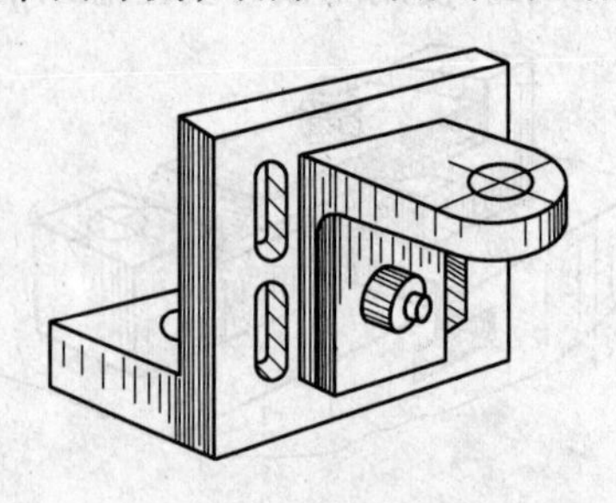

图 5-29　用角铁装夹

5.3.3.8　用专用夹具装夹

对于一些批量大、钻孔要求较高的工件，可根据工件的形状、尺寸、加工要求等，采用专门设计并制造的钻夹具来装夹工件，如图 5-30 所示。利用专用夹具装夹工件，可保证钻孔精度，尤其孔的位置精度，钻孔质量稳定，并能有效地提高劳动生产率。

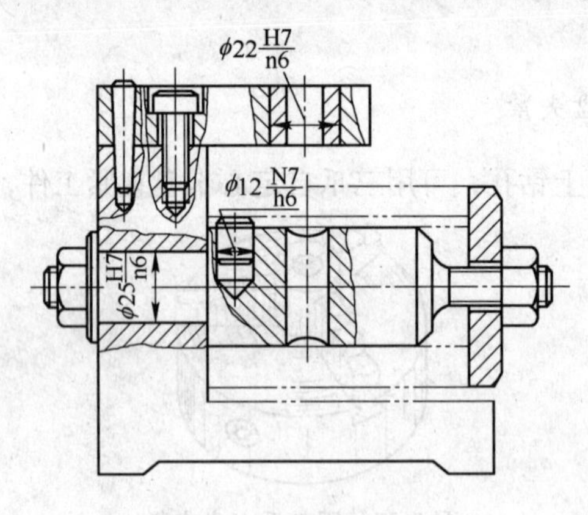

图 5-30　用专用夹具装夹

5.3.4　钻削用量的选择

钻孔时，背吃刀量由钻头直径确定，只需选择切削速度和进给量。由于钻孔是在半封闭的空间中进行的，排屑及散热条件差，综合钻孔时各因素的影响，钻孔时选择切削用量的基本原则是；在钻头刚性允许范围内，尽量先选用较大的进给量。当进给量受到表面粗糙度和钻头刚度限制时，再考虑较大的切削速度。

具体选择时，应根据钻头直径、钻头材料、工件材料、表面粗糙度等方面来决定，一般情况下可查表选取。必要时，可作适当的修正或由试验确定。

5.3.4.1　钻头直径的选择

直径小于 30mm 的孔一次钻出，直径为 30~80mm 的孔可分为两次钻削，先用（0.5~0.7）D（D 为要求的孔径）的钻头钻底孔，然后用直径为 D 的钻头将孔扩大。这样可以减少背吃刀量及轴向力，保护机床，同时提高钻孔质量。

5.3.4.2 进给量的选择

高速钢标准麻花钻进给量的选择可参见表5-2。

表5-2 高速钢标准麻花钻的进给量

钻头直径 D/mm	<3	3~6	>6~12	>12~25	>25
进给量 f/mm·r^{-1}	0.025~0.05	>0.05~0.10	>0.10~0.18	>0.18~0.38	>0.38~0.62

孔的精度要求较高和表面粗糙度值要求较少时，应取较小的进给量；钻孔较深、钻头较长、刚度和强度较差时，也应取较小的进给量。

5.3.4.3 钻削速度的选择

当钻头的直径和进给量确定后，钻削速度应按钻头的寿命选取合理的数值，一般根据经验选取，孔深较大时，应取较小的切削速度。高速钢标准麻花钻的切削速度选取可参见表5-3。

表5-3 高速钢标准麻花钻的切削速度

加工材料	硬度HB	切削速度 /m·min^{-1}	加工材料	硬度HB	切削速度 /m·min^{-1}
低碳钢	100~125 >125~175 >175~225	27 24 21	灰铸铁	100~140 >140~190 >190~220 >220~260 >260~320	33 27 21 15 9
中、高碳钢	125~175 >175~225 >225~275 >275~325	22 20 15 12	可锻铸铁	110~160 >160~200 >200~240 >240~280	42 25 20 12
合金钢	175~225 >225~275 >275~325 >325~375	18 15 12 10	低碳钢 铸钢、中碳钢 高碳钢		24 18~24 15
球墨铸铁	140~190 >190~225 >225~260 >260~300	30 21 17 12	铝合金 镁合金		75~90
			铜合金		20~48
			高速钢	200~250	13

【任务实施】

一、操作技术要点

掌握在钻床上钻孔的方法。

二、刀、夹、量具

(1) 钻头。

(2) 平口钳。

(3) 游标卡尺、画线工具。

三、操作过程

（1）画线，确定四孔的孔中心。

（2）安装、找正工件。

（3）调整相关钻削用量。

（4）按要求进行加工。

（5）测量工件。

四、安全及注意事项

（1）工件应安装牢固，避免发生事故。

（2）不得用手去除切屑。

（3）测量必须在停机后进行。

五、质量检查及评分标准

质量检查及评分标准

班级		学生姓名		学习任务成绩	
课程名称	普通机床加工技术与实践	学习情境	情境5 钻削加工	学习任务	垫板加工

质 量 检 查 及 评 分 标 准

序号	质量检查内容	配分	评分标准	检查	得分
1	2-ϕ8、2-ϕ10	36	一处超差扣9分		
2	定位尺寸	64	一处超差扣8分		
3	安全文明生产		违章扣分		

教师签字：

【任务小结】

（1）钻孔方法与生产类型有关。当生产类型为大批大量生产时，可利用专用夹具来保证加工位置正确；当生产类型为单件小批量生产时，则要借助画线来保证加工位置的正确。

（2）装夹钻头时，根据钻头柄部的形状和直径采用钻夹头、钻套进行装夹或直接装入钻床主轴锥孔内等方式。

（3）钻孔时，应根据工件的形状及要求、钻孔直径的大小选择装夹方法和夹具，以保证钻孔质量及安全。

（4）钻孔时选择切削用量的基本原则是；在钻头刚性允许范围内，尽量先选用较大的进给量，再考虑较大的切削速度。应根据钻头直径、钻头材料、工件材料、表面粗糙度等方面来决定，一般情况下可查表选取。

【思考与训练】

（1）操纵钻床，加工任务5.3垫板零件。

（2）在钻床上如何安装麻花钻？

（3）钻削用量的选择原则是什么？

（4）工件的装夹方式如何来确定？

学习情境6　其他常用机械加工方法

【学习目标】

(一) 知识目标

(1) 知道镗、刨、插、拉、齿轮等其他机械加工方法的加工范围及特点。

(2) 了解各类典型机床的大体结构及运动形式。

(3) 了解镗、刨、插、拉、齿轮等机床常用的刀具形式。

(二) 技能目标

能根据零件加工要求，正确选择适合的加工方法。

学习任务6.1　镗 削 加 工

【学习任务】

什么是镗削？镗削加工范围如何？镗床有哪些类型？镗刀如何选择？

【任务描述】

通过对镗削加工的观察，了解以下内容：

(1) 镗床的种类及常见镗床的外形结构。

(2) 镗床的运动形式。

(3) 镗削加工范围。

(4) 镗削刀具的类型及选用。

【相关知识】

6.1.1　镗削加工范围

镗削加工是在镗床上用镗刀对工件上较大的孔进行半精加工、精加工的方法。

镗削时以镗刀的旋转为主运动，工件或镗刀移动作进给运动。镗削加工能获得较高的加工精度，一般可达IT8~IT7，较高的表面粗糙度，Ra一般为1.6~0.8μm。但要保证工件获得高的加工质量，除与所用加工设备密切相关外，还对工人技术水平要求较高，加工中调整机床、刀具时间较长，故镗削加工生产率不高，但镗削加工灵活性较大，适应性强。

生产中，镗削加工一般用于加工机座、箱体、支架及非回转体等外形复杂的大型零件上的较大直径孔，尤其是有较高位置精度要求的孔与孔系；对外圆、端面、平面也可采用镗削进行加工，且加工尺寸可大可小；当配备各种附件、专用镗杆和相应装置后，镗削还可以用于加工螺纹孔、孔内沟槽、端面、内外球面，锥孔等。如图6-1所示。

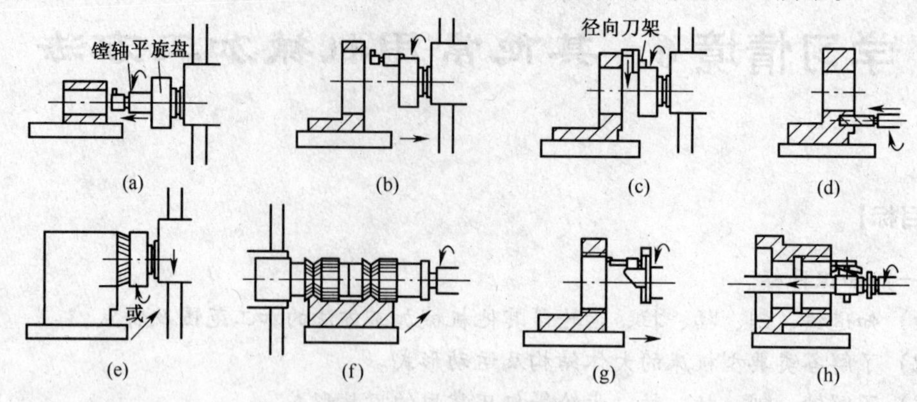

图6-1　镗削工艺范围

（a）镗小孔；（b）镗大孔；（c）镗端面；（d）钻孔；（e）铣平面；（f）铣组合面；（g）镗螺纹；（h）镗深孔螺纹

当利用高精度镗床及具有锋利刃口的金刚石镗刀，采用较高的切削速度和较小的进给量进行镗削时，可获得更高的加工精度及表面质量，称之为精镗或金刚镗。精镗一般用于对有色金属等软材料进行孔的精加工。

6.1.2　镗削加工特点

（1）镗削加工灵活性大，适应性强。

（2）镗削加工操作技术要求高。

（3）镗刀结构简单，刃磨方便，成本低。

（4）镗孔可修正上一工序所产生的孔轴线位置误差，保证孔的位置精度。

因此，镗削主要用于加工尺寸大、精度要求较高的孔，特别适合于加工分布在不同位置上，孔距精度、相互位置精度要求较高的孔系。

6.1.3　镗床

镗床是镗削加工所使用的设备。镗床的主要参数用镗轴直径、工作台宽度或最大镗孔直径来表示。镗床的主要类型有卧式镗床、坐标镗床、精镗床（金刚镗床）等。

6.1.3.1　卧式镗床

卧式镗床是一种应用较广泛的镗床，如图6-2所示为TP619型卧式镗床。前立柱固定连接在床身上，在前立柱的侧面轨道上，安装着可沿立柱导轨上下移动的主轴箱和后尾筒，主轴箱中装有主运动和进给运动的变速及其操纵机构；可作旋转运动的平旋盘上铣有径向T形槽，供安装刀夹或刀盘；平旋盘端面的燕尾形导轨槽中可安装径向刀座，装在径向刀架上的刀杆座可随刀架在燕尾导轨槽中作径向进给运动；镗床主轴的前端有精密莫氏锥孔，也可用于安装刀具或刀杆；后立柱和工作台均能沿床身导轨作纵向移动，安装于后立柱上的尾架可支撑悬伸较长的镗杆，以增加其刚度；工作台除能随下滑座沿轨道纵移外，还可在上滑座的环形导轨上绕垂直轴转动。由上可知，在卧式镗床上可实现多种运动：

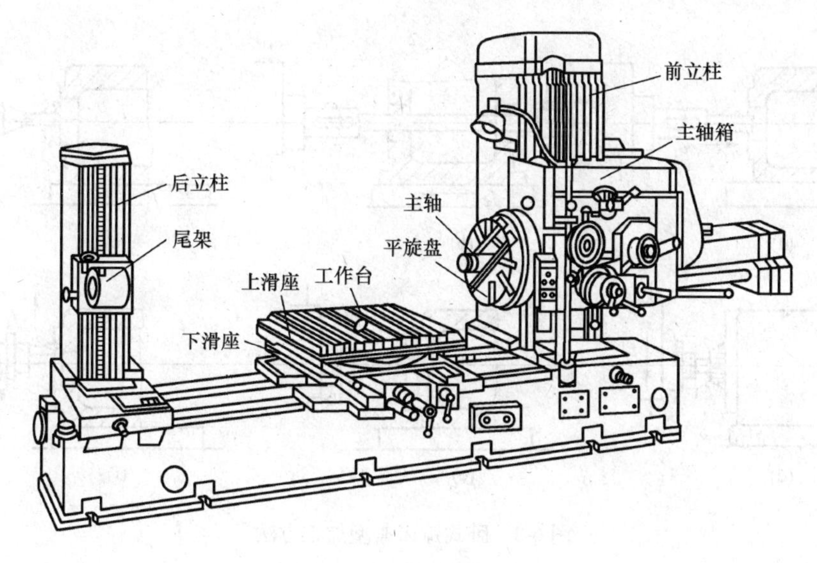

图6-2 卧式镗床

(1) 镗床主轴、平旋盘的旋转运动。二者独立，并分别由不同的传动机构驱动，均为主运动。

(2) 镗床主轴的轴向进给运动；工作台的纵向进给运动；工作台的横向进给运动；主轴箱的垂直进给运动；平旋盘上径向刀架的径向进给运动。

(3) 镗床主轴、主轴箱及工作台在进给方向上的快速调位运动；后立柱的纵向调位运动；尾架的垂直调位移动；工作台的转位运动等构成卧式镗床上各种辅助运动，它们可以手动，也可以由快速电机传动。

由于卧式镗床能方便灵活地实现以上多种运动，所以，卧式镗床的应用范围较广。工件安装在卧式镗床上，可完成大部分，甚至全部加工工序。特别适合加工形状、位置要求严格的孔系，因而常用来加工尺寸较大、形状复杂，具有孔系的箱体、机架、床身等零件。

TP619型卧式镗床是具有固定平旋盘的镗铣床，其主参数为：镗轴直径为90mm；工作台尺寸为1100mm×950mm；主轴最大行程为1630mm；平旋盘径向刀架最大行程为160mm。

TP619型卧式镗床的典型加工方法如图6-3所示。具体如下：

(1) 利用装在镗轴上的悬伸刀杆镗刀镗孔，如图6-3 (a) 所示。

(2) 利用后立柱支撑长刀杆镗刀镗削同一轴线上的孔，如图6-3 (b) 所示。

(3) 利用装在平旋盘上的悬伸刀杆镗刀镗削大直径孔，如图6-3 (c) 所示。

(4) 利用装在镗轴上的端铣刀铣平面，如图6-3 (d) 所示。

(5) 利用装在平旋盘刀具溜板上的车刀车内沟槽和端面，如图6-3 (e)、图6-3 (f) 所示。

6.1.3.2 坐标镗床

因机床上装有具有坐标位置的精密测量装置而得名。在加工孔时，可按直角坐标来精

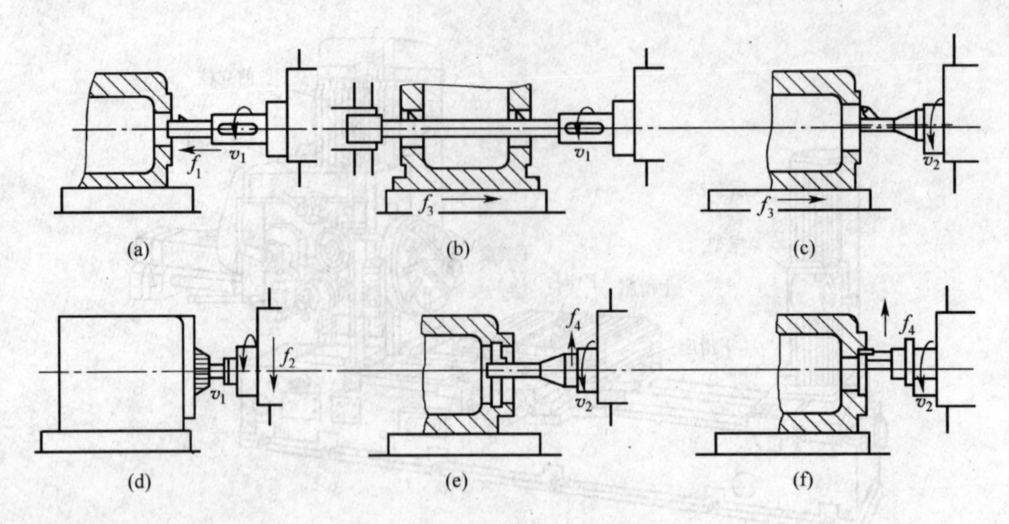

图 6-3　卧式镗床典型加工方法

密定位，因此坐标镗床是一种高精密机床，主要用于镗削高精度的孔，尤其适合于相互位置精度很高的孔系，如钻模、镗模等孔系的加工，也可用作钻孔、扩孔、铰孔以及较轻的精铣工作；还可用于精密刻度、样板画线、孔距及直线尺寸的测量等工作。

坐标镗床有立式、卧式之分。立式坐标镗床适宜加工轴线与安装基面垂直的孔系和铣顶面；卧式坐标镗床则宜于加工轴线与安装基面平行的孔系和铣削侧面。立式坐标镗床还有单柱和双柱之分。如图 6-4 所示为立式单柱坐标镗床。工件安装于工作台 3 上，坐标位置由工作台 3 沿滑座 2 的导轨纵向（x 向）移动和滑座 2 沿底座 1 的导轨横向（y 向）移动实现；主轴箱 5 可在立柱 4 的垂直轨道上上下调整位置，以适应不同高度的工件；主轴箱内装有主电机和变速、进给及其操纵机构，主轴由精密轴承支撑在主轴套筒中。当进行镗、钻、扩、铰孔时，主轴由主轴套筒带动，在竖直向做机动或手动进给运动。当进行铣削时，则由工作台在纵横向作进给运动。

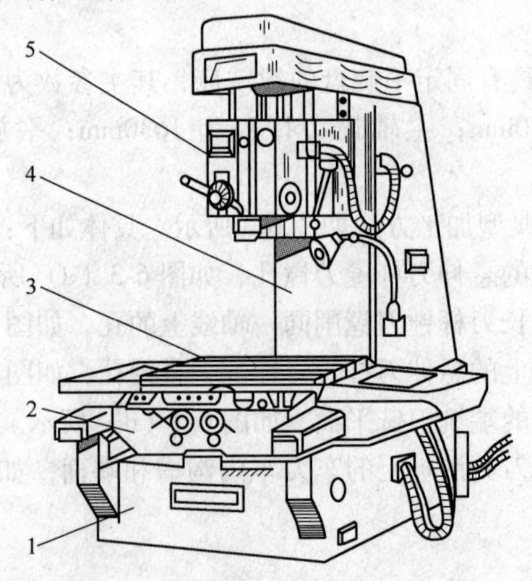

图 6-4　立式单柱坐标镗床

1—底座；2—滑座；3—工作台；4—立柱；5—主轴箱

如图6-5所示为双柱坐标镗床。

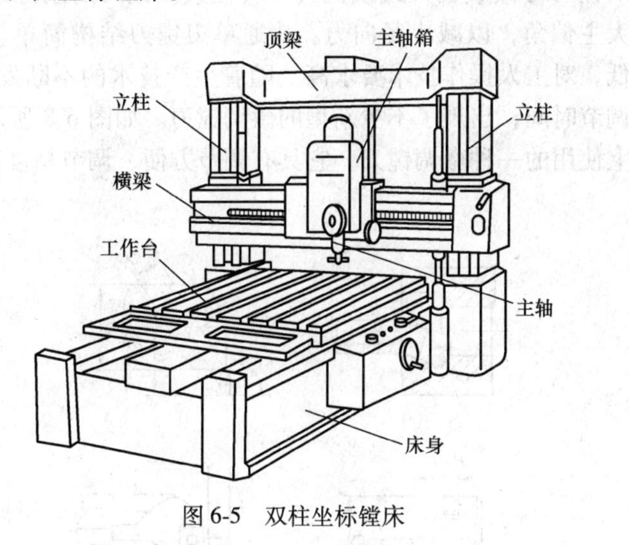

图6-5　双柱坐标镗床

6.1.3.3　精镗床

精镗床是一种高速镗床，如图6-6所示。因采用金刚石作为刀具材料而得名金刚镗床。现则采用硬质合金作为刀具材料，一般采用较高的速度，较小的切削深度和进给量进行切削加工，加工精度较高。主要用在成批或大量生产中加工中小型精密孔。

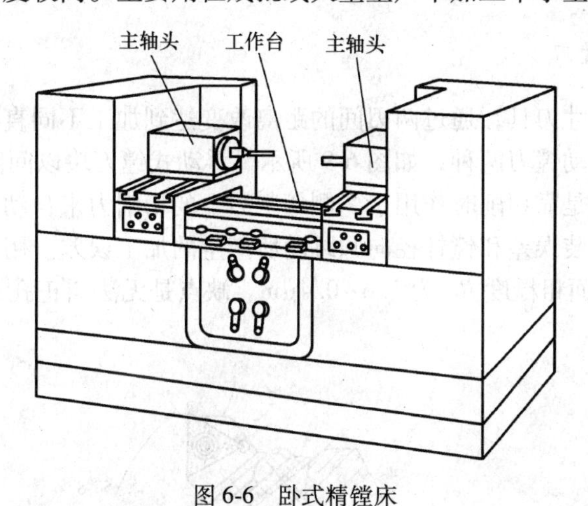

图6-6　卧式精镗床

6.1.4　镗刀

镗刀的种类很多，按刀刃数量分有单刃镗刀、双刃镗刀和多刃镗刀；按被加工表面性质分为通孔镗刀、盲孔镗刀、阶梯孔镗刀和端面镗刀；按刀具结构，有整体式、装配式和可调式镗刀。

6.1.4.1　单刃镗刀

如图6-7所示为几种常见的不同结构的普通单刃镗刀。加工小孔时的镗刀可作成整体式，加工大孔时的镗刀可做成机夹式或机夹可转位式。镗刀的刚性差，切削时易产生振动，故镗刀有较大主偏角，以减小径向力。普通单刃镗刀结构简单、制造方便、通用性强、但切削效率低，对工人操作技术要求高。随着生产技术的不断发展，需更好地控制、调节精度和节省调节时间，出现了不少新型的微调镗刀。如图 6-8 所示为在坐标镗床、自动线和数控机床上使用的一种微调镗刀，它具有调节方便、调节精度高、结构简单、易制造的优点。

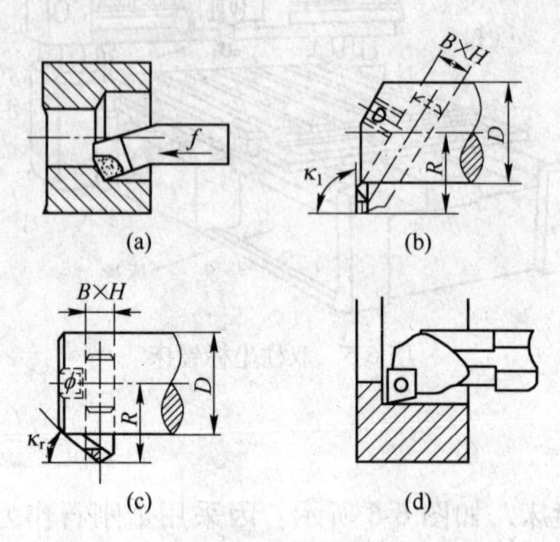

图 6-7　单刃镗刀

(a) 整体焊接式镗刀；(b) 机夹式盲孔镗刀；(c) 机夹式通孔镗刀；(d) 可转位式镗刀

6. 1. 4. 2　*双刃镗刀*

双刃镗刀属定尺寸刀具，通过两刃间的距离改变达到加工不同直径孔的目的。常用的有固定式镗刀块和浮动镗刀两种，如图 6-9 所示。浮动式镗刀块以间隙配合装入镗杆的方孔中，无需夹紧，而是靠切削时作用于两侧切削刃上的切削力来自动平衡定位，因而能自动补偿由于镗刀块安装误差和镗杆径向圆跳动所产生的加工误差。用该镗刀加工出的孔精度可达 IT7~IT6，表面粗糙度 Ra 为 1. 6~0. 4μm。缺点是无法纠正孔的直线度误差和相互位置误差。

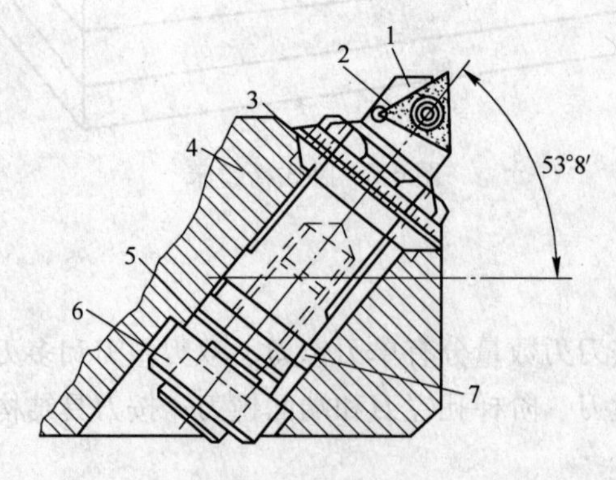

图 6-8　微调镗刀

1—刀体；2—刀片；3—微调螺母；4—镗杆；

5—锁紧螺母；6—螺母；7—防转销

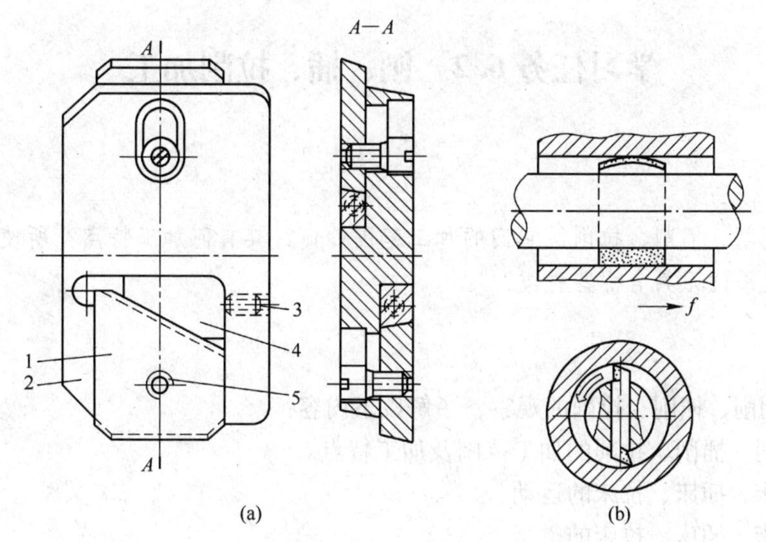

图 6-9　浮动镗刀及使用

（a）浮动镗刀；（b）镗刀使用

1—刀片；2—刀体；3—调节螺钉；4—斜面垫板；5—夹紧螺钉

【任务小结】

（1）镗削加工是在镗床上用镗刀对工件上较大的孔进行半精加工、精加工的方法。

（2）镗削时以镗刀的旋转为主运动，工件或镗刀移动作进给运动。

（3）镗削加工精度，一般可达 IT8～IT7，表面粗糙度 *Ra* 一般为 1.6～0.8μm。

（4）镗削主要用于加工尺寸大、精度要求较高的孔，特别适合于加工分布在不同位置上，孔距精度、相互位置精度要求较高的孔系。

（5）镗床是镗削加工所使用的设备。镗床的主要参数用镗轴直径、工作台宽度或最大镗孔直径来表示。

（6）镗刀的种类很多，按刀刃数量分有单刃镗刀、双刃镗刀和多刃镗刀；按被加工表面性质分为通孔镗刀、盲孔镗刀、阶梯孔镗刀和端面镗刀；按刀具结构，有整体式、装配式和可调式镗刀。

【思考与训练】

（1）什么是镗削加工，其加工特点和工艺范围是什么？

（2）镗床有哪些类型？

（3）说明 TP619 型卧式镗床的运动形式。

（4）镗刀有哪些种类？如何选择？

学习任务 6.2　刨、插、拉削加工

【学习任务】

什么是刨削、插削、拉削？它们的加工范围如何？其有何加工特点？所使用的机床有哪些类型？使用的刀具有哪些种类？

【任务描述】

通过对刨削、插削、拉削的观察，了解以下内容：

（1）刨削、插削、拉削的加工范围及加工特点。

（2）刨床、插床、拉床的运动。

（3）刨床、插床、拉床的类型。

（4）刨床、插床、拉床的外形结构。

（5）刨削、插削、拉削所用刀具类型及选用。

【相关知识】

6.2.1　刨削

6.2.1.1　加工应用及特点

刨削是指在刨床上利用刨刀与工件在水平方向上的相对直线往复运动和工作台或刀架的间歇进给运动实现的切削加工。

刨削时，主运动是刨刀（或工件）的直线往复移动，而工作台上的工件（或刨刀）的间歇移动为进给运动。

刨削主要用于水平平面、垂直平面、斜面、T 形槽、V 形槽、燕尾槽等表面的加工，其应用范围如图 6-10 所示。若采用成形刨刀、仿形装置等辅助装置，它还能加工曲面齿轮、齿条等成形表面。

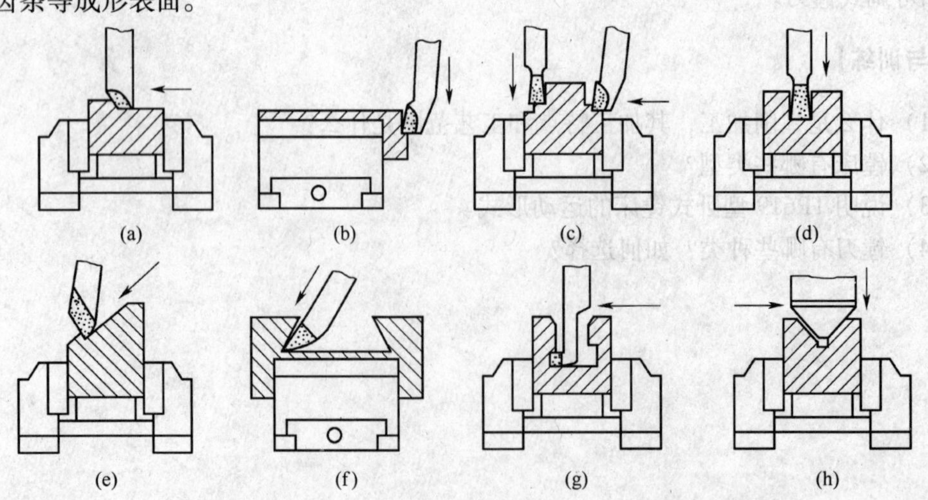

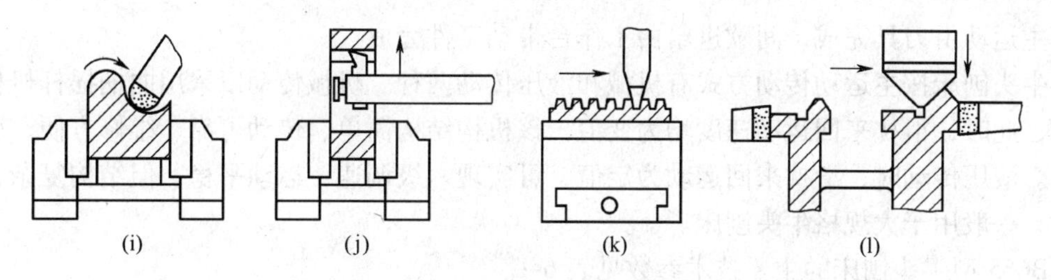

图 6-10　刨削的应用

（a）刨平面；（b）刨垂直面；（c）刨台阶面；（d）刨直角沟槽；（e）刨斜面；（f）刨燕尾形工件；（g）刨 T 形槽；（h）刨 V 形面；（i）刨曲面；（j）刨孔内键槽；（k）刨齿条；（l）刨复合表面

与其他加工方法相比，刨削加工有如下特点：刨床结构简单，调整操作方便；刨刀形状简单，易制造、刃磨、安装；刨削适应性较好，但生产率不高（回程不切削，切出、切入时的冲击限制了用量的提高），但在加工狭长的平面时，有较高的生产率；刨削加工精度中等，一般刨削加工精度可达 IT9～IT7，表面粗糙度 Ra 为 12.5～3.2μm。但在龙门刨床上，由于其刚性好、冲击小，因此可达到较高的精度和平面度，表面粗糙度 Ra 为 3.2～0.4μm，平面度可达 0.02/100mm。刨削主要适合于单件、小批生产及修配的场合。

6.2.1.2　刨床

刨床类机床的主运动是刀具或工件所做的直线往复运动（刨床又被称为直线运动机床），刨削中刀具向工件（或工件向刀具）前进时切削，返回时不切削并抬刀以减轻刀具损伤和避免划伤工件加工表面，与主运动垂直的进给运动由刀具或工件的间歇移动完成。

刨床类机床主要有牛头刨床和龙门刨床两种类型。

A　牛头刨床

牛头刨床因其滑枕刀架形似“牛头”而得名，是刨床中应用最广泛的一种，主要适宜于加工不超过 1000mm 的中小型零件。其主参数是最大刨削长度。

图 6-11 所示为 B665 牛头刨床外形，它由刀架、转盘、滑枕、床身、横梁及工作台组

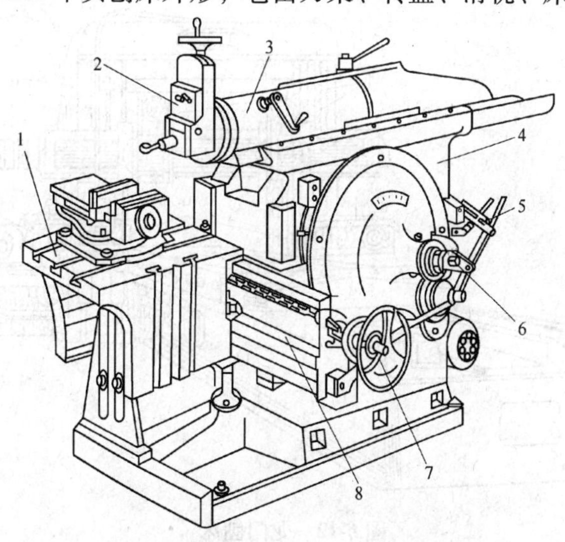

图 6-11　B665 型牛头刨床

1—工作台；2—刀架；3—滑枕；4—床身；5—变速手柄；6—滑枕行程调节手柄；7—横向进给手轮；8—横梁

成。主运动由刀具完成，间歇进给由工作台带动工件完成。

牛头刨床按主运动传动方式有机械和液压传动两种。机械传动以采用曲柄摇杆机构最常见，此时，滑枕来回运动速度均为变值。该机构结构简单、传动可靠、维修方便、应用很广。液压传动时，滑枕来回运动为定值，可实现六级调速，运动平稳，但结构复杂，成本高，一般用于大规格牛头刨床。

B665 型牛头刨床的主要技术参数见表 6-1。

表 6-1　B665 型牛头刨床的主要技术参数

名　称	技术参数
最大刨削长度/mm	650
工作台最大横向行程/mm	600
工作台最大垂直行程/mm	300
工作台面尺寸（长×宽）/mm×mm	650×450
刀架最大垂直行程/mm	175
刀架最大回转角度/(°)	±60

B　龙门刨床

如图 6-12 所示为龙门刨床外形，它由左右侧刀架、横梁、立柱、顶梁、垂直刀架、工作台和床身组成。龙门刨床的主运动是由工作台沿床身导轨作直线往复运动完成；进给运动则由横梁上刀架横向或垂直移动（及快移）完成；横梁可沿立柱升降，以适应不同高度工件的需要。立柱上左、右侧刀架可沿垂直方向作自动进给或快移；各刀架的自动进给运动是在工作台完成一次往复运动后，由刀架沿水平或垂直方向移动一定距离，直至逐渐刨削出完整表面。龙门刨床主要应用于大型或重型零件上各种平面、沟槽及各种导轨面的加工，也可在工作台上一次装夹数个中小型零件进行多件加工。

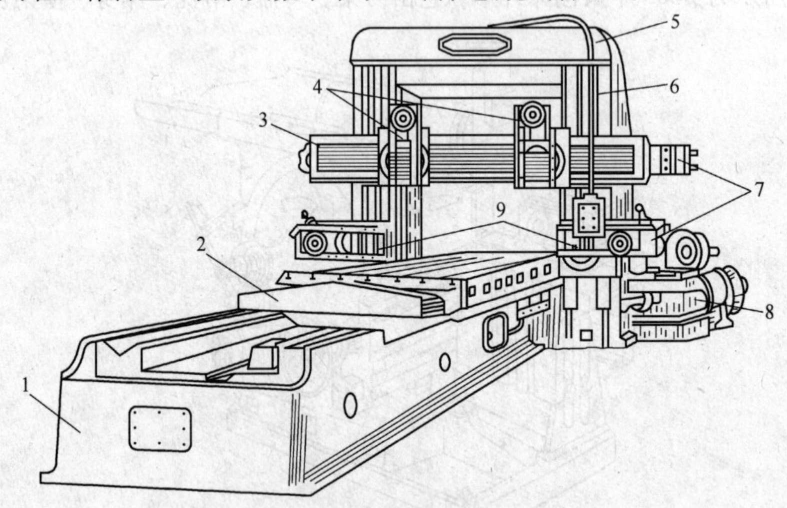

图 6-12　龙门刨床

1—床身；2—工作台；3—横梁；4—垂直刀架；5—顶梁；6—立柱；7—进给箱；8—减速箱；9—侧刀架

6.2.1.3　刨床常用附件

刨削加工时的常用附件有平口钳、压板、螺栓、挡铁、角铁等。如图 6-13 所示为采用常用附件在刨床上安装工件。

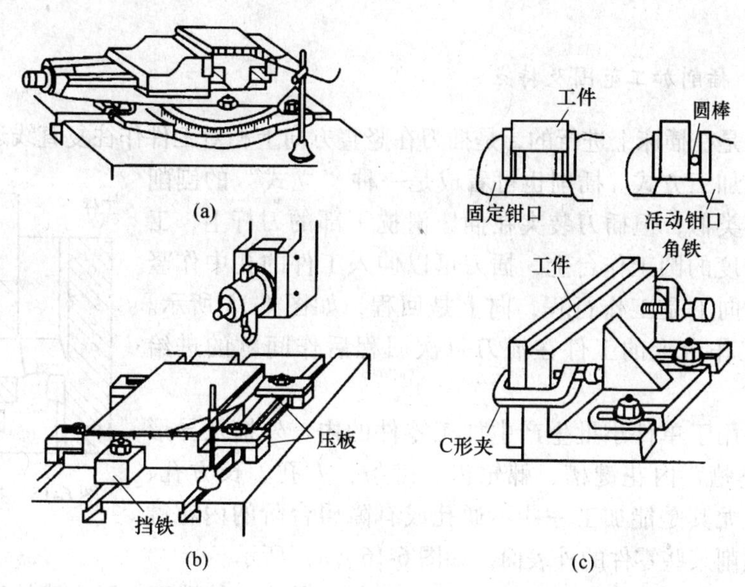

图 6-13　工件在刨床工作台上的装夹

（a）平口钳装夹工件；（b）压板等装夹工件；（c）角铁装夹工件

6.2.1.4　刨刀

用于刨削加工的、具有一个切削部分的刀具，如图 6-14 所示为常用刨刀类型。

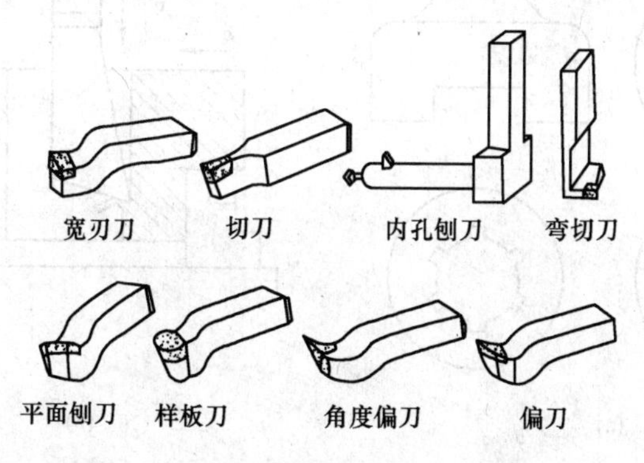

图 6-14　刨刀类型

刨刀根据用途可分为纵切、横切、切槽、切断和成形刨刀等。刨刀的结构基本上与车刀类似，但刨刀工作时为断续切削，受冲击载荷。因此，在同样的切削截面下，刀杆断面尺寸较车刀大 1.25~1.5 倍，并采用较大的负刃倾角（−10°~−20°），以提高切削刃抗冲击载荷的性能。为了避免刨刀刀杆在切削力作用下产生弯曲变形，从而使刀刃啃入工件，通常使用弯头刨刀。重型机器制造中常采用焊接-机械夹固式刨刀，即将刀片焊接在小刀头上，然后夹固在刀杆上，以利于刀具的焊接、刃磨和装卸。在刨削大平面时，可采用滚切刨刀，其切削部分为碗形刀头。圆形切削刃在切削力的作用下连续旋转，因此刀具磨损均匀，寿命很长。

6.2.2 插削

6.2.2.1 插削加工范围及特点

插削加工是在插床上进行的，是插刀在竖直方向上相对工件作往复直线运动加工沟槽和型孔的机械加工方式。插削也可看成是一种“立式”的刨削加工，与刨削类似，但插刀装夹在插床滑枕下部的刀杆上，工件装夹在能分度的圆工作台上，插刀可以伸入工件的孔中作竖向往复运动，向下是工作行程，向上是回程，如图 6-15 所示。安装在插床工作台上的工件在插刀每次回程后作间歇的进给运动。

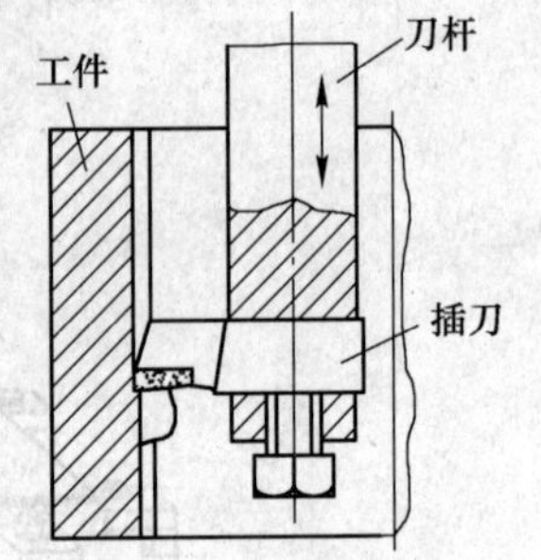

图 6-15 插削示意图

插削主要用于单件小批生产中加工零件的内、外槽及异形孔，如孔内键槽、内花键槽、棘轮齿、齿条、方孔、长方孔、多边形孔等，尤其是能加工一些不通孔或有障碍台阶的内花键槽，也可以插削某些零件的外表面，如图 6-16（a）所示。

插削孔内槽的方法如图 6-16（b）所示。插削前在工件端面上画出槽加工线，以便对刀和加工。然后将工件用三爪卡盘或压板、垫铁装夹在工作台上，并使工件的转动中心与工作台的转动中心重合。其中横向进给是为了切至规定的槽深，纵向进给则为了切至规定的槽宽。

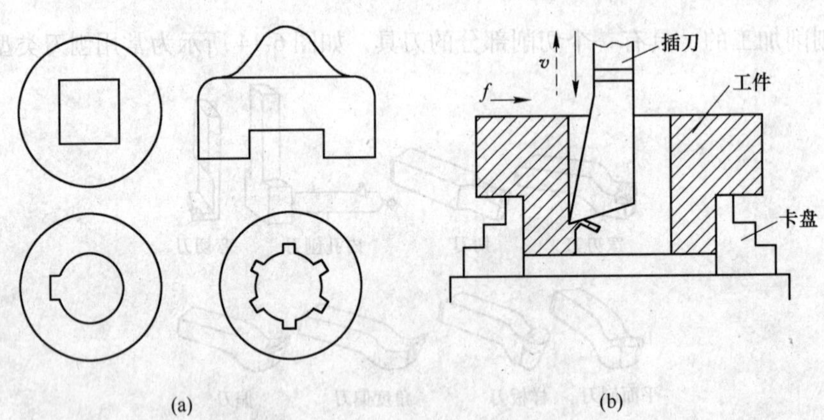

图 6-16 插床工作范围和运动

（a）插削工作范围；（b）内孔插削

插削加工的工艺特点：

（1）受工件内表面的限制，插刀刀杆刚性差，其插削精度不如刨削，表面粗糙度 Ra 值为 6.3~1.6μm。

（2）插削是自上而下进行的，插刀的切入处在工件的上端，所以插削便于观察和测量。且切削力是垂直于工件台面的，工件所需夹紧力较小。

（3）插床能加工不同方向的斜面，插床的滑枕可以在纵垂直面内倾斜，刀架可以在横垂直面内倾斜，而且有些插床的工作台还能倾斜一定的角度。

（4）插削的工件不能太高，否则插削加工不够稳定。

6.2.2.2 插床

插床实质上是立式刨床，它与牛头刨床的主要区别在于插床的滑枕是直立的，图 6-17 所示为 B5032 型插床的外形图。它主要由滑枕、床身、变速箱、进给箱、分度盘、工作台移动手轮、底座、工作台等组成。

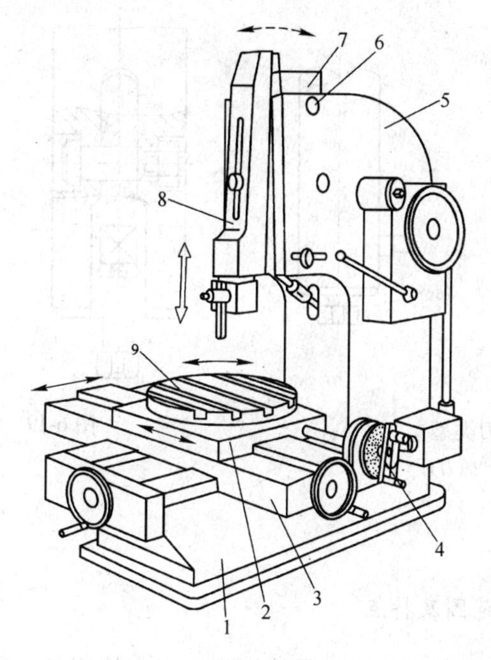

图 6-17 B5032 型插床外形

1—床身；2—溜板；3—床鞍；4—分度装置；5—立柱；6—销轴；7—滑枕导轨座；8—滑枕；9—圆工作台

插削时，插刀装夹在滑枕的刀架上，滑枕可沿着床身导轨在垂直方向作往复直线主运动。工件装夹在工作台上，工作台由下滑板、上滑板及圆形工作台三部分组成。下滑板带动上滑板和圆形工作台沿着床身的水平导轨作横向进给运动；上滑板带动圆形工作台沿着下滑板的导轨作纵向进给运动；圆形工作台则带动工件回转完成圆周进给运动或进行分度。圆形工作台在上述各方向的进给运动是在滑枕空行程结束后的短时间内进行的。圆形工作台的分度是用分度装置来实现的。

滑枕除能沿床身垂直导轨作直线往复运动外，还可以在垂直平面内倾斜一定的角度（一般≤10°），以便插削斜面或斜槽。

6.2.2.3 插刀

插刀类似刨刀，把刨刀的水平切削位置转到垂直切削位置，即为插刀，如图 6-18 所示。

插刀按其结构形式的不同，有整体插刀和装夹式插刀两种；按插刀的用途不同，有尖刀、切刀和样板刀等；按插刀的加工性质不同，可分为粗插刀和精插刀两种。

如图 6-18（a）为高速钢整体式插刀，刚性大，适合于插削较大孔径的内键槽；图 6-18（b）所示为柱形刀杆径向安装小刀头，用顶丝紧固，刚性较大。适合插削各种孔径的内键槽。上述两种插刀在空行程时，后刀面与工件已加工表面将产生较剧烈的摩擦，影响加工表面质量和刀具的耐用度。为此可采用图 6-19 所示的活动刀杆，在空行程时，刀夹板靠弹簧的拉力绕轴逆时针转动，使切削刃离开已加工表面，避免了后刀面与已加工表面的摩擦。

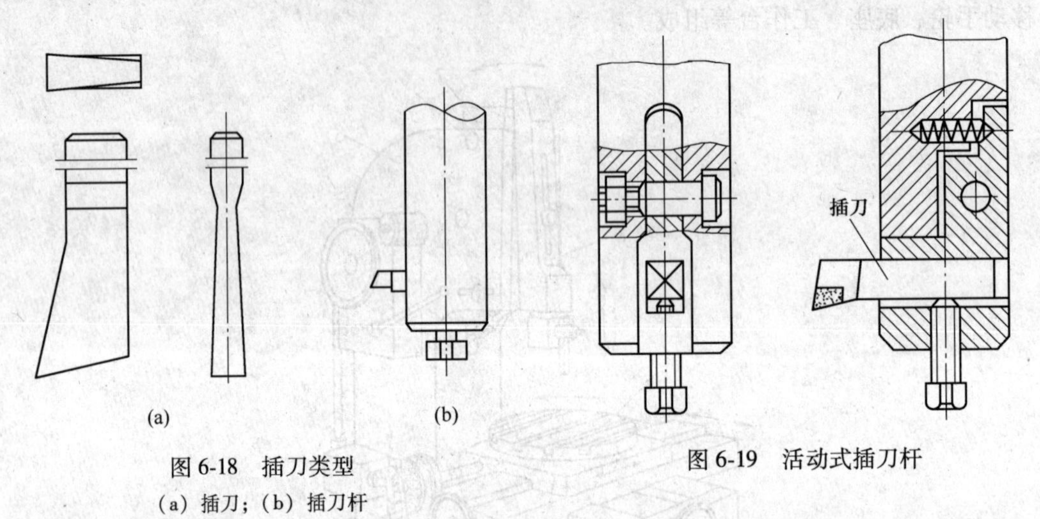

(a)　(b)

图 6-18　插刀类型
（a）插刀；（b）插刀杆

图 6-19　活动式插刀杆

6.2.3　拉削加工

6.2.3.1　拉削加工范围及特点

拉削加工是在拉床上用拉刀作为刀具的切削加工。拉削是一种高效率的精加工方法。利用拉刀可拉削各种形状的通孔和键槽，如圆孔、矩形孔、多边形孔、键槽、内齿轮等，如图 6-20 所示。此外在大批量生产中，还广泛用于加工平面、半圆弧面及组合表面等。

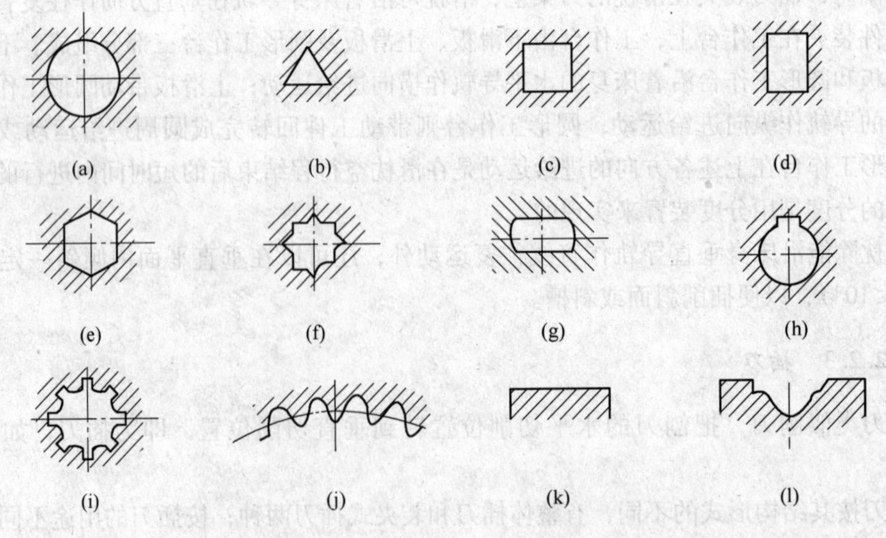

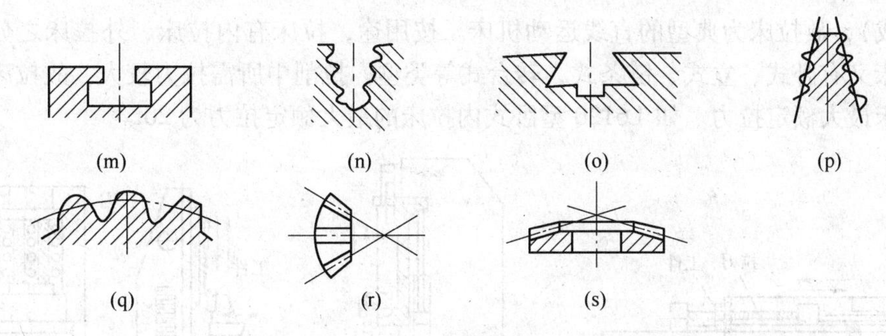

图 6-20 拉削加工的典型工件截面形状

(a) 圆孔；(b) 三角形；(c) 正方形；(d) 长方形；(e) 六角形；(f) 多角形；(g) 鼓形孔；(h) 键槽；(i) 花键槽；(j) 内齿轮；(k) 平面；(l) 成形表面；(m) T 形槽；(n) 榫槽；(o) 燕尾槽；(p) 叶片榫齿；(q) 圆柱齿轮；(r) 直齿锥齿轮；(s) 螺旋锥齿轮

拉削圆孔时，由于受拉刀制造条件和强度等限制，被拉孔的直径通常在 8~125mm 范围内，孔的长度一般不超过孔径的 2.5~3 倍。拉削前孔不需要精确的预加工，钻削或粗镗后即可拉削。拉孔时，工件一般不需夹紧，只以工件的端面支撑。因此，工件孔的轴线与端面之间应有一定的垂直度要求，此外，因拉刀呈浮动安装，并且由工件预制孔定位，所以拉削不能校正原孔的位置度。

拉削时，主运动是拉刀被刀具夹头夹持后所做的直线运动，没有进给运动。

拉削过程中，只有拉刀直线移动做主运动，进给运动依靠拉刀上的带齿升量的多个刀齿分层或分块去除工件上余量来完成。拉削的特点如下：

(1) 拉削的加工范围广。拉削可以加工各种截面形状的内孔表面及一定形状的外表面。拉削的孔径一般为 8~125mm，长径比一般不超过 2.5~3。但拉削不能加工台阶孔和盲孔，形状复杂零件上的孔（如箱体上的孔）也不宜加工。

(2) 生产率高。拉削时，拉刀同时工作齿数多，切削刃长，且可在一次工作行程中能完成工件的粗、精加工，机动时间短，获得的效率高。

(3) 加工质量好。拉刀为定尺寸刀具，并有校准齿进行校准、修光；拉削速度低（v_c=2~8m/min），不会产生积屑瘤；拉床采用液压系统，传动平稳，工作过程稳定。因此，拉削加工精度可达 IT8~IT7 级，表面粗糙度 *Ra* 值达 1.6~0.4μm。

(4) 拉刀耐用度高，使用寿命长。拉削时，切削速度低，切削厚度小，刀齿负荷轻，一次工作过程中，各刀齿一次性工作，工作时间短，拉刀磨损慢。拉刀刀齿磨损后，可重磨且有校准齿作备磨齿，故拉刀使用寿命长。

(5) 拉削容屑、排屑及散热较困难。拉削属封闭式切削，若切屑堵塞容屑空间，不仅会恶化工件表面质量，损坏刀齿，严重时还会拉断拉刀。切屑的妥善处理对拉刀的工作安全非常重要，如在刀齿上磨分屑槽可帮助切屑卷曲，有利于容屑。

(6) 拉刀制造复杂、成本高。拉刀齿数多，刃形复杂，刀具细长制造难，刃磨不便。一把拉刀只适应于加工一种规格尺寸的型孔、槽或型面，拉刀制造成本高。

综上，拉削加工主要适用于大批量生产和成批生产。

6.2.3.2 拉床

如图 6-21 所示为常见拉床类型。拉床的主运动为刀具的直线运动（进给运动由刀具的结构完成），故拉床为典型的直线运动机床。按用途，拉床有内拉床、外拉床之分；按布局，拉床又有卧式、立式、链条式、转台式等类型。拉削中所需拉力较大，故拉床的主参数为机床最大额定拉力。如 L6120 型卧式内拉床的最大额定拉力为 20t。

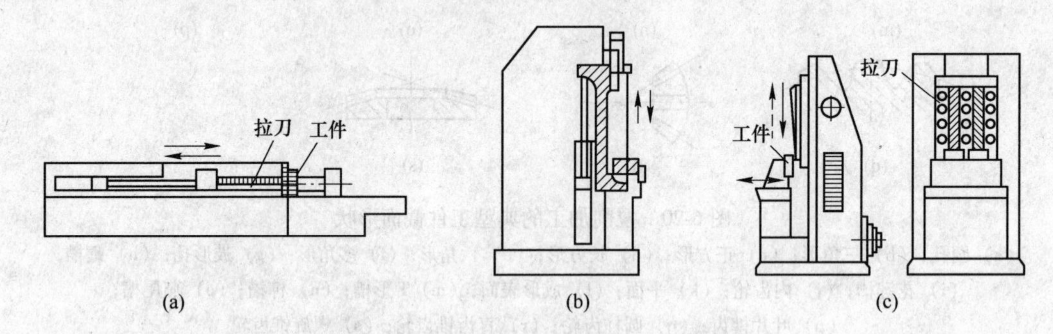

图 6-21　拉床类型

（a）卧式内拉床；（b）立式内拉床；（c）立式外拉床

卧式内拉床（见图 6-21（a）），用于内表面加工，加工时，工件端面紧靠工件支撑座的平面上（或用夹具安装），护送夹头支撑拉刀并让拉刀穿过工件预制孔将其柄部装入拉刀夹头，由机床内液动力拉动拉刀向左移动，对工件进行加工。立式内拉床（见图 6-21（b））可用拉刀或推刀加工工件内表面。用拉刀时，工件的端面支靠在工作台上平面，拉刀由滑座上支架支撑，并让其自上而下穿过工件预制孔及工作台孔，其柄部夹持于滑座支架，滑座带拉刀向下移动，完成加工。用推刀时，推刀支撑于上支架，自上而下移动进行加工。

立式外拉床（见图 6-21（c））上的滑块可沿床身的垂直导轨移动。外拉刀固定于滑块，滑块向下移动，完成对安装于工作台上夹具内工件外表面的加工。工作台可作横向移动，以调整切削深度，并于刀具空行程时退出工件。

如图 6-22 所示为应用最广泛的卧式内拉床外形图，其主要部分有床身、液压缸、支撑座等部分组成。

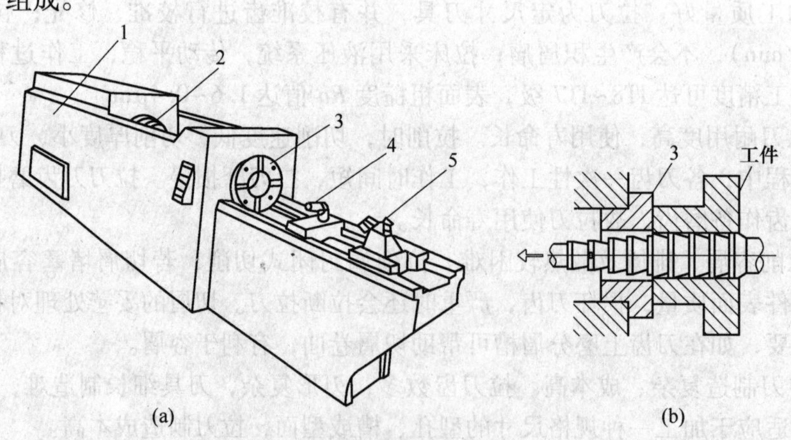

图 6-22　卧式内拉床的外形及工件安装

（a）拉床外形图；（b）拉削示意图

1—床身；2—液压缸；3—支撑座；4—滚柱；5—护送夹头

床身内装有液压传动系统。拉削时，电动机带动油泵，将压力油经液压回路送入床身内的液压驱动油缸，活塞和活塞杆在压力油的作用下直线运动，活塞杆就是拉床的主轴，活塞杆沿床身的水平导轨移动。活塞杆端部是刀夹，用来夹持拉刀，从而使活塞杆牵引拉刀完成切削工件的主运动。工件靠置于床身上的支撑座上，当整个拉刀通过工件后，拉刀即完成切削加工，工件即可自行落下。拉削加工无进给运动，其工作进给量是靠拉刀的每齿齿升量来实现的。

6.2.3.3　拉刀

拉刀是一种多刀齿的精加工刀具，可以看做是按高低顺序排列的多把刨刀的组合。如图6-23所示为常见拉刀类型，常见的有圆拉刀、花键拉刀、四方拉刀、键槽拉刀和外平面拉刀。

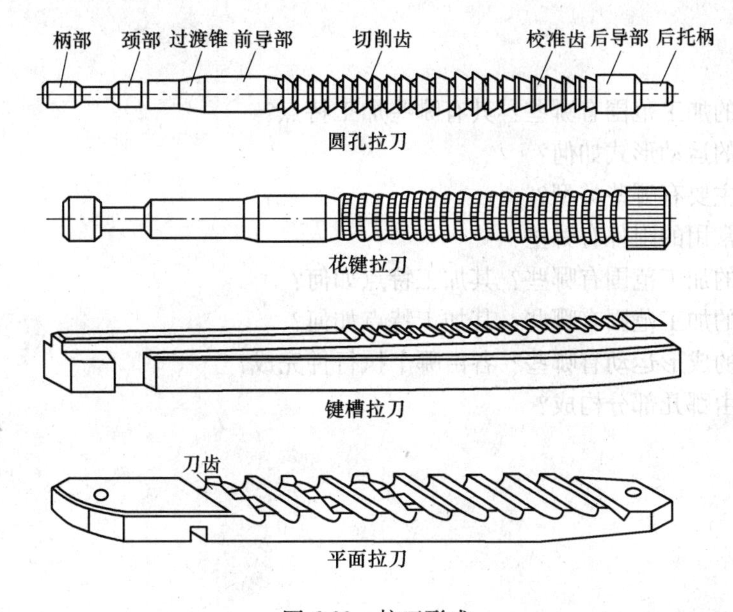

图6-23　拉刀形式

以圆孔拉刀为例，如图6-23所示，其主要由柄部、颈部、过渡锥、前导部、切削部、校准部、后导部和后托柄组成。其中，切削部和校准部属于工件部分，其余为非工件部分。

柄部：用于夹持拉刀传递动力，其结构应适应于机床上的拉刀夹头。

颈部：能使拉刀穿过工件预制孔，使柄部顺利插入夹头，还可打标记。

过渡锥：可使拉刀易于进入工件预制孔并能对准中心。

前导部：用于引导拉刀的切削齿正确进入工件孔，并防止刀具进入孔后发生歪斜，同时可检查预制孔尺寸。

切削部：用于切削工件，它由粗切齿、过渡齿和精切齿组成。

校准部：用以校正孔径，修光孔壁，还可作为精切齿的后备齿。

后导部：可防止拉刀离开前工件下垂而损坏已加工表面。

后托柄：用于支撑大型拉刀，以防拉刀下垂。

【任务小结】

（1）刨削主要用于平面及沟槽的加工。加工精度为 IT9～IT7，*Ra* 为 12.5～3.2μm。主要适合于单件、小批生产及修配的场合。

（2）刨削主运动是刨刀（或工件）的直线往复移动，而工作台上的工件（或刨刀）的间歇移动为进给运动。

（3）刨床类机床主要有牛头刨床和龙门刨床两种类型。

（4）插削可看成是一种“立式”刨削，主要用于单件小批生产中加工零件的内、外槽及异形孔，其插削精度不如刨削，*Ra* 值为 6.3～1.6μm。

（5）拉削加工是孔的一种高效率精加工方法。主要适用于各类型孔及平面的大批量和成批生产。精度可达 IT8～IT7 级，表面粗糙度 *Ra* 值达 1.6～0.4μm。

【思考与训练】

（1）刨削的加工范围有哪些？其有哪些加工特点？

（2）刨削的运动形式如何？

（3）刨床主要有哪些类型？

（4）刨床常用的附件有哪些？

（5）插削的加工范围有哪些？其加工特点如何？

（6）拉削的加工范围有哪些？其加工特点如何？

（7）拉削的成形运动有哪些？各由哪个执行件完成？

（8）拉刀由哪几部分构成？

学习任务6.3 齿 轮 加 工

【学习任务】

齿轮有哪些加工方法？其加工原理是什么？如何选择？齿轮加工刀具有哪些？

【任务描述】

通过对各类齿轮加工方法的观察，了解以下内容：

（1）各齿轮加工方法的应用范围。

（2）滚齿、插齿机的运动。

（3）其他齿轮的各种加工方法。

（4）了解滚齿机的外形结构。

（5）齿轮加工刀具的选择。

【相关知识】

齿轮传动具有传递运动准确、传动平稳、承载大、载荷分布均匀、结构紧凑、可靠耐用效率高等特点，成为应用最为广泛的一种传动形式，广泛用于各种机械及仪表中。齿轮零件则是齿轮传动当中主要的传动零件。随着现代科学技术和工业水平的不断提高，对齿轮制造质量的要求越来越高，齿轮的需求量也日益增加，使得齿轮加工机床成为机械制造业中不可缺少的重要加工设备。

6.3.1 齿形加工方法

齿轮的加工方法有无屑加工和切削加工两类。无屑加工有铸造、热轧、冷挤、注塑及粉末冶金等方法。无屑加工具有生产率高、耗材少、成本低等优点，但因受材料性质及制造工艺等方面的影响，加工精度不高。故无屑加工的齿轮主要用于农业及矿山机械。对于有较高传动精度要求的齿轮来说，主要还是通过切削加工来获得所需的制造质量。

齿轮齿形的加工方法很多，按表面成形原理有仿形法、展成法之分。仿形法是利用刀具齿形切出齿轮的齿槽齿面；展成法则是让刀具、工件模拟一对齿轮（或齿轮与齿条）作啮合（展成）运动，运动过程中，由刀具齿形包络出工件齿形。按所用装备不同，齿形加工又有铣齿、滚齿、插齿、刨齿、磨齿、剃齿、珩齿等多种方法（其中铣齿为仿形法，其余均为展成法）。

6.3.1.1 铣齿

采用盘形齿轮铣刀或指状齿轮铣刀依次对装于分度头上的工件的各齿槽进行铣削的方法为铣齿（见图6-24）。这两种齿轮铣刀均为成形铣刀，盘形刀适用于加工模数小于8的齿轮；指状刀适于加工大模数（$m=8\sim40$）的直齿轮、斜齿轮，特别是人字齿轮。铣齿时，齿形靠铣刀刃形保证。生产中对同模数的齿轮设计有一套（8把或15把）铣刀，$m=1\sim8$mm，每个模数有8把刀具；$m=9\sim16$mm，每个模数有15把刀具，加工齿数范围见表

6-2。每把铣刀适应该模数一定齿数范围内齿形加工，其齿形按该齿数范围内的最小齿数设计，加工其他齿数时会产生一定的误差，故铣齿加工精度不高，一般用于单件、小批量生产。

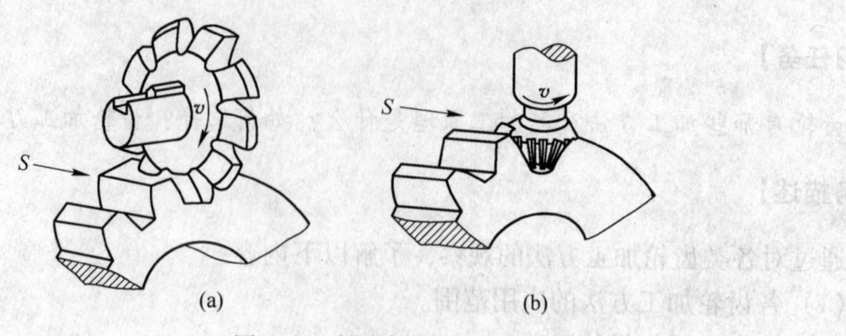

图 6-24　铣齿加工

（a）用盘状模数铣刀铣齿；（b）用指状模数铣刀铣齿

表 6-2　齿轮铣刀的刀号

刀　号	齿　数		刀　号	齿　数	
	8 件	15 件		8 件	15 件
1	12~13	12	5	26~34	26~29
$1_{1/2}$		13	$5_{1/2}$		30~34
2	14~16	14	6	35~54	35~41
$2_{1/2}$		15~16	$6_{1/2}$		42~54
3	17~20	17~18	7	55~134	55~79
$3_{1/2}$		19~20	$7_{1/2}$		80~134
4	21~25	21~22	8	≥135	≥135
$4_{1/2}$		23~25			

仿形法铣齿所用的设备为铣床。工件夹紧在分度头与尾架之间的心轴上，如图 6-25

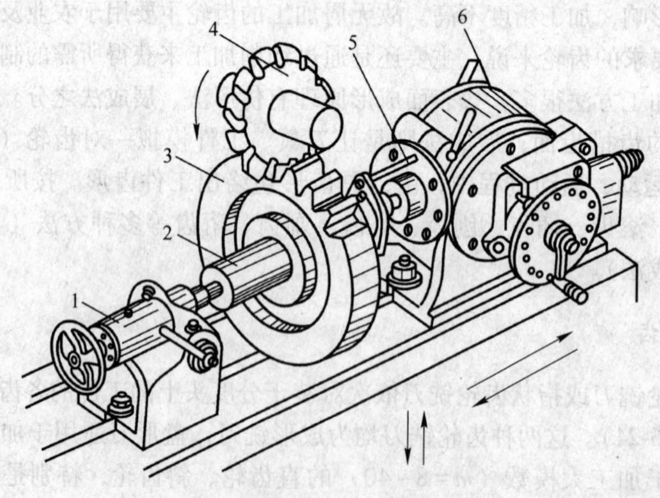

图 6-25　在铣床上用分度头铣削齿轮齿形

1—尾架；2—心轴；3—工件；4—盘状模数铣刀；5—卡箍；6—分度头

所示。铣削时，铣刀装在铣床刀轴上做旋转运动以形成齿形，工件随铣床工件台做直线移动——轴向进给运动，以切削齿宽。当加工完一个齿槽后，使分度头转过一定的角度，再切削另一个齿槽，直至切完所有齿槽。此外，还须通过工作台升降做径向进刀，调整切齿深度，达到齿高。当加工模数小于1时，可一次铣出，对于大模数齿轮则可多次铣出。

6.3.1.2　滚齿

滚齿是用滚刀在滚齿机上加工齿形，滚齿过程中，刀具与工件模拟一对交错轴螺旋齿轮的啮合传动如图6-26所示。滚刀实质为一个螺旋角很大（近似90°）、齿数很少（1~3齿）的圆柱斜齿轮，可将其视为一个蜗杆（称滚刀的基本蜗杆）。为使该蜗杆满足切削要求，在其上开槽（可直槽或螺旋槽）形成了各切削齿，又将各齿的齿背铲削成阿基米德螺旋线形成刀齿的后角，便构成滚刀。滚齿的适应性好，一把滚刀可加工同模数、齿形角，不同齿数的齿轮；滚齿生产率高，切削中无空程，多刃连续切削；滚齿加工的齿轮齿距偏差很小，按滚刀精度不同，可滚切IT10~IT6级精度的齿轮；但滚齿齿形粗糙度较大。滚齿加工主要用于直齿和斜齿圆柱及蜗轮的加工，不能加工内齿轮和多联齿轮。

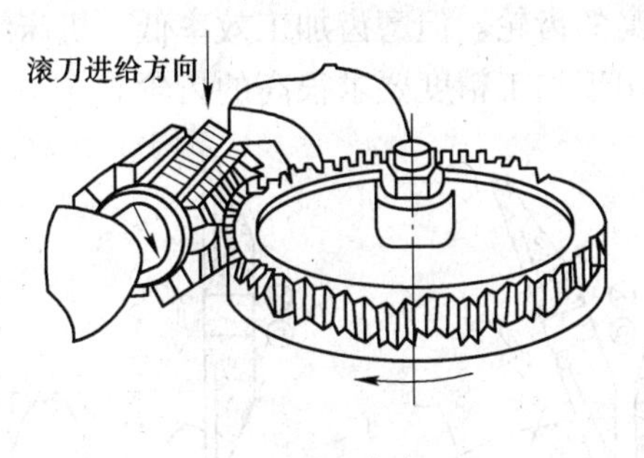

图6-26　滚齿

6.3.1.3　插齿

插齿是用插齿刀在插齿机上加工齿形，插齿过程中，刀具、工件模拟一对直齿圆柱齿轮的啮合过程如图6-27所示。插齿刀模拟一个齿轮，为使其能获切削后角，插齿刀实际由一组截面变位齿轮；（变位系数不等，由正至负）叠合而成；插齿刀的前刀面也可磨制出切削前角，再将其齿形作必要的修正（加大压力角）便成插齿刀。

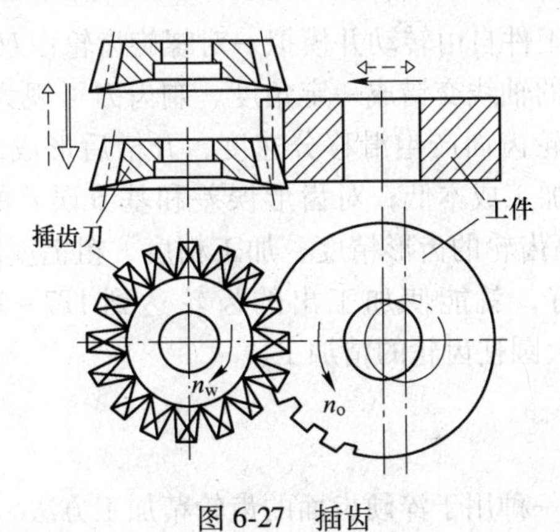

图6-27　插齿

插齿加工齿形精度高于滚齿，一般为 IT7 ~ IT9，齿面的粗糙度也小（*Ra* 可达 1. 6μm），而且插齿适用范围广，不仅可加工外齿轮，还可加工滚齿所不能的内齿轮、双联或多联齿轮、齿条、扇形齿轮。但插齿运动精度、齿向精度均低于滚齿，生产率也因有空行程而低于滚齿。

6. 3. 1. 4　刨齿

刨齿是用齿条刨刀对齿形进行加工，刨刀与工件为模拟一对齿轮、齿条的啮合过程。刨刀只是由齿条上的两个齿磨出相应的几何角度而成，因而刨齿没有齿形误差。

6. 3. 1. 5　磨齿

磨齿是用砂轮（常用碟形）在磨齿机上对齿形的加工。磨齿过程中，砂轮、工件也为模拟一对齿轮、齿条的啮合过程，如图 6-28 所示。齿轮模拟的为齿条上的两个半齿，故无齿形误差。

磨齿加工精度高，可达 IT7 ~ IT3 级，表面粗糙度 *Ra* 为 0. 8 ~ 0. 2μm，且修正误差的能力强，还可加工表面硬度高的齿轮。但磨齿加工效率低，机床结构复杂，调整困难，加工成本高，目前，磨齿主要用于加工精度要求很高的齿轮。

图 6-28　展成法磨齿原理
（a）20°磨削法；（b）0°磨削法

6. 3. 1. 6　剃齿

剃齿是由剃齿刀带动工件自由转动并模拟一对螺旋齿轮作双面无侧隙啮合的过程如图 6-29 所示。剃齿刀与工件的轴线交错成一定角度。剃齿刀可视为开了许多槽形成切削刃，剃齿旋转中相对于被剃齿轮齿面产生滑移分速度，开槽后形成的切削刃剃除齿面极薄余量。剃齿加工效率很高，加工成本低；对齿形误差和基节误差的修正能力强（但齿向修正的能力差），有利于提高齿轮的齿形精度、加工精度、粗糙度取决于剃齿刀，若剃齿刀本身精度高、刀磨质量好，就能使加工出的齿轮达到 IT7 ~ IT6 级精度，*Ra* 为 1. 6 ~ 0. 4μm。剃齿常用于未淬火圆柱齿轮的精加工。

6. 3. 1. 7　珩齿

珩齿（见图 6-30）是一种用于淬硬齿面的齿轮精加工方法。珩齿时，珩磨轮与工件的

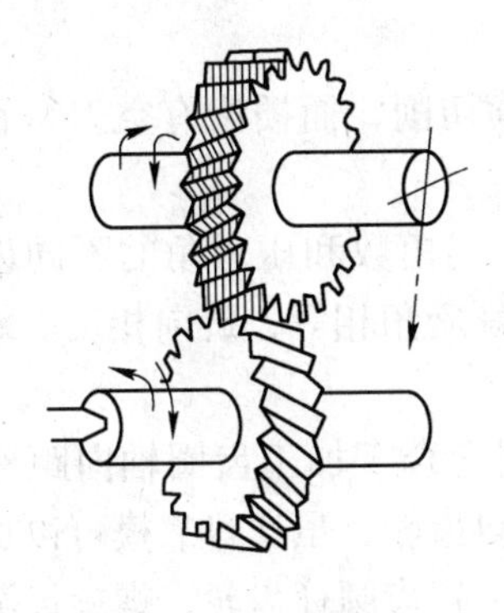
图 6-29　剃齿

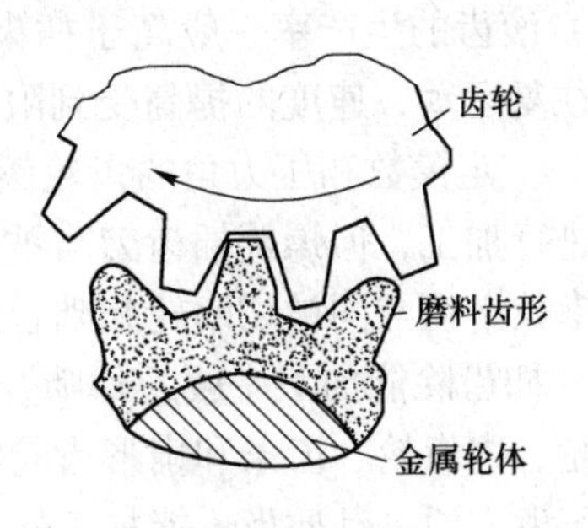

图 6-30　珩齿

关系同于剃齿，但与剃齿刀不同，珩磨轮是一个用金刚砂磨料加入环氧树脂等材料做结合剂浇铸或热压而成的塑料齿轮。珩齿时，利用珩磨轮齿面众多的磨粒，以一定压力和相对滑动速度对齿形磨削。

珩磨时速度低，工件齿面不会产生烧伤、裂纹，表面质量好；珩磨轮齿形简单，易获得高精度齿形；珩齿生产率高，一般为磨齿、研齿的10~20倍；刀具耐用度高，珩磨轮每修正一次，可加工齿轮60~80件；珩磨轮弹性大、加工余量小（不超过0.025mm）、磨料细，故珩磨修正误差的能力差。珩齿一般用于减小齿轮热处理后表面粗糙度值，*Ra* 可从1.6μm减小到0.4μm以下。

6.3.2　齿形加工方法的选择

从以上分析可知，用仿形法加工齿轮，所用的刀具、机床和夹具均比较简单，成本低，但加工精度低、辅助时间长、生产效率低；用展成法加工齿轮，加工精度高，生产效率高，是齿形加工的主要方法，但需专门的刀具和机床，设备费用高，成本高。

对于展成法来说，是齿形加工的主要方法，各种加工方法的加工设备、加工原理、加工精度也各不相同，各齿形加工方法的比较见表6-3。

表 6-3　齿形加工方法

方法	加工形式	刀具	机床	精度	生产率	适用范围
仿形法	成形铣齿	模数铣刀	铣床	IT9以下	低	单件及齿轮修配
	拉齿	齿轮拉刀	拉床	IT7~9	高	大量生产，内齿轮
展成法	滚齿	齿轮滚刀	滚齿机	IT6~10	高	通用性大，外啮合圆柱齿轮，蜗轮
	插齿	插齿刀	插齿机	IT7~9	高	内外齿轮，多联，扇形齿轮，齿条
	剃齿	剃齿刀	剃齿机	IT6~7	高	滚（插）后，淬火前精加工
	冷挤齿	挤轮	挤齿机	IT7~8	高	淬硬前精加工代替剃齿
	珩齿	珩磨轮	珩齿机	IT7	中	剃齿和高频淬火后精加工
	磨齿	砂轮	磨齿机	IT3~7	低	淬硬后精密加工

滚齿、插齿工艺比较如下：

(1) 滚齿、插齿的加工精度都比较高，均为7~8级。但插齿的分齿精度略低于滚齿，而滚齿的齿形精度略低于插齿。

（2）插齿后齿面的粗糙度值略小于滚齿。

（3）滚齿的生产率一般高于插齿。因为滚齿为连续切削，而插齿有空刀行程，且插齿刀为往复运动，速度的提高受到限制。

（4）一定模数和压力角的齿轮滚刀和插齿刀可对相同模数和压力角的不同齿数的圆柱齿轮进行加工，但螺旋插齿刀与被切螺旋齿轮还必须螺旋角相等，旋向相反。蜗轮滚刀的有关参数必须与同被切蜗轮相啮合的蜗杆完全一致。

（5）插齿除能加工一般的外啮合直齿齿轮外，特别适合于加工齿圈轴向距离较小的多联齿轮、内齿轮、齿条和扇形齿轮等。对于外啮合的斜齿轮，虽通过靠模可以加工，但远不及滚齿方便，且插齿不能加工蜗轮。滚齿适合于加工直齿圆柱齿轮、螺旋齿圆柱齿轮和蜗轮，但通常不宜加工内齿轮、扇形齿轮和相距很近的多联齿轮。当更改滚刀齿形后，滚齿加工还可以用于花键轴键槽、链轮齿形的加工。

（6）滚齿和插齿在单件小批及大批大量生产中均广泛应用。

6.3.3 齿轮加工机床

在齿轮加工中，最常见的是滚齿和插齿两种方法，下面主要以滚齿为例，介绍齿轮加工机床的结构。

6.3.3.1 滚齿机

滚齿机一般可加工直齿、斜齿和蜗轮等，如图 6-31 所示为 Y3150E 型滚齿机的外形图。

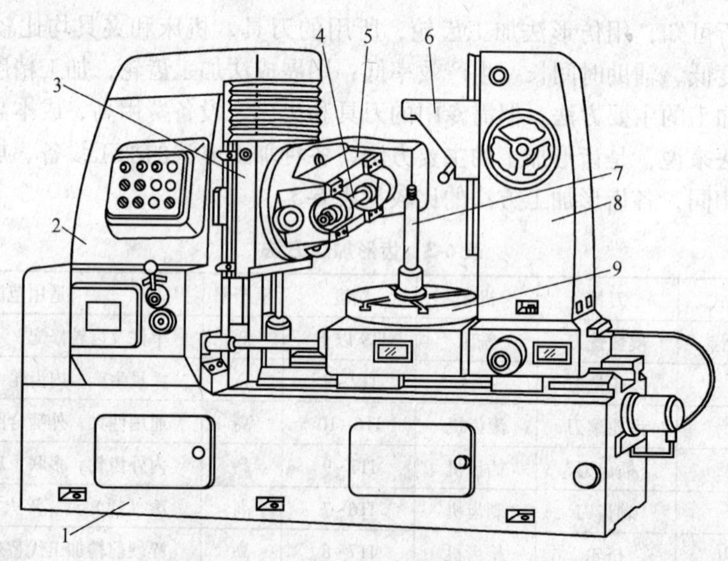

图 6-31 Y3150E 型滚齿机外形图

1—床身；2—立柱；3—刀具滑板；4—滚刀杆；5—滚刀架；6—后支架；7—工件心轴；8—后立柱；9—工作台

机床由床身、立柱、刀具滑板、滚刀架、后立柱和工作台等部件组成。立柱 2 固定在床身上，刀具滑板 3 带动滚刀架可沿立柱导轨做垂直进给运动和快速移动；装夹滚刀的滚刀杆 4 装在滚刀架 5 的主轴上，滚刀架连同滚刀一起可沿刀具滑板的弧形导轨在 240°范围内调整装夹角度。工件装夹在工作台9的心轴7上或直接装夹在工作台上，随同工作台一起做旋转运动。工作台和后立柱装在同一滑板上，并沿床身的水平导轨做水平调整移动，以调整工件的径向位置或做手动径向进给运动。后立柱上的后支架6可通过轴套或顶尖支撑工件心轴的上端，以增加滚切工作的平稳性。

Y3150E机床的主要技术参数为：最大加工工件直径500mm，最大加工工件宽度250mm，最大加工模数8mm，最小齿数5k（k为滚刀头数）；允许安装的滚刀最大直径160mm，最大滚刀长度160mm；主电机功率4kW。

6.3.3.2 插齿机

常见的圆柱齿轮加工机床除滚齿机外，还有插齿机。插齿机主要用于加工直齿圆柱齿轮，尤其适用于加工在滚齿机上不能滚切的内齿轮和多联齿轮。

如图6-32所示为Y5132型插齿机的外观图，它由刀架座、立柱、刀轴、工作台、床身、工作台溜板等部分组成。

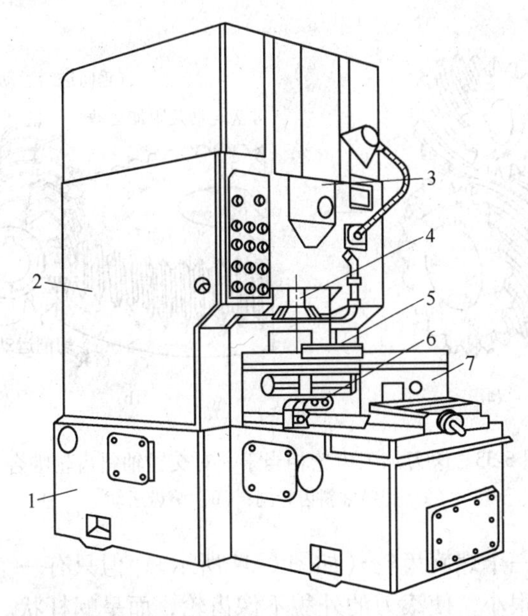

图6-32 Y5132插齿机

1—床身；2—立柱；3—刀架；4—主轴；5—工作台；6—挡块支架；7—工作台溜板

加工直齿圆柱齿轮时，插齿机应具有以下运动：

（1）主切削运动：插齿刀沿其轴线（即沿工件的轴向）上下往复直线运动为主运动，在一般立式插齿机上，刀具垂直向下时为工作行程，向上为空行程。主运动以插齿刀每分钟往复次数表示。单位为双行程数/min。

（2）圆周进给运动：圆周进给运动是插齿刀绕自身轴线的旋转运动。其旋转速度的快慢决定了工件的旋转快慢。圆周进给量以插齿刀每往复行程一次，插齿刀在分度圆圆周上所转过的弧长度来表示，单位为mm/双行程。

（3）展成运动：加工过程中，插齿刀和工件必须保持一对圆柱齿轮的啮合运动关系，即在插齿刀转过一个齿时工件也转过一个齿。工件与插齿刀所作的啮合旋转运动即为展成运动。

（4）径向进给运动：开始插齿时，如插齿刀立即径向切入工件至全齿深，将会因切削负荷过大而损坏刀具和工件。为避免这种情况，工件应逐渐地向插齿刀作径向切入。径向进给量以插齿刀每次往复行程，工件或刀具径向切入的距离来表示，单位为 mm/双行程。

（5）让刀运动：插齿刀向上运动时（空行程），为避免擦伤工件齿面和减少刀具磨损，刀具和工件间应让开一小段距离（一般为 0.5mm），而在向下开始工作行程之前，又迅速恢复到原位，以便刀具进行下一次切削，这种让开和恢复原位的运动称让刀运动。

6.3.4 齿轮加工刀具

6.3.4.1 滚齿刀

齿轮滚刀是利用一对螺旋齿轮啮合原理工作的，如图 6-33 所示。滚刀相当于小齿轮，工件相当于大齿轮。

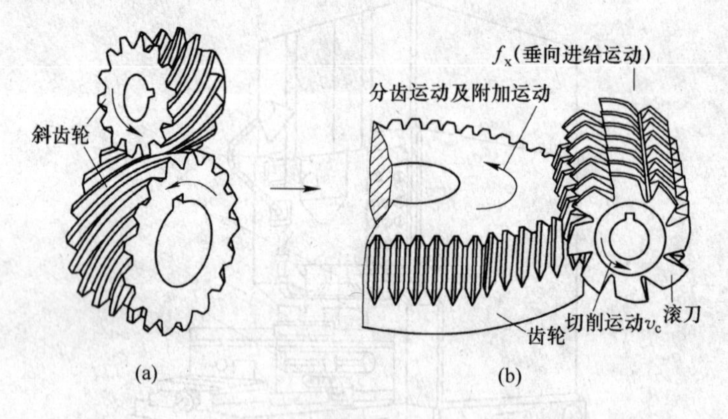

图 6-33　滚刀加工齿轮相当于一对交错轴斜齿轮啮合

（a）交错轴斜齿轮副；（b）滚齿运动

滚刀的基本结构是一个螺旋齿轮（如图 6-34 所示），但只有一个或两个齿，因此其螺旋角很大，螺旋升角就很小，使滚刀的外貌不像齿轮，而呈蜗杆状。滚刀的头数即是螺旋齿轮的齿数。为了形成切削刃和前、后刀面，在其圆周上等分地开有若干垂直于蜗杆螺旋线方向或平行于滚刀轴线方向的容屑槽，经过铲背使刀齿形成正确的齿形和后角，再加上淬火和刃磨前面，就形成了一把齿轮滚刀。

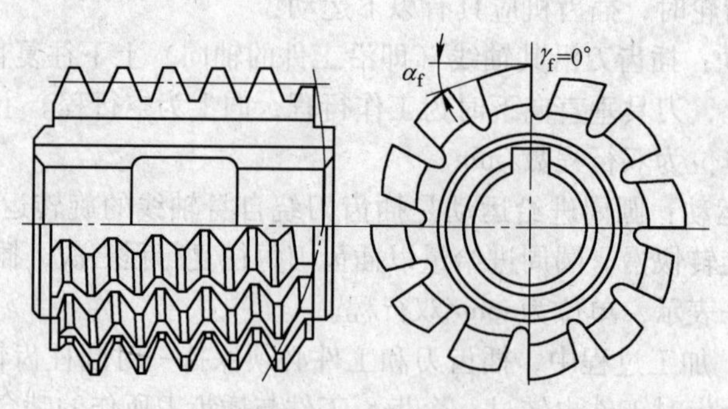

图 6-34　齿轮滚刀

基本蜗杆有渐开线蜗杆、阿基米德蜗杆和法向直廓蜗杆。渐开线蜗杆制造困难，生产中很少使用；阿基米德蜗杆与渐开线蜗杆非常近似，只是它的轴向截面内的齿形是直线，这种蜗杆滚刀便于制造、刃磨和测量，应用较为广泛；法向直廓滚刀的理论误差略大，加工精度较低，生产中采用不多，一般只用粗加工、大模数和多头滚刀。

模数为1~10的标准齿轮滚刀多为高速钢整体制造。大模数的标准齿轮滚刀为了节约材料和便于热处理，一般可用镶齿式，这种滚刀切削性能好、耐用度高。目前硬质合金齿轮滚刀也得到了较广泛的应用，它不仅可采用较高的切削速度，还可以直接滚切淬火齿轮。

齿轮滚刀的精度分为AA级、A级、B级、C级。滚刀精度等级与被加工齿轮精度等级的关系见表6-4。

表6-4　滚刀精度等级与被加工齿轮精度等级的关系

滚刀精度等级	AA级	A级	B级	C级
齿轮精度等级	IT6~IT7	IT7~IT8	IT8~IT9	IT10~IT12

选择齿轮滚刀时，滚刀的齿形角和模数与被加工齿轮的齿形角与法向模数相同，其精度等级也要和被加工齿轮的精度等级相适应。

6.3.4.2　插齿刀

插齿刀按外形分为盘形、碗形、筒形和锥柄4种，如图6-35所示。盘形插齿刀主要用于加工内、外啮合的直齿、斜齿和人字齿轮。碗形插齿刀主要加工带台肩的和多联的内、外啮合的直齿轮，它与盘形插齿刀的区别在于工作时夹紧用的螺母可容纳在插齿刀的刀体内，因而不妨碍加工。筒形插齿刀用于加工内齿轮和模数小的外齿轮，靠内孔的螺纹旋紧在插齿机的主轴上。锥柄插齿刀主要用于加工内啮合的直齿和斜齿齿轮。

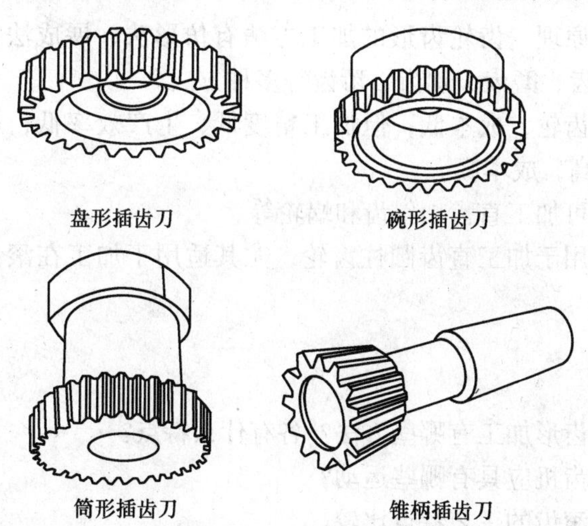

图6-35　插齿刀的类型

标准插齿刀的精度按国际标准分为AA级、A级和B级3种，在通常条件下分别用于加工6、7和8级精度的圆柱齿轮。

插齿刀的主要规格及应用范围见表 6-5。

表 6-5　插齿刀的主要规格及应用范围

序号	类　型	简　图	应用范围	规格/mm	
				d_f	m
1	盘形直齿插齿刀	d、d_f	加工普通直齿外齿轮和大直径内齿轮	ϕ63	0. 3~1
				ϕ75	1~4
				ϕ100	1~6
				ϕ125	4~8
				ϕ100	6~10
				ϕ200	8~12
2	碗形直齿插齿刀	d、d_f	加工塔形、双联直齿轮	ϕ50	1~3. 5
				ϕ75	1~4
				ϕ100	1~6
				ϕ125	4~8
3	锥柄直齿插齿刀	莫氏短圆锥、D、L、d_f	加工直齿内齿轮	ϕ25	0. 3~1
				ϕ25	1~2. 75
				ϕ38	1~3. 75

【任务小结】

（1）按表面成形原理，齿轮齿形的加工方法有仿形法、展成法之分。展成法齿形加工有滚齿、插齿、刨齿、磨齿、剃齿、珩齿等多种方法。

（2）仿形法加工齿轮，成本低，但加工精度低、生产效率低；展成法加工齿轮，加工精度高，生产效率高，成本高。

（3）滚齿机一般可加工直齿、斜齿和蜗轮等。

（4）插齿机主要用于加工直齿圆柱齿轮，尤其适用于加工在滚齿机上不能滚切的内齿轮和多联齿轮。

【思考与训练】

（1）圆柱齿轮的齿形加工有哪些方法？各有什么特点？

（2）插齿时，插齿机应具有哪些运动？

（3）试述插齿与滚齿的工艺特点比较。

（4）插齿刀有哪些类型？

学习情境 7　复杂轴类零件车削加工

【学习目标】

（一）知识目标

（1）掌握沟槽、外圆锥车削方法。

（2）掌握螺纹车削方法。

（3）了解细长轴的装夹及车削要领。

（4）复杂轴类零件车削加工工序的合理安排。

（二）技能目标

（1）能够熟练操纵车床对中等复杂程度轴类零件进行工序的合理安排及加工。

（2）掌握“一夹一顶”车台阶轴的方法。

学习任务 7.1　加工沟槽和外锥

【学习任务】

加工如图 7-1 所示零件。

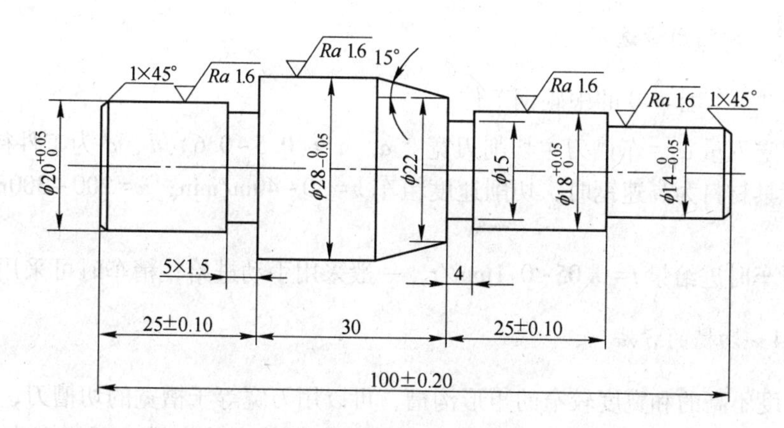

图 7-1　任务 7.1 零件图

【任务描述】

该零件由 4 个轴段、一个外圆锥、2 个外沟槽组成，精度要求一般，但表面粗糙度要求较高。通过此任务，主要学习外圆锥、沟槽的加工和测量方法。

【相关知识】

7.1.1 切槽

在工件表面上车沟槽的方法称为切槽，形状有外槽、内槽和端面槽，如图7-2所示。

7.1.1.1 切槽刀的选择

常选用高速钢切槽刀切槽，切槽刀的几何形状和角度如图7-3所示。

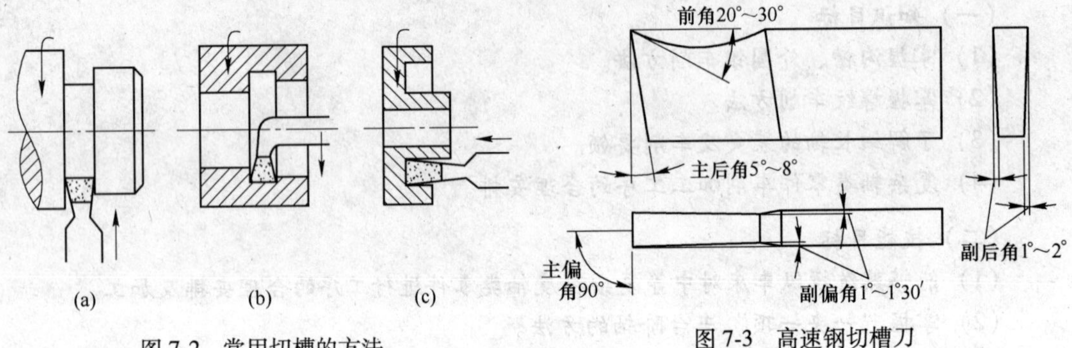

图7-2 常用切槽的方法

(a) 车外槽；(b) 车内槽；(c) 车端面槽

图7-3 高速钢切槽刀

7.1.1.2 装刀

(1) 刀尖与工件轴心线等高。

(2) 车槽刀主切削刃和轴心线须平行，刀体中心线与工件轴心线垂直。

(3) 车槽刀伸出刀架长度不宜过长，以保证车刀刚性。

7.1.1.3 切削用量选用

例如，对于车削 $\phi40$ 的中碳钢工件：

(1) 背吃刀量 α_p = 车槽刀主切削刃宽度 a。$a \approx (0.5 \sim 0.6)\sqrt{d}$，$d$ 为工件待加工直径。

(2) 刀具材料为高速钢时，切削速度粗车 $v = 30 \sim 40\text{m/min}$；$n = 200 \sim 300\text{r/min}$；精车时越慢越好。

(3) 粗车时进给量 $f = 0.05 \sim 0.1\text{mm/r}$，一般采用手动进给；精车时可采用自动进给。

7.1.1.4 切槽的方法

车削精度不高的和宽度较窄的矩形沟槽，可以用刀宽等于槽宽的切槽刀，采用直进法一次车出。精度要求较高的，一般分两次车成。车削较宽的沟槽，可用多次直进法切削（见图7-4），并在槽的两侧留一定的精车余量，然后根据槽深、槽宽精车至尺寸。

7.1.1.5 车槽注意事项

(1) 工件装夹必须牢固。

(2) 车槽刀主切削刃和工件轴心线不平行，会使槽底直径一端大，另一端小。

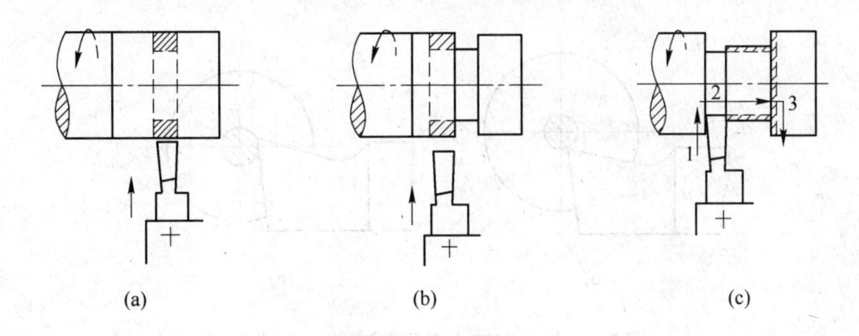

图 7-4　切宽槽

（a）第一次横向送进；（b）第二次横向送进；（c）末一次横向送进后再以纵向送进精车槽底

1—横向送进；2—纵向精车；3—退刀

（3）槽壁与轴心线不垂直，出现内口狭窄外口大的喇叭形，主要原因车刀让刀、角度不正确等。

（4）槽壁与槽底产生小台阶，未清角，主要原因是接刀不当所造成。

（5）合理选择转速和进给量。

（6）正确使用冷却液。

7.1.2　切断

切断要用切断刀。切断刀的形状与切槽刀相似，但因刀头窄而长，很容易折断。常用的切断方法有直进法和左右借刀法两种，如图 7-5 所示。直进法常用于切断铸铁等脆性材料；左右借刀法常用于切断钢等塑性材料。切断时应注意以下几点：

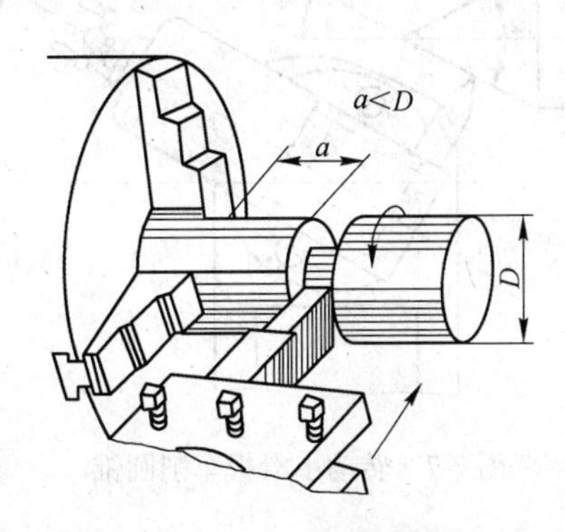

图 7-5　在卡盘上切断

（1）切断一般在卡盘上进行，如图 7-5 所示。工件的切断处应距卡盘近些，避免在顶尖安装的工件上切断。

（2）切断刀安装不得歪斜或高于、低于工件中心高，否则切断处将剩有凸台，且刀头也容易损坏，如图 7-6 所示。

（3）切断刀伸出刀架的长度不要过长，进给要缓慢均匀。将切断时，必须放慢进给速度，以免刀头折断。

（4）两顶尖工件切断时，不能直接切到中心，以防车刀折断，工件飞出。

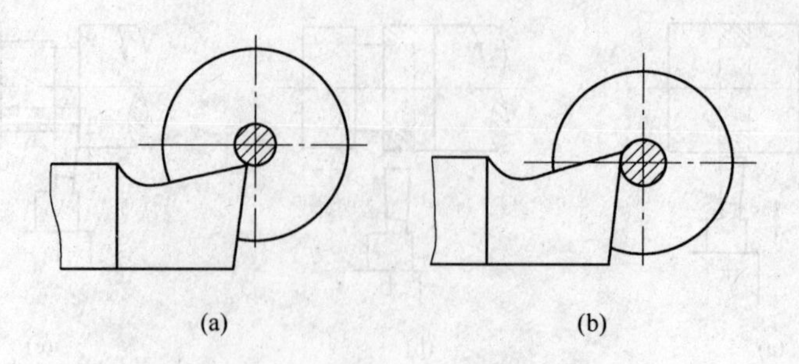

图 7-6　切断刀刀尖必须与工件中心等高

（a）切断刀安装过低，不易切削；（b）切断刀安装过高，刀具后面顶住工件，刀头易被压断

7.1.3　加工外锥

7.1.3.1　车削锥面的方法

将工件车削成圆锥表面的方法称为车圆锥。常用车削锥面的方法有宽刀法、转动小刀架法、靠模法、尾座偏移法等几种。

A　转动小拖板法

当加工锥面不长的工件时，可用转动小拖板法车削。车削时，将小拖板下面的转盘上螺母松开，把转盘转至所需要的圆锥半角 $\alpha/2$ 的刻线上，与基准零线对齐，然后固定转盘上的螺母，如果锥角不是整数，可在锥附近估计一个值，试车后逐步找正，如图 7-7 所示。

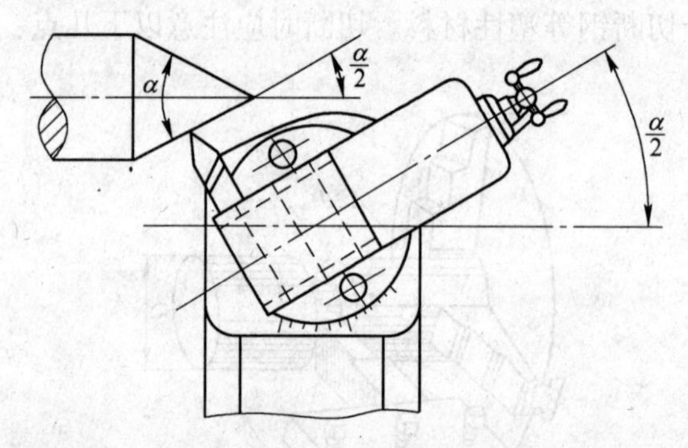

图 7-7　转动小滑板车削圆锥

B　靠模法

靠模法车外圆锥是指用刀具按照靠模装置加工外圆锥的方法（如图 7-8 所示）。该方法适用于长度较长、精度要求较高的圆锥面。该方法的加工原理是，在车床的床身后面装一块固定靠模块，其斜度可以根据工件的圆锥半角调整。刀架通过中滑板与连扳刚性连接。当床鞍纵向进给时，连扳沿着固定靠模块中的斜面移动，并带动车刀作平行于靠模板中的斜面移动，车出圆锥面。

C　尾座偏移法

当车削锥度小，锥形部分较长的圆锥面时，可以用偏移尾座的方法。此方法可以自动走刀，缺点是不能车削整圆锥和内锥体，以及锥度较大的工件。将尾座上滑板横向偏移一

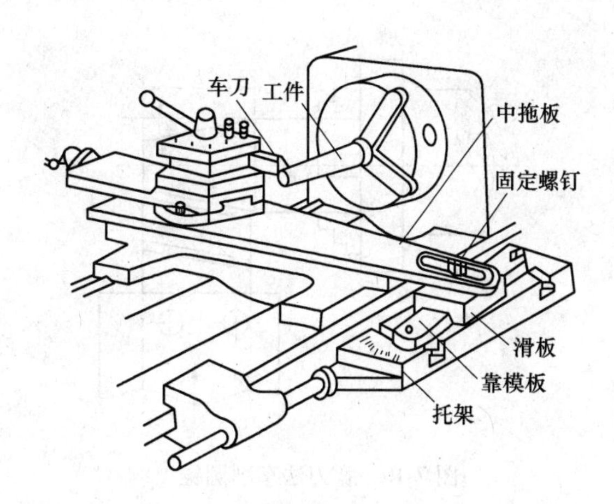

图 7-8　靠模法车削圆锥

个距离 S，使偏位后两顶尖连线与原来两顶尖中心线相交一个 $\alpha/2$ 角度，尾座的偏向取决于工件大小头在两顶尖间的加工位置。尾座的偏移量与工件的总长有关，如图 7-9 所示，尾座偏移量可用下列公式计算：

$$S = \frac{D - d}{2L} L_0$$

式中　S——尾座偏移量；

L——工件锥体部分长度；

L_0——工件总长度；

D，d——锥体大头直径和锥体小头直径。

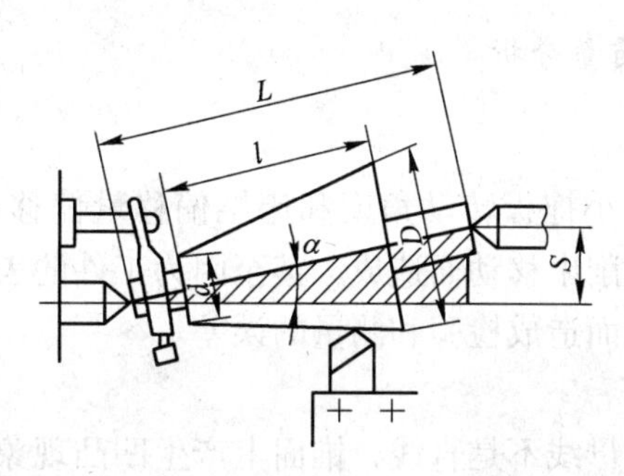

图 7-9　偏移尾座法车削圆锥

床尾的偏移方向，由工件的锥体方向决定。当工件的小端靠近床尾处，床尾应向里移动，反之，床尾应向外移动。

D　宽刀法

在车削较短的圆锥面时，也可以用宽刀刃直接车出（见图 7-10），宽刃刀的刀刃比较平直，刀刃与主轴轴线的夹角应等于工件圆锥锥角 $\alpha/2$。使用宽刃刀车削圆锥时，车床必须具有很好的刚性，否则容易产生振动。

在以上几种加工外锥的车削方法中，常用的是转动小拖板法。

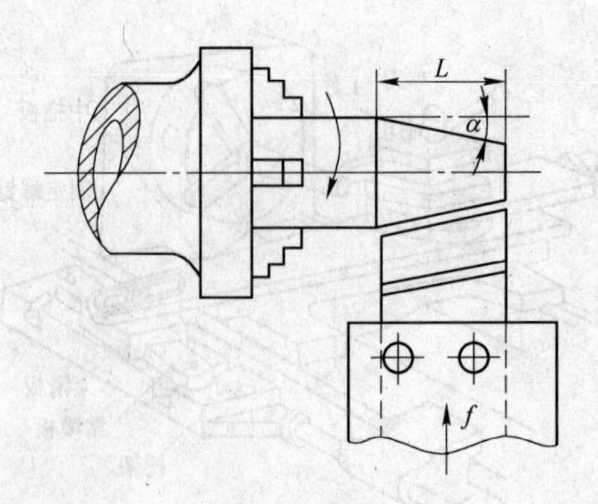

图 7-10　宽刀法车削圆锥

7.1.3.2　转动小拖板法加工外锥的步骤

（1）先按大端直径车出外圆直径。

（2）根据尺寸计算出圆锥的斜角，松开刀架底座转盘的紧固螺母，转动小拖板，使其倾斜角正确后锁紧转盘。

（3）用左（右）偏刀车外圆锥面，做法是：

1）对刀，在大端直径上对刀并记住刻度，然后退出，通过旋转小拖板手柄，将车刀退至右端面，调整切深；

2）转动小拖板手柄，手动进给粗车圆锥面；

3）精车。

7.1.3.3　车圆锥体的质量分析

A　锥度不准确

原因是计算上的误差；小拖板转动角度和床尾偏移量偏移不精确；或者是车刀、拖板、床尾没有固定好，在车削中移动而造成。甚至因为工件的表面粗糙度太差，量规或工件上有毛刺或没有擦干净，而造成检验和测量的误差。

B　圆锥母线不直

圆锥母线不直是指锥面母线不是直线，锥面上产生凹凸现象或是中间低、两头高。主要原因是车刀刀尖与工件中心不等高。

C　表面粗糙度不合要求

造成表面粗糙度差的原因是切削用量选择不当，车刀磨损或刃磨角度不对；用转动小拖板法车削锥面时，手动走刀不均匀；另外机床的间隙大，工件刚性差也是会影响工件的表面粗糙度。

7.1.4　测量外锥角

圆锥的测量方法很多，有用万能角度尺测量，用角度样板测量，用圆锥量规测量等。对于单件小批量生产，主要用万能角度尺测量，如图 7-11 所示。

万能角度尺是机械制造业中应用十分广泛的量具，是测量内外角度尺寸的一种计量器具。

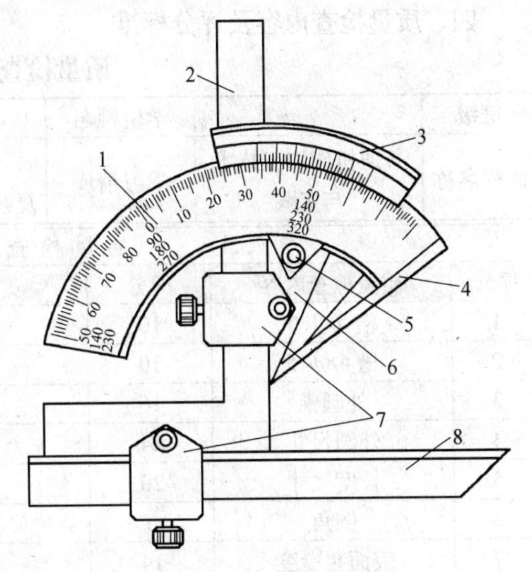

图 7-11 万能游标角度尺

1—主尺；2—直角尺；3—游标尺；4—基尺；5—锁紧装置；6—扇形块；7—卡块；8—直尺

万能角度尺的使用方法分为使用前、使用中和使用后三种。

A 使用前

(1) 应先把测量面和被测工件表面的灰尘和油污擦拭干净，以免影响测量精度。

(2) 检查万能角度尺各部件的相互作用。

(3) 检查万能角度尺零位，把主尺和刀口尺连接进行零位的校准。

B 使用中

(1) 测量时，可转动万能角尺背面的捏手，通过小齿轮与扇形齿轮的转动，使尺身相对扇形板产生转动，从而改变主尺与角尺或直尺间的夹角，满足各种不同角度的需要。

(2) 在主尺上读取角度值（度），在游标上读取分度值（分）。

C 使用后

(1) 不要将万能角度尺放在强磁场附近。

(2) 万能角度尺要平放，否则易弯曲变形。

(3) 使用完毕应清理干净放在专用盒内。

(4) 万能角度尺的合格证应在检定周期范围内。

【任务实施】

一、刀、夹、量具

(1) 外圆车刀、端面刀、切槽刀、中心钻。

(2) 活动顶尖、刀架扳手、卡盘扳手、活动扳手。

(3) 游标卡尺、25~50mm 千分尺、钢尺、万能角度尺。

二、操作过程

(1) 装夹工件，平端面，取总长，钻中心孔。

(2) 安装、找正工件。

(3) 粗、精加工各轴段外圆。

(4) 切槽。

(5) 加工外圆锥。

(6) 测量工件。

三、安全及注意事项

(1) 工件应安装牢固，避免发生事故。

(2) 不得直接用手清除切屑，用专用的铁钩。

(3) 测量必须在停机后进行。

四、质量检查内容及评分标准

质量检查及评分标准

班级		学生姓名		学习任务成绩	
课程名称	普通机床加工技术与实践	学习情境	情境 7 复杂轴类零件车削加工	学习任务	加工沟槽和外锥

质 量 检 查 及 评 分 标 准					
序号	质量检查内容	配分	评分标准	检查	得分
1	槽 5×1.5	10	超差不得分		
2	槽 4×ϕ15	10	超差不得分		
3	外圆锥	16	超差不得分		
4	外圆尺寸	24	一处超扣 6 分		
5	长度尺寸	20	一处超扣 5 分		
6	倒角	6	一处超扣 3 分		
7	表面粗糙度	14	一处超差扣 2 分		
8	安全文明生产		违章扣分		

教师签字：

【任务小结】

（1）切槽、切断时，在刀具安装、切削用量选择等方面更应注意，以保证加工顺畅。

（2）常用车削锥面的方法有宽刀法、转动小刀架法、靠模法、尾座偏移法等几种。

（3）对圆锥测量，可使用万能角度尺、角度样板、圆锥量规等。

【思考与训练】

（1）比较沟槽车刀与外圆车刀几何角度的特点。

（2）试述沟槽与外圆车削时，在选择切削用量方面有何不同之处。

（3）试述外锥的几种加工方法和各自的特点。

（4）按任务图纸要求加工零件。

（5）加工如图 7-12 所示零件。

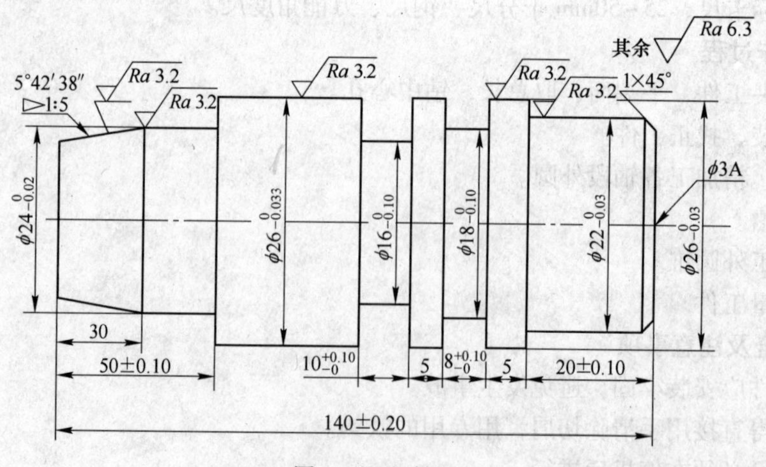

图 7-12　短轴图

学习任务 7.2　螺纹锥轴车削

【学习任务】

车削加工如图 7-13 所示螺纹锥轴。

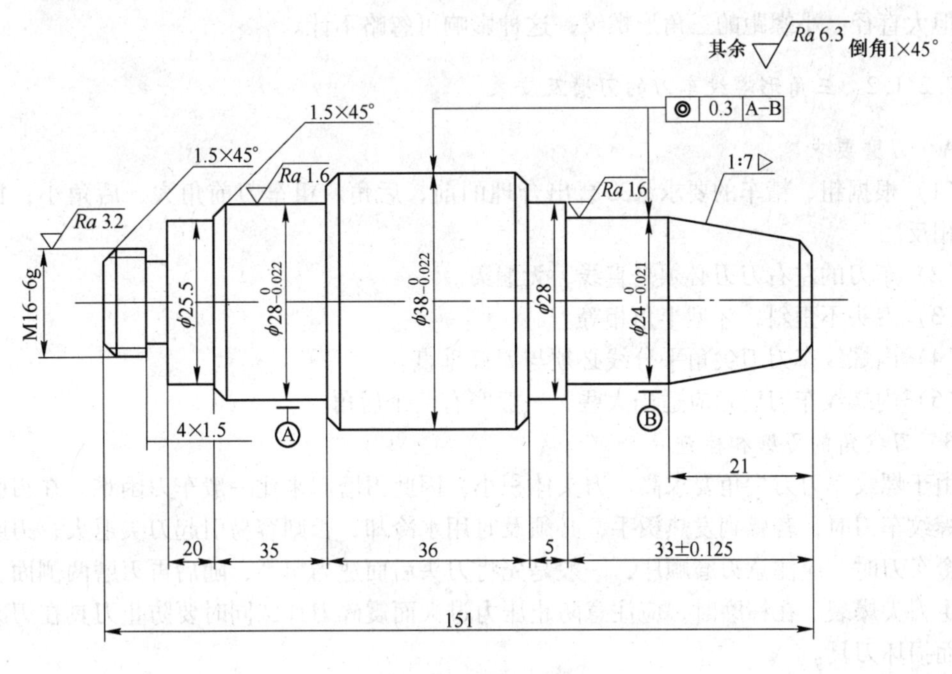

图 7-13　螺纹锥轴

【任务描述】

1. 该工件材料 45 钢，每人至少加工一件。要求做以下工作：

（1）分析零件图。

（2）确定毛坯尺寸。

（3）选择刀具与量具。

（4）确定装夹方法。

（5）制定加工步骤。

（6）分析工件加工质量问题。

2. 巩固转动小拖板车圆锥面的方法，掌握低速车削三角螺纹的方法。

【相关知识】

7.2.1　低速车削三角螺纹

要车好螺纹，必须正确刃磨刀螺纹车刀，螺纹车刀按加工性质属于成形刀具，其切削部分的形状应当和螺纹牙形的轴向剖面形状相符合，即车刀的刀尖角应该等于牙型角。

7.2.1.1　三角形螺纹车刀的几何角度

（1）刀尖角应该等于牙型角。车普通螺纹时为 60°，英制螺纹为 55°。

（2）前角一般为 0°~10°。因为螺纹车刀的纵向前角对牙型角有很大影响，所以精车时或精度要求高的螺纹，径向前角取得小一些，约 0°~5°。

（3）后角一般为 5°~10°。因受螺纹升角的影响，进刀方向一面的后角应磨得稍大一些。但大直径、小螺距的三角形螺纹，这种影响可忽略不计。

7.2.1.2　三角形螺纹车刀的刃磨及安装

A　刃磨要求

（1）根据粗、精车的要求，刃磨出合理的前、后角。粗车刀前角大、后角小，精车刀则相反。

（2）车刀的左右刀刃必须是直线，无崩刃。

（3）刀头不歪斜，牙型半角相等。

（4）内螺纹车刀刀尖角平分线必须与刀杆垂直。

（5）内螺纹车刀后角应适当大些，一般磨有两个后角。

B　刀尖角的刃磨和检查

由于螺纹车刀刀尖角要求高、刀头体积小，因此刃磨起来比一般车刀困难。在刃磨高速钢螺纹车刀时，若感到发热烫手，必须及时用水冷却，否则容易引起刀尖退火；刃磨硬质合金车刀时，应注意刃磨顺序，一般是先将刀头后面适当粗磨，随后再刃磨两侧面，以免产生刀尖爆裂。在精磨时，应注意防止压力过大而震碎刀片，同时要防止刀具在刃磨时骤冷而损坏刀具。

为了保证磨出准确的刀尖角，在刃磨时可用螺纹角度样板测量，如图 7-14（a）所示。测量时把刀尖角与样板贴合，对准光源，仔细观察两边贴合的间隙，并进行修磨。

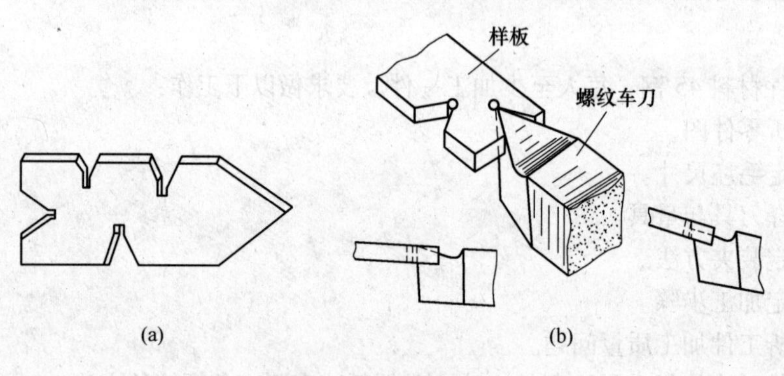

图 7-14　刀尖角的检查
（a）螺纹角度样板；（b）车刀歪斜

对于具有纵向前角的螺纹车刀可以用厚度较厚的特制螺纹样板来测量刀尖角，如图 7-14（b）所示。测量时样板应与车刀底面平行，用透光法检查，这样量出的角度近似等于牙形角。

C　螺纹车刀的装夹

（1）装夹车刀时，刀尖一般应对准工件中心（可根据尾座顶尖高度检差）。

（2）车刀刀尖角的对称中心线必须与工件轴线垂直，装刀时可用样板来对刀，如图 7-15（a）所示。如果把车刀装歪，就会产生如图 7-15（b）所示的牙型歪斜。

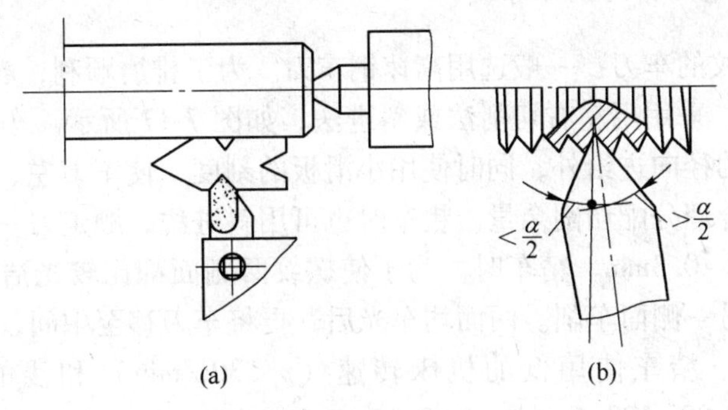

图 7-15　螺纹车刀的安装

（3）刀头伸出不要过长，一般为 20~25mm（约为刀杆厚度的 1.5 倍）。

7.2.1.3　车螺纹时车床的调整

（1）变换手柄位置：一般按工件螺距在进给箱铭牌上找到交换齿轮的齿数和手柄位置，并把手柄拨到所需的位置上。

（2）调整滑板间隙：调整中、小滑板镶条时，不能太紧，也不能太松。太紧了，摇动滑板费力，操作不灵活；太松了，车螺纹时容易产生“扎刀”。顺时针方向旋转小滑板手柄，消除小滑板丝杠与螺母的间隙。

7.2.1.4　车螺纹时的动作练习

（1）选择主轴转速为 200r/min 左右，开动车床，将主轴倒、顺转数次，然后合上开合螺母，检查丝杠与开合螺母的工作情况是否正常，若有跳动和自动抬闸现象，必须消除。

（2）空刀练习车螺纹的动作，选螺距 2mm，长度为 25mm，转速 165~200r/min。开车练习开合螺母的分合动作，先退刀、后提开合螺母，动作协调。

（3）试切螺纹，在外圆上根据螺纹长度，用刀尖对准，开车并径向进给，使车刀与工件轻微接触，车一条刻线作为螺纹终止退刀标记，如图 7-16 所示。并记住中滑板刻度

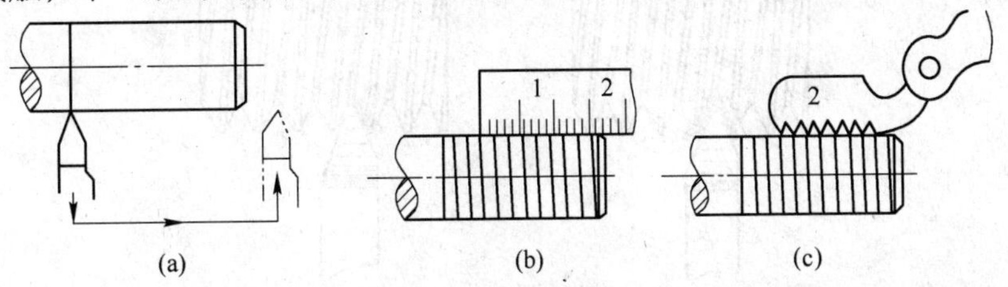

图 7-16　试切螺纹

（a）车螺纹终止线及螺线；（b）用钢尺检验螺距；（c）用螺距规检验螺距

盘读数，后退刀。将床鞍摇至离断面 8~10 牙处，径向进给 0.05mm 左右，调整刻度盘“0”位（以便车螺纹时掌握切削深度），合下开合螺母，在工件上车一条有痕螺旋线，到螺纹终止线时迅速退刀，提起开合螺母，用钢直尺或螺距规检查螺距。

7.2.1.5　车无退刀槽的钢件螺纹

（1）车钢件螺纹的车刀：一般选用高速钢车刀。为了排屑顺利，磨有纵向前角。

（2）车削方法：采用用左右切削法或斜进法，如图 7-17 所示。车螺纹时，除了用中滑板刻度控制车刀的径向进给外，同时使用小滑板的刻度，使车刀左、右微量进给。采用左右切削法时，要合理分配切削余量。粗车时也可用斜进法，顺走刀一个方向偏移。一般每边留精车余量 0.2~0.3mm。精车时，为了使螺纹两侧面都比较光洁，当一侧面车光以后，再将车刀偏移另一侧面车削。两面均车光后，再将车刀移至中间，用直进法把牙底车光，保证牙底清晰。精车使用低的机床转速（$n<30$r/min）和浅的进刀深度（$\alpha_p<0.1$mm）。粗车时 $n=80\sim100$r/min，$\alpha_p=0.15\sim0.3$mm。

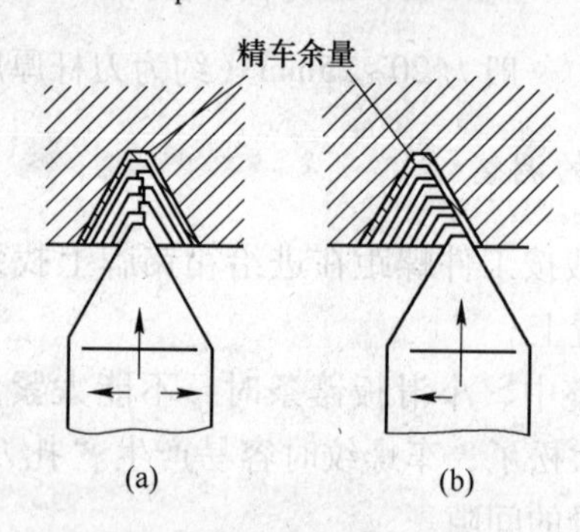

图 7-17　左右切削法及斜进法图

（a）左右切削法；（b）斜进法

这种切削法操作较复杂，偏移的赶刀量要适当，否则会将螺纹车乱或牙顶车尖。它适用于低速切削螺距大于 2mm 的塑性材料。由于车刀用单刃切削，所以不容易产生扎刀现象。在车削过程中也可用观察法控制左右微量进给。当排出的切屑很薄时（像锡箔一样），如图 7-18 所示，车出的螺纹表面粗糙度就会很小。

（3）乱牙及其避免方法：使用按、提开合螺母车螺纹时，应首先确定被加工螺纹的螺距是否乱牙，如果乱牙，可采用倒顺车法。即使用操纵杆正反车切削。

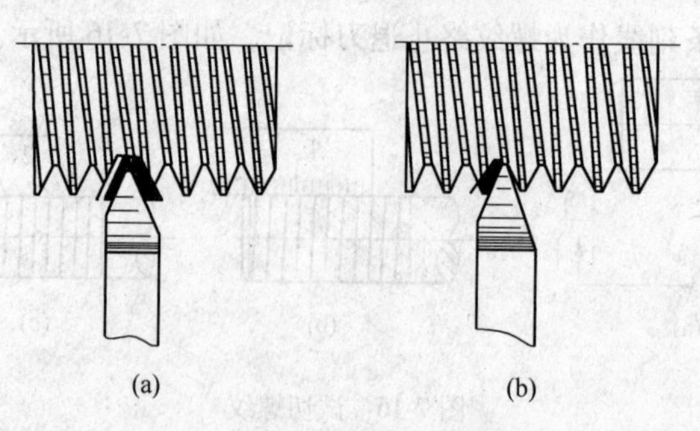

图 7-18　精车螺纹牙侧面

（a）直径法精车两牙侧面；（b）精车一个侧面

(4) 切削液：低速车削时必须加乳化液。

7.2.1.6　车有退刀槽的螺纹

有很多螺纹，由于工艺和技术上的要求，须有退刀槽。退刀槽的直径应小于螺纹小径（便于拧螺母），槽宽约为 2~3 个螺距。车削时车刀移至槽中即退刀，并提开合螺母或开倒车。

7.2.1.7　螺纹的测量和检查

(1) 大径的测量：螺纹大径的公差较大，一般可用游标卡尺或千分尺。

(2) 螺距的测量：螺距一般用钢板尺测量，普通螺纹的螺距较小，在测量时，根据螺距的大小，最好量 2~10 个螺距的长度，然后除以 2~10，就得出一个螺距的尺寸。如果螺距太小，则用螺距规测量，测量时把螺距规平行于工件轴线方向嵌入牙中，如果完全符合，则螺距是正确的。

(3) 中径的测量：精度较高的三角螺纹，可用螺纹千分尺测量，所测得的千分尺读数就是该螺纹的中径实际尺寸。

(4) 综合测量：用螺纹环规综合检查三角形外螺纹。首先应对螺纹的直径、螺距、牙形和粗糙度进行检查，然后再用螺纹环规测量外螺纹的尺寸精度。如果环规通端拧进去，而止端拧不进，说明螺纹精度合格。对精度要求不高的螺纹也可用标准螺母检查，以拧上工件时是否顺利和松动的感觉来确定。检查有退刀槽的螺纹时，环规应通过退刀槽与台阶平面靠平。

【任务实施】

一、刀、夹、量具

(1) 外圆车刀、端面刀、切槽刀、中心钻。

(2) 三爪卡盘、顶尖、卡盘扳手、刀架扳手、活动扳手。

(3) 游标卡尺、钢尺、万能角度尺、25~50 千分尺。

二、操作过程

(1) 夹住毛坯外圆一端 15mm 左右，用顶针顶住，车削 $\phi38_{-0.022}^{\ 0}$，$\phi28$，$\phi24_{-0.021}^{\ 0}$ 至尺寸要求，倒角 1×45°。

(2) 车削 $K=1/7$ 的锥度，小拖板转过 4.06°，长为 21mm，至尺寸要求，倒角1×45°。

(3) 调头夹住 $\phi24_{-0.021}^{\ 0}$，另一端顶住。

(4) 分别粗、精车 $\phi16$，$\phi25.5$、$\phi28_{-0.033}^{\ 0}$ 至尺寸要求。

(5) 切槽 4×1.5 至尺寸要求，端面倒角 1.5×45°，1×45°。

(6) 车削三角螺纹 M16-6g 至尺寸要求。

(7) 检查后取下工件。

三、安全及注意事项

(1) 工件应安装牢固。

(2) 测量必须在停机后进行。

(3) 车削螺纹完毕，必须及时将开合螺母脱开，以防发生意外。

（4）车削过程中随时注意顶尖是否有松动，当发现顶尖与工件不同步转动时，应及时将顶尖重新顶紧，以防工件飞出。

四、质量检查内容及评分标准

质量检查及评分标准

班级		学生姓名		学习任务成绩	
课程名称	普通机床加工技术与实践	学习情境	情境 7 复杂轴类零件车削加工	学习任务	螺纹锥轴加工

质 量 检 查 及 评 分 标 准

序号	质量检查内容	配分	评分标准	检查	得分
1	槽 4×1.5	2	超差不得分		
2	螺纹 M16-6g	10	超差不得分		
3	外圆锥 1：7	7	超差不得分		
4	外圆尺寸（5 处）	25	一处超扣 5 分		
5	长度尺寸（7 处）	35	一处超扣 5 分		
6	倒角（5 处）	5	一处超扣 1 分		
7	表面粗糙度	16	一处超差扣 2 分		
8	安全文明生产		违章扣分		

教师签字：

【任务小结】

车削圆锥时注意调整小滑板的镶条，车刀必须对准工件旋转中心，避免产生双曲线（母线不直）误差。车削圆锥体前对圆柱直径的要求，一般按圆锥体大端直径放余量 1mm 左右。应两手握小滑板手柄，均匀移动小滑板。进刀量不宜过大，应先找正锥度，以防车小报废。精车余量 0.5mm。用量角器检查锥度时，测量边应通过工件中心。用套轨检查时，工件表面粗糙度要小，涂色要均匀，转动一般在半圈之内，多则易造成误判。转动小滑板时，应稍大于圆锥半角，然后逐步找正。调整时，只需把紧固的螺母稍松一些，用左手拇指紧贴小滑板转盘与中滑板底盘上，用铜棒轻轻敲小滑板所需找正的方向，凭手指的感觉决定微调量，这样可较快找正锥度。注意要消除中滑板间隙。当车刀在中途刃磨以后装夹时，必须重新调整，使刀尖严格对准中心。

车螺纹前要检查主轴手柄位置，用手旋转主轴（正、反），看是否过重或空转量过大。车螺纹时，开合螺母必须闸到位，如感到未闸好，应立即起闸，重新进行。

车无退刀槽的螺纹时，要注意螺纹的收尾在 1/2 圈左右。要达到这个要求，必须先退刀，后起开合螺母。且每次退刀要一致，否则会撞掉刀尖。车螺纹应保持刀刃锋利。如中途换刀或磨刀后，必须重新对刀，并重新调整中滑板刻度。精车时，应首先用最少的赶刀量车光一个侧面，把余量留给另一侧面。使用环规检查时，不能用力太大或用扳手拧，以免环规严重磨损或使工件发生移位。车螺纹时应注意不能用手去摸正在旋转的工件，更不能用棉纱去擦正在旋转的工件。车完螺纹后应提起开合螺母，并把手柄拨到纵向进刀位置，以免在开车时撞车。

【思考与训练】

（1）车削圆锥面时如何计算小拖板转过的角度？

（2）刃磨高速钢螺纹车刀应注意哪些问题？

（3）对螺纹的测量有哪些测量参数？

（4）如何根据零件的位置精度要求选择装夹方式和安排加工步骤？

（5）加工如图 7-19 所示零件。

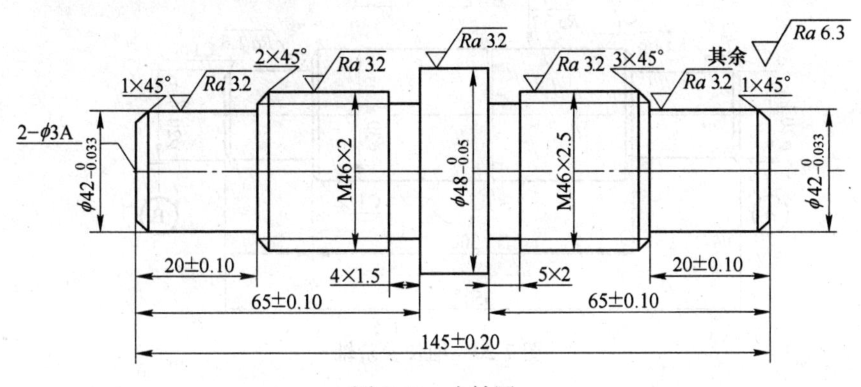

图 7-19　小轴图

学习任务7.3　细长台阶轴加工

【学习任务】

车削加工如图7-20所示细长台阶轴。

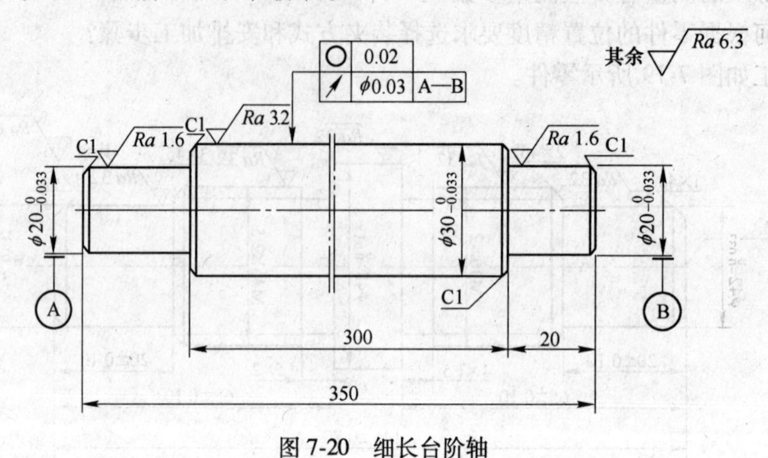

图7-20　细长台阶轴

材料：45钢

【任务描述】

1. 该工件材料45钢，每人至少加工一件。要求做以下工作：

（1）分析零件图。

（2）确定毛坯尺寸。

（3）选择刀具。

（4）确定装夹方法。

（5）制定加工步骤。

（6）分析工件加工质量问题。

2. 掌握跟刀架车细长轴的方法及细长轴车削要领。

【相关知识】

当轴类零件的长度跟直径之比大于25（$L/d>25$）时称为细长轴。由于细长轴本身刚性较差，当受到切削抗力时，会出现弯曲变形、振动等现象，长径比越大，刚性越差，加工就越困难。在车床上车削细长轴时，多使用中心架和跟刀架作为附加支撑，以增强工件的刚性。

7.3.1　使用中心架支撑车削细长轴的方法

7.3.1.1　中心架直接支撑在工件中间

如图7-21所示的方法用中心架支撑工件。在装中心架之前，先在工件毛坯中间车一段装中心架卡爪的沟槽，槽的直径比工件最终尺寸略大一些，留精车余量。调整中心时，先调整下面两个爪，再把上架体合上固定后，最后调整上面的一个爪。

在调节支撑爪与工件的接触松紧时，应用力适当（凭手感），如接触太松，车削时易振动；接触太紧易“咬死”，并损坏支撑爪与工件表面。车削时卡爪与工件接触处应经常加润滑油。分两次装夹，工件可以分段车削。

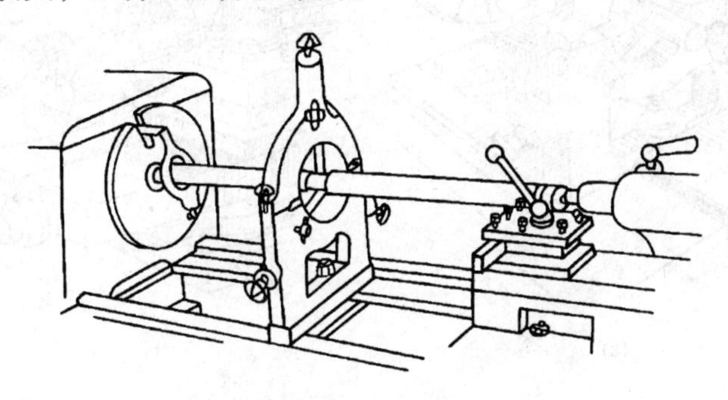

图 7-21　使用中心架支撑车削细长轴

7.3.1.2　使用过渡套筒支撑车削

使用时将套筒套在工件的沟槽处，调整套筒两端的四个调节螺钉，将套筒固定在工件上，用百分表找正套筒的外圆轴线与主轴旋转轴线重合，如图 7-22（a）所示。然后在套筒中间的外圆上用中心架支撑，支撑爪的调整及润滑与工件直接支撑相同，如图 7-22（b）所示。

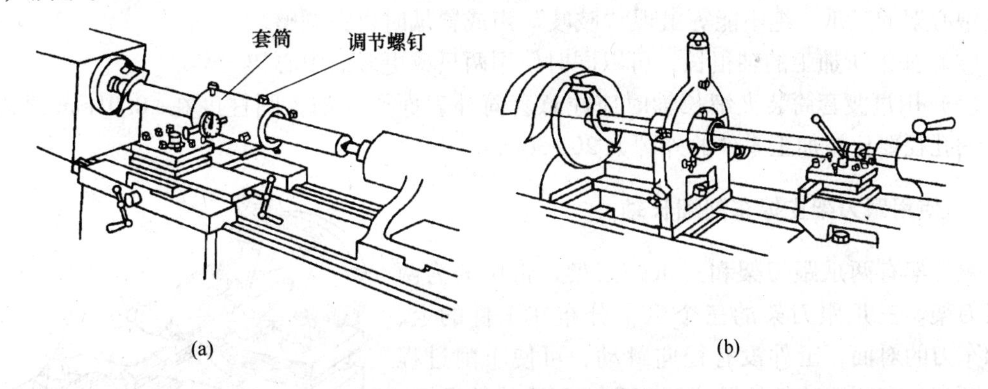

(a)　(b)

图 7-22　用过渡套筒车削细长轴

（a）过渡套筒的使用方法；（b）用中心架支撑过渡套筒方法

7.3.1.3　一端夹住、一端搭中心架

车削细长轴的端面、钻中心孔和车削较长套筒的内孔、内螺纹时，都可采用此种装夹方法，如图 7-23 所示。

7.3.1.4　注意事项

车削细长轴、调整中心架时应注意如下事项：

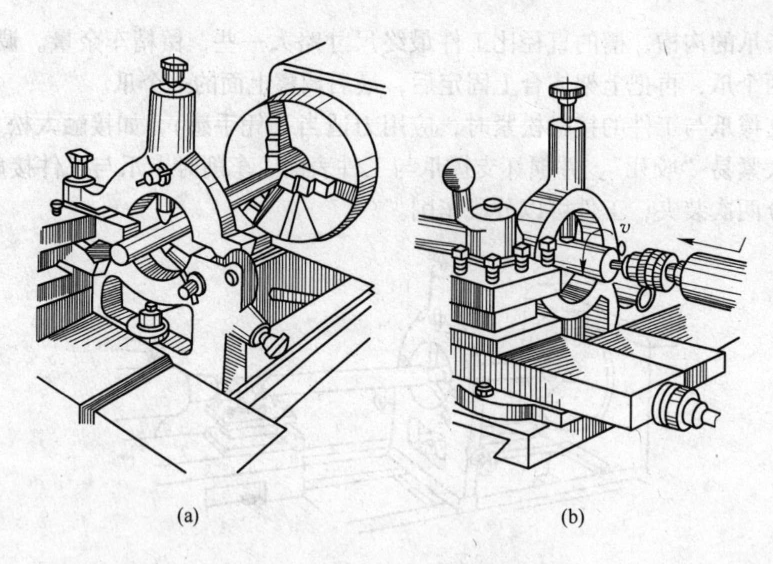

图 7-23 一端夹住、一端搭中心架
(a) 车端面；(b) 钻中心孔

(1) 工件轴线必须与主轴轴线同轴，否则，在端面上钻中心孔时，会把中心钻折断；车内圆时，会产生锥度。如果中心偏斜严重，工件旋转产生扭动，工件很快会从卡盘上掉下来而发生事故。

(2) 整个加工过程中要经常加油，保持润滑，防止磨损或“咬死”。

(3) 要随时用手感来掌握工件与中心架三爪摩擦发热的情况，如温度过高，须及时调整中心架的三爪，绝不能等出现“吱吱”声或冒烟时再去调整。

(4) 如果所加工的轴很长，可以同时使用两只或更多的中心架。

(5) 用过渡套筒装夹细长轴时应注意套筒外表面要光洁，圆柱度在±0.01mm 之内，套筒的孔径要比被加工零件的外圆大 20~30mm。

7.3.2 使用跟刀架支撑车削细长轴

跟刀架有两爪跟刀架和三爪跟刀架，常用的为两爪跟刀架。三爪跟刀架的三个爪子分布在工件的上、下和车刀的对面，工件没有径向跳动，可使车削过程平稳顺利，有利于工件的尺寸精度和表面质量的保证。跟刀架固定在床鞍上，跟着车刀一起移动，如图 7-24 所示。

图 7-24 跟刀架的使用

7.3.2.1 操作步骤

使用跟刀架车削细长轴的具体操作步骤如下：

(1) 校直装夹工件。为尽量减小工件的弯曲度，可用反击法校直工件，用该法校直的工件，弹性恢复较小。校直时，应先将工件弯曲的凹面向上；用弧面扁凿从工件的弯曲中心向两侧渐进敲击，使该面伸长而校直工件，然后在卡盘中安装好工件。

对于经过正火或调质等热处理的工件，可采用吊置法安放工件，以减少工件弯曲变形。在一般情况下，粗车前工件的弯曲度应小于 1.5mm。精车前，工件弯曲度要小于 0.2mm。

（2）校正尾座位置。使工件开始车削的一端外径比另一端外径大 0.02~0.04mm，以减少由于跟刀架爪脚或车刀磨损所造成的锥形误差。

（3）调整跟刀架支撑爪。将跟刀架的支撑爪支紧工件上已车过的一段外圆，该段外圆应表面粗糙，且其尺寸应与所要求的加工尺寸接近，位置也应靠近卡盘，由大拖板作纵向来回移动，运动时不用冷却液。支撑爪圆弧应与工件表面吻合，以增大支撑爪和工件的接触面积，减少支撑爪在车削中的磨损。

（4）准备充分的冷却润滑液，选择车刀切削角度和切削用量。准备好如硫化乳液或其他有针对性的油液以备润滑使用，并合理选择车削细长轴的车刀角度，使刀刃锋利，以降低切削径向力，防止零件弯曲，能顺利排屑。

（5）合理调整跟刀架支撑爪与车刀之间的位置。一般使跟刀架支撑爪位于车刀的后面，两者间的距离为 0.5~2mm。当采用宽刃大走刀车刀进行车削时，跟刀架爪脚也可位于车刀的前面，即支撑在粗车表面上；以防止工件精车过的表面出现划痕，间距同上。

7.3.2.2 使用跟刀架车削易产生的问题及防止措施

A 产生鼓肚形

由于细长轴刚性差，而跟刀架支撑爪与零件表面接触不一致，或安装时偏高或偏低于工件旋转中心，支撑爪表面磨损而产生间隙。在两端切削时，由于装夹牢固，切削深度变化不大，但切削到中间位置时，由于间隙和径向力的作用，切削深度逐渐减小，从而产生鼓肚形。

为防止产生鼓肚形，加工中要随时调整两支撑爪，使支撑爪两圆弧面的中心与车床主轴旋转轴心重合；车刀主偏角适当加大，使车刀锋利，减少车削时的径向力。

B 产生竹节形

竹节形零件其形状如竹节，其节距大约等于跟刀架支撑爪与车刀刀尖的距离，并且竹节循环出现。产生的原因是：车床大拖板和中拖板间的间隙过大而跟刀架支撑爪支撑过紧，在车削至中间部位时，工件刚性差，爪脚支撑力超过了工件刚性而使其变形弯曲，从而加大了吃刀深度，当跟刀架行至该位置时，车削径向力迫使这段小直径外圆与跟刀架支撑爪接触，工件发生相反方向弯曲变形，减小了吃刀深度。如此反复，就形成了工件外形的竹节形，而且会越来越显著。防止产生竹节形的方法如下：

（1）正确调整跟刀架支撑爪，不可支得过紧。

（2）在采用接刀车削时，必须使车刀刀尖和沟槽外圆略微接触，接刀时，吃刀深度应加深 0.01~0.02mm，不致由于工件外圆变大而引起支撑爪支紧力过大。

（3）粗车时开始产生竹节形，可调节中拖板手柄，相应加些吃刀深度，以减小工件外曲或略微松跟刀架上面的支撑爪，使支紧力稍减小以防止“竹节”继续产生。

（4）接刀必须均匀，防止跳刀现象。

（5）由于工件毛坯加工余量明显不均匀，在粗车时产生不均匀的切削抗力，而出现竹节形缺陷。遇到这种情况，在第二次走刀切削中，应清除“竹节”，以免影响半精车和精车。

(6) 在切削中，如果已出现“竹节”，随时调整支撑爪，使其与“竹节”表面轻轻地接触，这样可以逐步清除“竹节”。

C　产生麻花形

产生多棱形、麻花形的原因如下：由于车削的细长轴中间部位刚性差，而车床的尾座顶针支顶过紧，发生装夹变形，同时跟刀架支撑爪调整过松，夹持部分过长，切削时毛坯旋转不平衡导致吃刀不均匀加工中又有大量的切削热产生，使车削时易产生低频率的振动，使零件产生多棱形、麻花形。防止多棱形、麻花形的方法如下：

(1) 随时注意控制顶针的顶紧力大小。

(2) 注意让跟刀架爪脚和工件接触良好，必要时可增大爪脚的支撑面积。

(3) 要校直工件。每切削一刀后要松开顶针，开慢车检查工件中心是否对准尾座顶针。如偏心，可用木头敲击，对工件进行校正，减小工件弯曲。

(4) 使用充足的乳化液浇注在车刀与工件的切削区域内，降低切削温度，防止工件因受热而线性膨胀造成顶针支顶过紧产生弯曲变形，可防止工件车成多棱形或麻花形。

(5) 跟刀架、横滑板、刀架等部位刚度不够时，可适当减少切削时的吃刀深度或走刀量。

以上说明跟刀架是一种较难掌握的夹具，在使用中要随时注意工件表面的变化情况，进行相应的调整，并采取必要的措施，才能保证质量。

7.3.2.3　使用跟刀架车削需要注意的问题

使用跟刀架车削要注意以下问题：

(1) 尾座顶尖必须轻轻地顶住工件中心孔，不允许过紧，特别是使用死顶尖时要注意随时调整顶紧力，防止工件因发热伸长而被顶弯，应使用弹性回转顶针为宜。用弹性回转顶尖加工细长轴，可有效地补偿工件的热变形伸长，工件不易弯曲，车削可顺利进行。

(2) 在车削区域及跟刀架爪脚支撑工件部位，要保证有充分的冷却润滑液。车细长轴时，不论是低速切削还是高速切削，为了减少工件温升而引起的热变形，必须加注切削液充分冷却。使用切削液还可以防止跟刀架支撑爪拉毛工件，提高刀具的使用寿命和工件的加工质量。

(3) 随时注意工件已加工表面的变化情况，当发现开始有竹节形、麻花形等缺陷出现时，要及时分析原因，采取措施，若发现缺陷越来越明显，应及时停车。

7.3.3　利用 93°车刀车削细长轴

用 93°车刀精车细长轴，93°车刀如图 7-25 所示，适用于精车 $L/D<50$ 的细长轴。在加工时，不需要中心架及跟刀架辅助支撑，工件车削的表面粗糙度可达 $Ra1.6\mu m$，长度 1000mm 内的鼓形度不超过 0.03~0.05mm，弯曲度不超过 0.02~0.04mm。

93°车刀具有以下特点：

(1) 主偏角 $\kappa_r=93°$，并辅助以前面开横向卷屑槽，可使径向力下降，减少切削振动和工件产生的弯曲变形，并可迫使切屑卷出后向待加工表面方向排出，保证已加工表面不被切屑碰伤，这是 93°车刀不用中心架能车好细长轴的关键。但应注意，切削的吃刀深度不应大于卷屑槽宽度的一半，且应比走刀量小，否则径向力方向与挤压力方向一致，这时 93°车刀的特点将无法体现。

（2）研磨出刀尖小圆弧，可加强刀尖强度。

（3）选用耐磨性好的 YT30 硬质合金刀片，可防止修光刃过多磨损，影响加工精度。

（4）仅适合于单件小批量生产使用。

采用 93°车刀精车细长轴时可选用以下切削用量：吃刀深度 $\alpha_p = 0.1 \sim 0.2$mm，进给量 $f = 0.17 \sim 0.23$mm/r，切削速度 $v = 50 \sim 80$m/min。

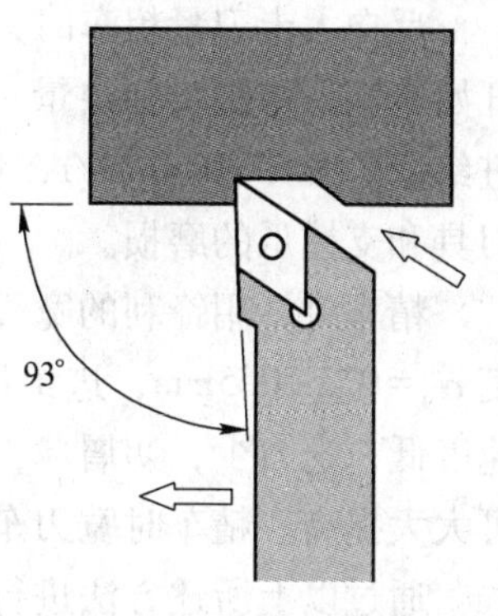

图 7-25　93°外圆车刀

7.3.4　反向走刀车削

用一般方法车削细长轴，主轴和尾座两端是固定装夹，两端接触面大，无伸缩性，由于切削力、切削热产生的线膨胀和径向分力迫使零件弯曲和产生内应力。当零件从卡盘上卸下后，内应力又使零件变形，故不易保证零件的尺寸精度和形状精度要求。目前，许多工厂采用如图 7-26 所示的反向走刀车削细长轴，可解决上述问题，显著提高加工质量与生产率。

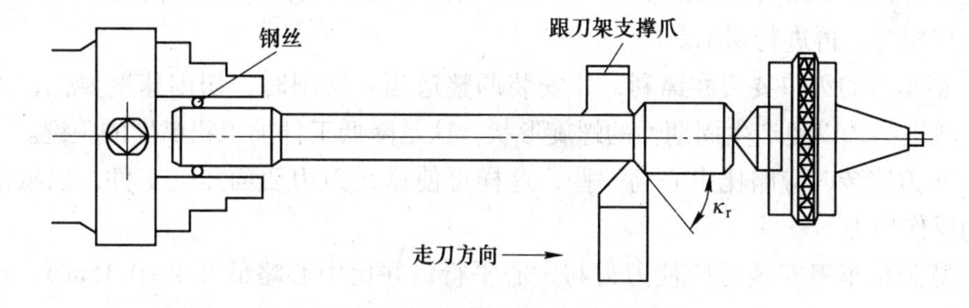

图 7-26　反向走刀车削细长轴

7.3.4.1　刀具选用

（1）采用 75°主偏角车刀进行粗车，使轴向分力较大，径向分力较小，有利于防止工件弯曲变形和振动。采用大前角，小后角，可减少切削力又加强刃口强度，使刀具适应于强力切削。车刀上磨出卷屑槽及正刃倾角以利切屑排出，并使切屑流向待加工表面。刀片材料采用强度与耐磨性较好的 YW1、YA6。

（2）精车采用宽刃高速钢车片，装在弹性可调节刀排内进行车削。由于宽刃车刀采用大走刀低速精车，刃口的平直度及粗糙度直接影响着加工精度。因此，刀片前面要通过机械刃磨后再研磨，粗糙度要求 *Ra*0.4μm 以上。

7.3.4.2　切削方法

一般走刀方向是从尾架向车头方向走刀。车细长轴时，为有效地减少工件径向跳动，消除大幅度振动，获得加工精度较高和粗糙度较低的工件，采用反向大走刀量粗车。

反向大走刀量粗车时，应先车出一段外圆与跟刀架研磨配合，然后从研磨过的轴颈端开始车削，将细长轴余量一刀车掉。粗车时可取其切削用量为：吃刀深度 $\alpha_p = 2 \sim 3$mm，进给量 f=0. 3~0. 4mm/r，切削速度 v=1~2m/s。切削时用乳化液充分冷却润滑，以减少刀具和支撑爪的磨损。

精车时，用锋利的宽刃车刀车削，并加硫化油或菜油润滑。其切削用量可取：吃刀深度 α_p=0. 2~0. 5mm，进给量 f=0. 1~0. 2mm/r，切削速度 v=1~2m/s。由于宽刃车刀精车速度低，吃刀少，切屑薄，车两三刀后可达到 Ra1. 6~0. 8μm 的粗糙度，因此其切削效率可大大提高。精车时宽刃车刀可以正向进给走刀，也可反方向车削。

通过以上所述方法进行车削，使加工细长轴的质量与生产效率大大提高。加工表面粗糙度在 Ra0. 8μm 以上，锥度误差和椭圆度误差均较小，工件弯曲度也得到很好的控制，生产率比一般方法提高 10 倍左右。

7.3.4.3　注意事项

采用反向走刀车削法车削细长轴时，应注意以下几点：

(1) 粗车时要装好跟刀架，它是决定加工精度的关键所在。如果切削过程工件外圆出现不规则的棱角形或竹节形或出现不规律形状，应立即停车，安装固定架，重新研磨将轴与跟刀架配合，再进行切削。

(2) 精车刀的刃口要刃磨锋利，并安装调整适当。切削时，切削速度要低，不宜采用丝杠传递进给，以免产生周期性的螺旋形状，这是降低工件加工粗糙度的关键。

(3) 车刀安装时应略比中心高一些，这样可使修光刀刃后面压住工件，以抵消跟刀架支撑的反作用力。

(4) 宽刃精车刀安装时应使刀刃与中心平行，并比中心略低 0. 1~0. 15mm，这样可使弹性刀杆在跳动时刀刃不会啃入工件，以免影响表面粗糙度。

【任务实施】

一、刀、夹、量具

(1) 外圆车刀、端面刀、中心钻。

(2) 三爪卡盘、活动顶尖、中心架、跟刀架。

(3) 游标卡尺、钢尺、0~25mm 及 25~50mm 千分尺。

二、操作过程

(1) 平端面，钻中心孔。

(2) 安装、找正工件。

(3) 车削工件（可分别利用中心架、跟刀架安装工件进行加工）。

(4) 检查后取下工件。

三、安全及注意事项

(1) 工件应安装牢固。

(2) 安装中心架、跟刀架时，应注意卡爪与工件的间隙调整。

(3) 测量必须在停机后进行。

四、质量检查内容及评分标准

质量检查及评分标准

班级		学生姓名		学习任务成绩	
课程名称	普通机床加工技术与实践	学习情境	情境 7 复杂轴类零件车削加工	学习任务	细长台阶轴加工

质量检查及评分标准

序号	质量检查内容	配分	评分标准	检查	得分
1	圆度 0.02	14	超差不得分		
2	跳动 ϕ0.03	14	超差不得分		
3	外圆尺寸（3 处）	30	一处超扣 10 分		
4	长度尺寸（3 处）	15	一处超扣 5 分		
5	倒角（4 处）	12	一处超扣 3 分		
6	表面粗糙度	15	一处超差扣 3 分		
7	安全文明生产		违章扣分		
8					

教师签字：

【任务小结】

1. 车刀几何形状的选择

车削细长轴时，由于工件的刚性差，车刀的几何形状对工件加工质量有明显的影响，尤其是对工件的振动更为敏感。如果车刀的几何形状和角度选择不当，就不能取得良好的加工效果。选择时主要考虑以下几点：

（1）为了减少细长轴弯曲，要求车削过程产生的径向切削力越小越好，而刀具的主偏角是影响径向切削分力大小的主要因素，因此在不影响刀具强度的情况下，应尽量增大主偏角，车削细长轴车刀的主偏角一般取 $\kappa_r = 80° \sim 93°$。

（2）为减小切削力和切削热，应该选择较大的前角，一般取 $\gamma_0 = 15° \sim 30°$。

（3）为减小切削时的振动，应选用较小的后角，可取 $\alpha_0 = 4° \sim 6°$，并在刀尖圆弧处磨有 $\gamma_{01} = 0°$，宽度为 0.2mm 的倒棱。

（4）车刀前面上应磨出 R1.5 ~ 3mm 的断屑槽，使切屑流动过程中卷曲折断，容易排屑。

（5）选择正刃倾角，取 $\lambda_s = 3° \sim 10°$，使切屑流向待加工表面，并使车刀容易切入工件，同时减小切屑阻力。

（6）刀刃表面粗糙度要求在 Ra0.4μm 以下，并要经常保持锋利，以减小切削力和提高刀具的耐用度。

（7）为了减少径向切削力，刀尖圆弧半径应选择得较小，一般小于 0.3mm，倒棱的宽度也应选择得较小，一般为 0.5f。

2. 车削细长轴的操作要领

车削细长轴，难以保证尺寸精度、形位公差以及表面粗糙度，故加工时要按以下要领进行操作：

（1）加工前应对机床进行调整。调整机床包括：主轴中心与尾座中心连线应与车床导轨全长平行（主要是水平面内平行度的调整），对床鞍及中、小滑板的间隙要进行调整，防止过松或过紧，过松会“扎刀”，过紧可能会使进给运动不均匀。

（2）工件装夹时防止顶得过松或过紧。工件装夹过松会在加工中摆动，影响加工精度；过紧会使工件热伸长时产生较大的弯曲变形，也会影响加工精度。

（3）车刀的安装。为了切削过程平稳，粗加工车刀的安装应使刀尖略高于工件轴线，这样车刀后面与工件就有轻微的接触，起消振作用。当因轴向进给量过大而产生“扎刀”现象时，可将刀尖向右摆动，使 90°车刀的主切削刃偏斜 2°左右，即可克服“扎刀”现象。对于宽刃精车刀的安装，刀尖应略低于工件轴线，使实际后角增大，减少车刀后面的磨损，提高工件表面质量。

（4）冷却液的使用。在切削细长轴过程中，要保证冷却润滑液不间断，否则会引起刀片碎裂或跟刀架支撑爪的严重磨损。粗车时用乳化液冷却，切忌用油类（因为油类散热性差）。用宽刃精车刀切削时，宜采用硫化切削液冷却润滑，如有条件，最好用植物油或二者混合，效果更好。

（5）注意调整支撑爪的顺序。在调整支撑爪时，其顺序是先调下侧（轴因重力下垂先将其托起），次调上侧，最后调外侧。

切记在切削进行中不能调整后侧爪，否则加工尺寸会发生变化。

【思考与训练】

（1）常用细长轴的车削方法有哪几种？

（2）采用跟刀架车削细长轴易产生哪些问题？如何预防？

（3）使用中心架车削细长轴易产生哪些问题？如何防止？

（4）操纵车床，加工任务 7.3 零件。

学习情境 8　复杂零件铣削加工

【学习目标】

（1）能根据零件加工要求，正确选择工件装夹方式。

（2）能根据零件加工要求，正确选择铣刀。

（3）能根据零件加工要求，正确选择铣削用量。

（4）能够熟练操纵铣床对中等复杂程度平面类零件进行加工。

学习任务 8.1　小压板铣削

【工作任务】

压板零件工作图如图 8-1 所示。

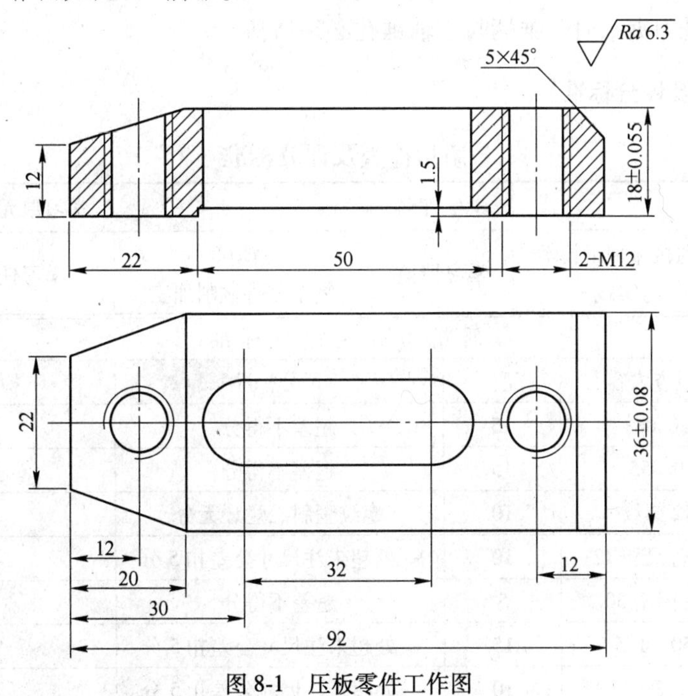

图 8-1　压板零件工作图

毛坯：45 钢，95mm×40mm×20mm，工时 6 小时。

【刀、夹、量具】

（1）刀具：圆柱铣刀、三面刃铣刀、单角铣刀、端铣刀、立铣刀、键槽铣刀、麻花钻、M12 丝锥、画线工具。

（2）夹具：机用虎钳、平行垫铁、压板。

（3）量具：游标卡尺、角尺、钢尺、万能角度尺、千分尺、百分表。

【操作过程】

（1）对照图样，检查用料尺寸。

（2）选择较大平面为定位基准，铣削四面，达到尺寸(36±0.08)mm、(18±0.055)mm。

（3）铣出长 50mm，深 1.5mm 的直槽。

（4）铣宽 14 中间封闭槽。

（5）去毛刺，画出螺纹孔位置，打样冲眼。

（6）在钻床上个钻孔、倒角、攻 M12 螺纹孔。

（7）去毛刺，画出斜面与倒角加工线。

（8）铣斜面与倒角。

（9）去毛刺，检查各项要求。

【安全及注意事项】

（1）遵守安全操作规程。

（2）钻孔时应将工件夹牢，不能直接用手拿住工件进行钻孔。

（3）安装铣刀夹头时，锥柄与主轴锥孔必须清洁。

【质量检查内容及评分标准】

质量检查及评分标准

班级		学生姓名		学习单元成绩	
课程名称	普通机床加工技术与实践	学习情境	情境 8 复杂零件铣削加工	学习任务	小压板铣削

质量检查及评分标准

序号	质量检查内容	配分	评分标准	检查	得分
1	36±0.08	15	超差不得分		
2	18±0.055	15	超差不得分		
3	2-M12 螺纹	10	螺纹歪斜、烂牙无分		
4	螺纹定位尺寸 12	10	一处超未注尺寸公差扣 5 分		
5	中间封闭槽 30	5	超差不得分		
6	20、50、1.5	15	一处超未注尺寸公差扣 5 分		
7	22、20	10	一处超未注尺寸公差扣 5 分		
8	5×45°	8	超差不得分		
9	表面粗糙度	12	一处超差扣 1 分		
10	安全文明生产		违章扣分		

教师签字：

学习任务 8.2　小短轴铣削

【工作任务】

短轴零件工作图如图 8-2 所示。

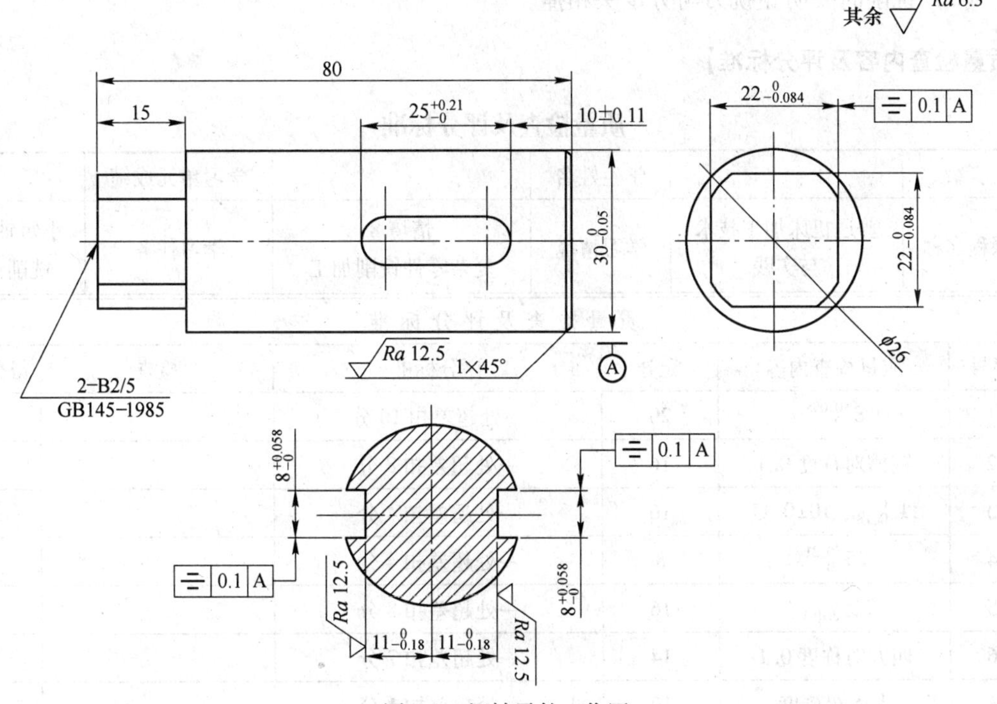

图 8-2　短轴零件工作图

毛坯：45 钢，棒料，车削至 ϕ30×80，工时 4 小时。

【刀、夹、量具】

（1）刀具：立铣刀、键槽铣刀。
（2）夹具：分度头、三爪卡盘、尾架。
（3）量具：游标卡尺、千分尺、百分表。

【操作过程】

（1）对照图样，检查用料尺寸。
（2）安装、找正分度头、三爪卡盘和尾架。
（3）装夹找正工件。
（4）选择、安装键槽铣刀，并对刀。
（5）铣对称二键槽。
（6）将工件调头装夹。
（7）安装立铣刀，找正二键槽的侧面。

（8）铣四方至尺寸 $22_{-0.084}^{0}$、15 和对称度要求。

（9）去毛刺，检查各项要求。

【安全及注意事项】

（1）遵守安全操作规程。

（2）注意键槽与四方的相对位置。

（3）铣削时要防止铣刀与分度头相撞。

【质量检查内容及评分标准】

质量检查及评分标准

班级		学生姓名		学习单元成绩	
课程名称	普通机床加工技术与实践	学习情境	情境8 复杂零件铣削加工	学习任务	小短轴铣削

质量检查及评分标准

序号	质量检查内容	配分	评分标准	检查	得分
1	$8_{0}^{+0.058}$	20	一处超差扣10分		
2	键槽对称度0.1	16	一处超差扣8分		
3	$11_{-0.18}^{0}$、10±0.11	16	一处超差扣4分		
4	$25_{0}^{+0.21}$	8	一处超差扣4分		
5	$22_{-0.084}^{0}$	16	一处超差扣8分		
6	四方对称度0.1	14	一处超差扣7分		
7	表面粗糙度	10	一处超差扣1分		
8	安全文明生产		违章扣分		

教师签字：

学习任务 8.3　V 形块铣削

【工作任务】

V 形块零件工作图如图 8-3 所示。

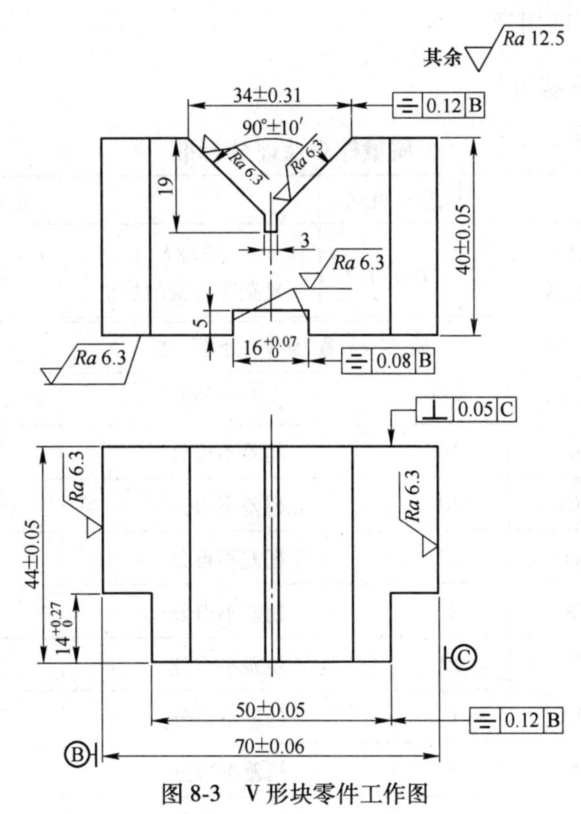

图 8-3　V 形块零件工作图

毛坯：HT200，50mm×46mm×75mm，工时 6 小时。

【刀、夹、量具】

（1）刀具：对称角度铣刀、锯片铣刀、端铣刀、圆柱铣刀、立铣刀、三面刃铣刀。

（2）夹具：机用虎钳、平行垫铁。

（3）量具：钢尺、游标卡尺、角尺、万能角度尺、千分尺、百分表。

【操作过程】

（1）对照图样，检查用料尺寸。

（2）安装、找正虎钳。

（3）铣六面体至图样要求。

（4）以 B 面为定位基准，铣左右 $14^{+0.27}_{0}$ 阶台，保证尺寸 $14^{+0.27}_{0}$、50±0.05。

（5）以 B 面为定位基准，铣 $16^{+0.07}_{0}$ 直槽至图样要求。

（6）以 B 面为定位基准，铣V型槽至图样要求。

（7）去毛刺，检查各项要求。

【安全及注意事项】

（1）遵守安全操作规程。

（2）工件要夹持牢固，防止松动发生事故。

（3）合理选择切削用量。

【质量检查内容及评分标准】

质量检查及评分标准

班级		学生姓名		学习单元成绩	
课程名称	普通机床加工技术与实践	学习情境	情境8 复杂零件铣削加工	学习任务	V形块轴铣削

质 量 检 查 及 评 分 标 准

序号	质量检查内容	配分	评分标准	检查	得分
1	外形 40±0.05	10	超差不得分		
2	外形 44±0.05	10	超差不得分		
3	外形 70±0.06	10	超差不得分		
4	垂直度 0.05	6	超差不得分		
5	直槽 $16^{+0.07}_{0}$	12	超差不得分		
6	直槽对称度 0.08	6	超差不得分		
7	直槽槽深 5	4	超差不得分		
8	阶台 50±0.05	6	超差不得分		
9	阶台 $14^{+0.27}_{0}$	4	超差不得分		
10	阶台对称度 0.12	6	超差不得分		
11	V形槽 34±0.31	4	超差不得分		
12	V形槽 90°±10′	4	超差不得分		
13	V形槽对称度 0.12	6	超差不得分		
14	表面粗糙度	12	一处超差扣1分		
15	安全文明生产		违章扣分		

教师签字：

【项目训练】

（1）六方头小短轴加工。如图8-4所示。

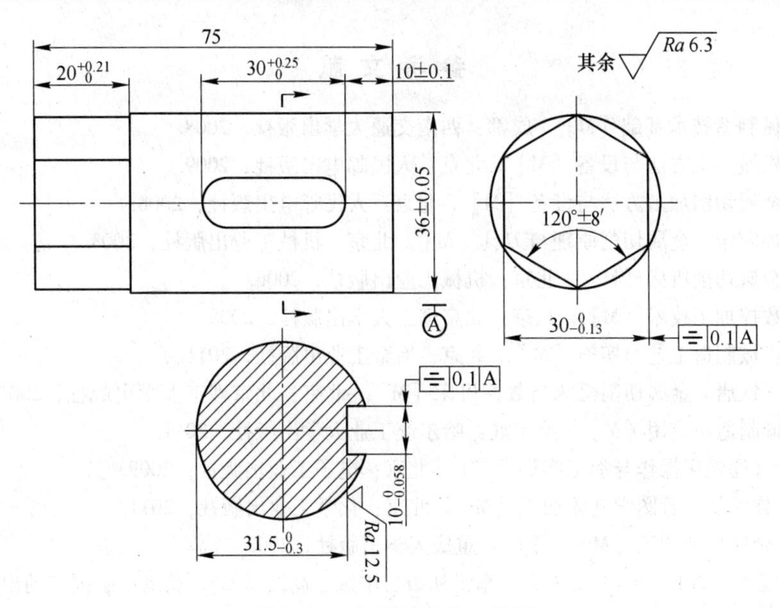

图 8-4 六方短轴零件工作图

毛坯：45 钢，棒料，车削至 ϕ36mm×75mm，工时 2 小时。

（2）特形沟槽块加工。如图 8-5 所示。

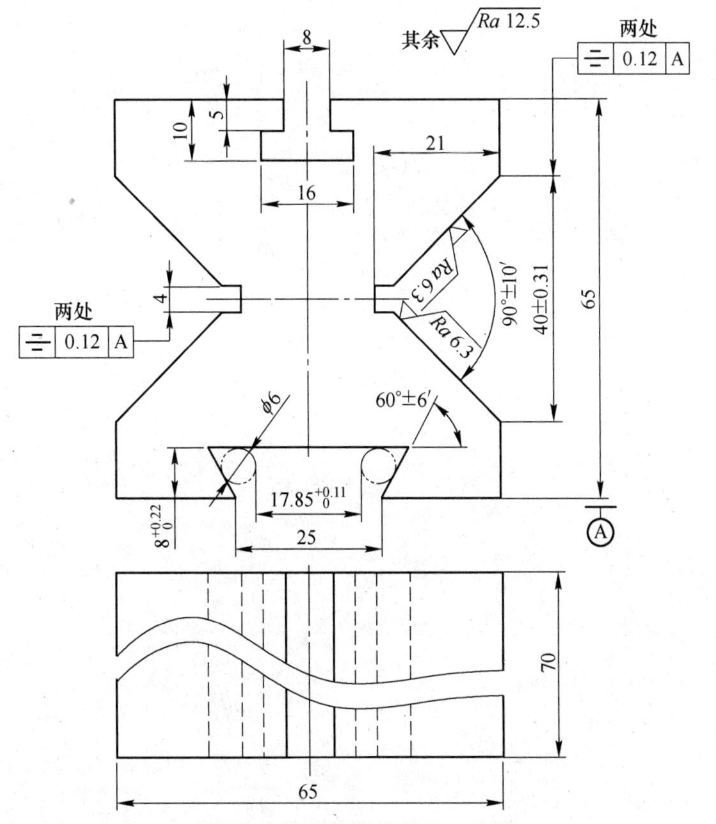

图 8-5 特形沟槽块零件工作图

毛坯：HT200，65mm×70mm×65mm。工时 6 小时。

参考文献

[1] 陈春．机械制造技术基础［M］．成都：西南交通大学出版社，2008.
[2] 牛荣华．机械加工方法与设备［M］．北京：人民邮电出版社，2009.
[3] 陈根琴．金属切削加工方法与设备［M］．北京：人民邮电出版社，2008.
[4] 陆剑中，孙家宁．金属切削原理与刀具［M］．北京：机械工业出版社，2008.
[5] 恽达明．金属切削机床［M］．北京：机械工业出版社，2006.
[6] 卢万强．数控加工技术［M］．北京：北京理工大学出版社，2008.
[7] 胡运林．机械制造工艺与实施［M］．北京：冶金工业出版社，2011.
[8] 闫巧枝，李钦唐．金属切削机床与数控机床［M］．北京：北京理工大学出版社，2007.
[9] 张杰．机械制造与应用［M］．哈尔滨：哈尔滨工业大学出版社，2011.
[10] 赵明久．普通铣床操作与加工实训［M］．北京：电子工业出版社，2009.
[11] 贺庆文．佟海侠．看图学铣床加工［M］．北京：化学工业出版社，2011.
[12] 夏建刚．金属切削加工［M］．重庆：重庆大学出版社，2008.
[13]《职业技能鉴定教材》编审委员会．车工初级、中级、高级［M］．北京：中国劳动出版社，1996.
[14] 朱丽军．车工实训与技能考核训练教程［M］．北京：机械工业出版社，2010.
[15] 付宏生．车工技能训练［M］．北京：高等教育出版社，2006.
[16] 张应龙．车工（中级）［M］．北京：化学工业出版社，2011.